U0166715

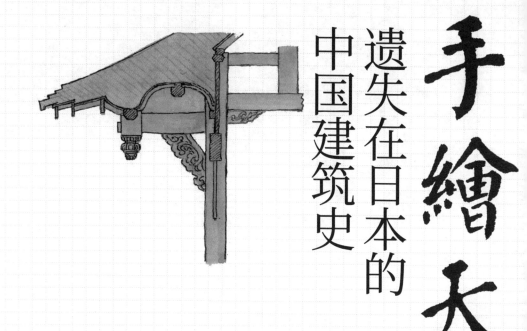

手繪天朝

遗失在日本的中国建筑史

いとう ちゅうた
[日] 伊东忠太 著

陈琰 译

中国出版集团　现代出版社

图书在版编目（CIP）数据

手绘天朝：遗失在日本的中国建筑史 /（日）伊东忠太著；陈琰译 . — 北京：
现代出版社，2020.10
ISBN 978-7-5143-6213-8

Ⅰ . ①手⋯ Ⅱ . ①伊⋯ ②陈⋯ Ⅲ . ①建筑史 – 中国 Ⅳ . ① TU-092

中国版本图书馆 CIP 数据核字 (2020) 第 150012 号

手绘天朝：遗失在日本的中国建筑史

著 者：（日）伊东忠太
译 者：陈 琰
书名题字：鉴 鑫
责任编辑：曾雪梅 姚冬霞
出版发行：现代出版社
通信地址：北京市安定门外安华里 504 号
邮政编码：100011
电 话：010-64267325 64245264（传真）
网 址：www.1980xd.com
电子邮箱：xiandai@vip.sina.com
印 刷：固安兰星球彩色印刷有限公司

开 本：787mm×1092mm 1/16
印 张：33 字 数：494 千
版 次：2020 年 10 月第 1 版 印 次：2023 年 6 月第 4 次印刷
书 号：ISBN 978-7-5143-6213-8
定 价：158.00 元

本书是对伊东忠太于 1902 年 4 月至次年 6 月在中国各地进行历访调查时所保存的 5 册野外笔记原书进行了拍摄、整理、附加图注以及解说等编纂而成。其中大部分图片为彩图，另有少量的黑白图片。

原书

原书由伊东忠太的次子伊东祐信所收藏。

一、封面

原书各册封面上的标题部分是用贴纸制作，伊东忠太本人在贴纸上手写了如下标题：

《清国　第一册　自北京至张家口》

《清国　第二卷 [1] 自张家口至西安》

《清国　第三册　自西安·至重庆》[2]

《清国　第四册　自重庆至贵阳》

《清国　第五册　自贵阳至新街》

书脊上也是同样的样式内容，只是全部写着"第○卷"，而且在第二卷的标题中还插入了途经地的"龙门"[3]。标题贴纸的大小大约为 16 厘米 ×10 厘米；书厚为 1~2 厘米；封面是草绿色，有的还用蓝色的布进行了包装。

二、正文用纸

使用了优质轻薄的奶油色纸张，上面印刷了间隔为 4 毫米的淡蓝色网格，应该是当时引进的野外笔记专用纸。

三、记载内容

作者针对旅途中所遇见的古建筑、文物、古迹、风俗进行了记录。内容基本按照时间顺序记录，虽然并没有明确附有日期，排列也有前后颠倒的情况，但可以根据伊东的日记等来确定顺序。全书记载的内容主要分成八类：

1. 建筑

这部分内容是当时野外调查的主要目的，基本上涵盖了调查研究所需的方方面面，且采用的记录方式多种多样。

2. 文物古迹

主要包括石碑、墓、钟、佛具等。

3. 资料

主要涉及备忘录、县志等文献摘要，当地的见闻、图表等。

4. 地图

区间行程图、里程表、城市地图、海拔图等。

5. 风俗

人物、物品等，既有整页大段的描述，也有短小精练的记录。

6. 景观

整页的彩色写生。

7. 漫画

作者独创的漫画。根据内容和访问地区来划分，其中收录了《天女纺织》的彩图。

8. 附录

包含参考资料、笔记、表格、剪报等。

以上的内容被记录下来至今已经百年了，纸张渐渐老化，图画也慢慢褪色，而且听说其中有部分内容在后期补色修饰过，书中的文字墨迹清晰，为钢笔所写，但仍可以看到铅笔的痕迹，应该是之后用墨水对原文进行了重新摹写。

原文中的误记、错字并不少，大部分在本书编辑时进行了标注，同时，原书的记述方式是依照当时习惯进行。

对于地名、寺庙名等固有名称、建筑术语等在记载中出现的误记、不统一，以及记录见闻时由于局限性导致的错误，都根据必要性进行了注解。

由于当时日本和中国，甚至中国各地方的度量单位并不统一，所以关于度量衡的记述并没有进行考证修订。

收录

本书收录的内容，原则上尊重了原书的顺序和记述，尽最大的可能性努力地为读者忠实再现原书的风貌。

一、顺序

原书中的图片并不是按照上述的行程顺序进行，而是根据主题来归类。同一个调查对象的记录可能是不同时期所写，本书的记录顺序基本和原书保持了一致，并在必要处添加了注解。

二、章节·页眉

原书的一卷在本书中以一个章节的形式出现，并在每章开头处增加了路程概要，以方便读者理解。本书根据原作者的行程，在页眉处标注了当时的省名以及对应的原书卷数。不过这种对应方式也没有涵盖所有情况，作者在行程中也有部分记录涉及了其他省份，而这部分在书中并没有特别标注，还请读者留意。

三、再现

原书的图画大部分为彩色，本书也尽可能忠实地再现原图的颜色，而且尺寸也尽量和原书保持了一致（原书第五卷图17的呈现使用了折页的方式，本书将其缩小）。另外原书中原本的一个对页的内容，本书在编辑时将其作为一个整体收录于对页的上部或者下部，读者可以根据图画的编号顺序进行阅读。例如，13页上部→12页上部→13页下部→12页下部的顺序。

四、其他

原书中实在无法统一的标题、图解、插入附带的折叠地图、书后的备忘录、手记等部分，本书进行了适度修改和删减。比如，原书的卷号除去第二卷都使用了"册"作为单位，本书统一称为"卷"。

目录

本书卷首部分附带的目录是参考了原书的目录重新制作而成。

图注

本书对原书中的所有图片都尽可能加上了图注。图注的内容是以原作者的见解以及当时状况的说明为基础，后期根据各种资料和现在的观点综合制定而成。

一、图注标题

34 北京（19）警务学堂官舍（3）（4月17日）（至图20，下接图165）

原则上，图注标题都遵循如上所示的格式，a 原书图序号，b 地名，c 调查对象名，d 日期，并在必要时标记了图画的接续关系。

b 和 c 原则上遵循原书的描述，以及卷号和目录，但是原书中会出现一页中出现多个标题的情况，并且地域可能发生变化，也可能只出现了图题，本书根据实际情况进行了适当的调整。

d 是依据各种资料的考证，尽可能地确认原作者当时的行程日期并标注于此，然而也难免有只记录了大概日期（月份），或者日期不明的情况出现。

二、图注说明

说明是对原书手绘图中的术语、原书错误、参照图等进行的说明。误记、异体字等可能导致误解或者难以解读的内容，本书都进行了图注说明。

标题部分虽然也可能出现同样的情况，但是有关地名的部分，本书一方面尽量尊重原书的描述，另一方面根据文后所列的参考文献对不统一的地方和明显的错误进行了统一或修正。即，原则上保留了当时的地名标记，但是针对新旧地名的不同，或是地名所指行政区域改变等情况，使用括号标记出如今的地名，如云南府（昆明市）、嘉定府（乐山市）等。另外，当时北京的官方名称是京师（顺天府），本书全部修改成北京。

关于建筑学术语的部分，针对极其特殊的用语进行了标注，同时对记录不统一的部分进行了适当修改。

译注

[1] 原文如此，只有此处是"卷"，不是"册"。
[2] 中圆点也是原文有的。
[3] 即第二卷的书脊内容与封面内容不同。

目录

　　这次的中国历访之旅开始于 1902 年。而伊东忠太在之前的 1901 年刚刚结束他第一次的中国之行。

　　1900 年，中国爆发了以北京乃至华北地区为中心的义和团运动。为了能彻底镇压义和团，八国联军在攻占北京城之后一直保持着驻军，西太后慈禧也为躲避联军而逃往西安。在这段时间内，伊东忠太受日本内阁的命令，前往中国对故宫进行了为期两个月（1901 年 7 月至 8 月）的短期调研，这是世界上第一次有外国人对故宫进行调研活动。在此之后，伊东忠太留下了《清国北京皇城》《渡清日记》（未发表）等记录。这期间，外国语学校毕业的岩原大三（郎）担任了伊东忠太的翻译，更在调研结束后继续留驻中国。

　　1902 年 3 月 29 日，伊东忠太乘坐火车从东京新桥出发，4 月 2 日到达广岛宇品，之后从玄海滩乘船横跨黄海、渤海，于 4 月 8 日抵达天津大沽。在前一年的调研中负责翻译的岩原大三在此迎接了伊东忠太，并在此后的旅程中一直作为翻译与他同行。大沽是天津的外港，二人当天乘坐火车到达天津市内。

　　在天津的调研行程安排基本上是半天之内就要奔波调查很多地方，十分匆忙，所以伊东忠太在天津的笔记往往只有一些没有标注信息的写生留存下来。4 月 10 日，他们乘坐火车从天津前往北京。

　　伊东忠太一行抵达北京之后，头几天投宿在名为德兴堂的旅馆，之后经由熟人宫岛大八 [1] 介绍，投宿于川岛浪速 [2] 所经营的警务学堂，并在这里住了 4 个月左右。

　　在这段时间里，伊东忠太调研了北京城内外的黄寺、黑寺、卧佛寺、玉泉山、八大处等各地的著名寺庙，值得一提的是在调研雍和宫时，他还遇到了从本愿寺来此修学的僧人寺本婉雅，并向其请教了很多关于藏传佛教的知识。一行人还拜访了道教全真派的祖庭白云观，并为之惊艳。

　　在北京停留期间，伊东忠太还进行了三次短途旅行，分别是：4 月 27 日乘坐火车前往通州（北京东郊），并于当日返回；5 月 18 日到 20 日到潭柘寺、戒台寺（北京西郊）调研；6 月 1 日出发进行了一次"山西试行"。这趟山西之行中，伊东采取了骑马经由十三陵、八达岭，前往张家口的路线。

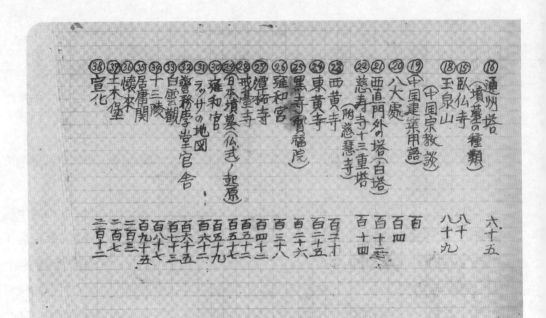

1 天津（1）玉皇阁（1）4 月 10 日

伊东于 1902 年 4 月 8 日抵达天津，投宿在芙蓉馆。10 日上午，雇用了人力车，怀抱照相机，奔波于天津各处拍摄调查。玉皇是道教中的"天帝"，玉皇阁是祭祀玉皇的场所。图中央是玉皇阁中门衬板（羽目板）上的花纹。

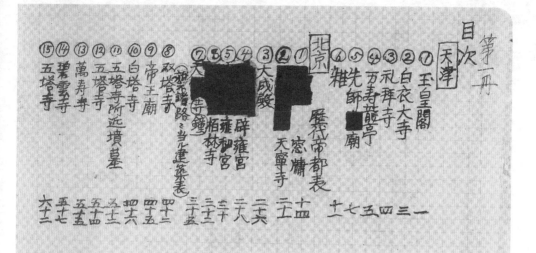

3 天津（3）白衣大寺（4 月 10 日）

如意轮观音持如意金轮和如意宝珠，以其功德救众生、圆心愿。白衣大寺即如今的大悲院。

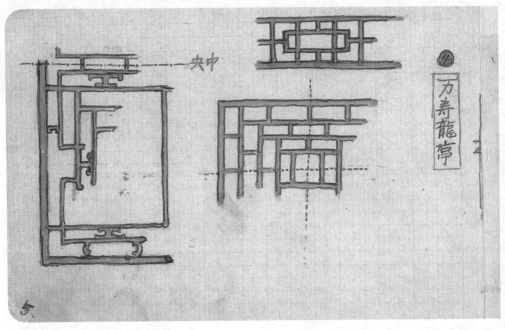

5 天津（5）万寿龙亭（1）（4 月 10 日）

窗户上样式极其多变的榫卯细木窗格，给见惯了日式障子和窗户的伊东留下了深刻的印象。他在笔记中还记录了各地不同的窗格样式。

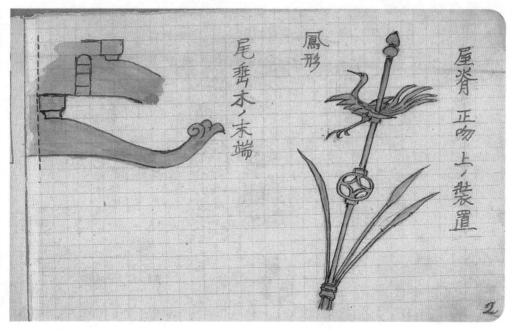

2 天津（2）玉皇阁（2）（4月10日）

位于天津旧城东北角的玉皇阁，建于明朝宣德二年（1427），之后多次进行过重修。"正吻"指的是位于建筑屋顶正脊两端兽状的装饰物。玉皇阁的正吻上有如图所示的站立凤凰状装饰物。

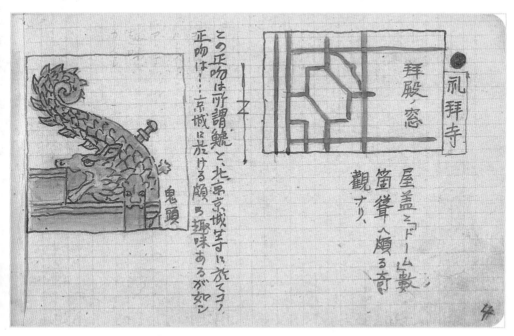

4 天津（4）礼拜寺（4月10日）

伊东注意到这座寺庙奇特的屋顶形状，并对此进行了拍摄。这张照片后发表在《建筑杂志》（168号）上。礼拜寺建于清朝康熙四十二年（1703），是带有中国风格的清真寺。左边的描述文字有部分较为含糊，但表现了伊东对图中海兽状正吻的兴趣。

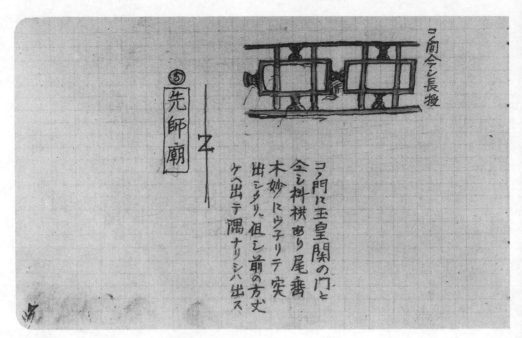

7 天津（7）万寿龙亭（3）／先师庙（1）（4月10日）

先师即孔子，先师庙也就是孔庙，又称文庙、夫子庙等。图的右半部分是关于万寿龙亭的记述，其中"玉皇关"是误记，应为"玉皇阁"。

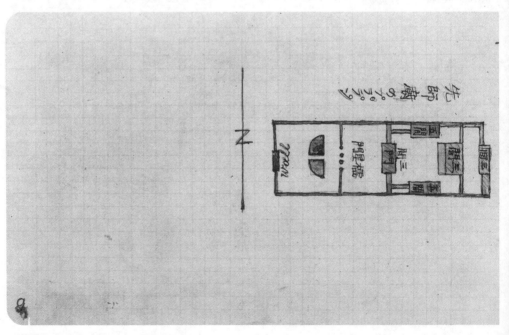

9 天津（9）先师庙（3）（4月10日）

主殿盖以黄色的琉璃瓦。庙外立有两座明代所建的牌楼。"プララン"为误记，应为"プラン"，意为"平面图"。

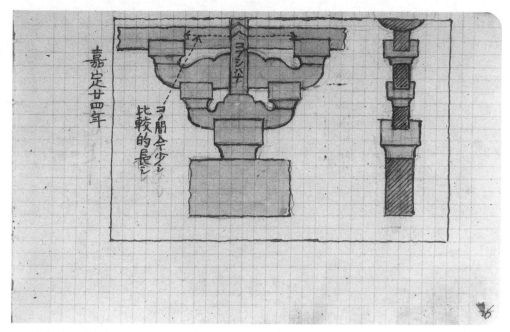

6 天津（6）万寿龙亭（2）（4月10日）

虽然标注了"嘉定二十四年"，但实际上嘉定作为南宋宋宁宗的年号只沿用了17年。正确的年号应该是南宋"绍定四年"，也就是1231年。[3] 斗拱是用于连接柱子和屋顶并支撑屋檐的部件。斗拱的构造越变越复杂，到了清代更多起到装饰作用。图中斗拱的拱（肘木）上端雕有线条装饰，高度得以增加，体现了一种样式的变化。

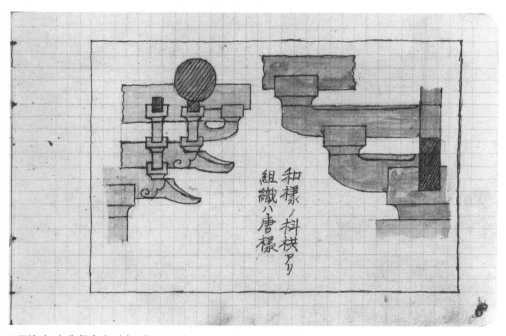

8 天津（8）先师庙（2）（4月10日）

先师庙位于天津旧城东部，明朝正统元年（1436）建成，之后又进行了多次扩建和重修。所谓"和样（和樣）"[4] 指的是，斗拱的"拱"（水平承重木材）的垂直切面与下层曲面之间分界清晰的一种样式（参照图27）。[5]

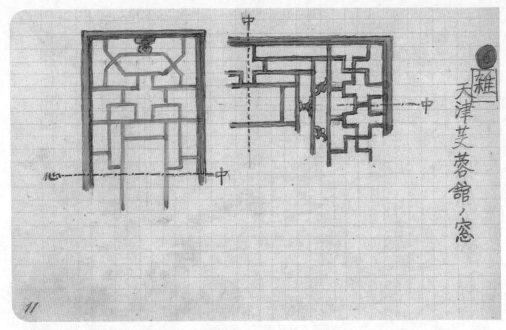

11 天津（11）芙蓉馆（1）（4月8日—10日）

伊东于4月8日和9日在名为"芙蓉馆"的旅店住宿了两晚，这也是天津首屈一指的日本旅店。

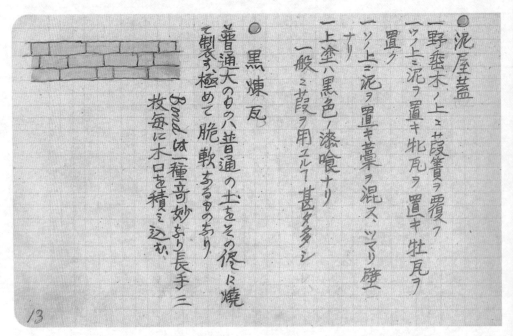

13 天津（13）民居的构造（4月10日）

图中英文"Band"是建筑用语，意为用砖砌而成的建筑，图中文字描述的意思是"这是一种罕见的堆砌砖块的手法"。

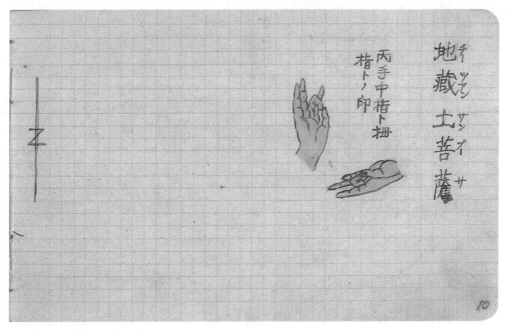

10 天津（10）（4月10日）

伊东对佛像手印很感兴趣，在笔记中记录了各地所看到的手印。此处无法得知他是否在先师庙中看到了地藏菩萨像。图中"丙手"为误记，应为"两手"。

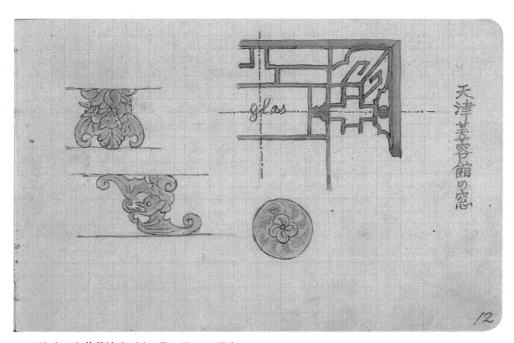

12 天津（12）芙蓉馆（2）（4月8日—10日）

芙蓉馆位于天津的日管居留地，也就是之后的租界。这座旅馆在中式房屋的基础上进行了一系列日式改造（如铺上榻榻米等）。图左以及右下部分是对图右上部分所描绘窗户的细节放大。"glas"为误记，应为"glass"。

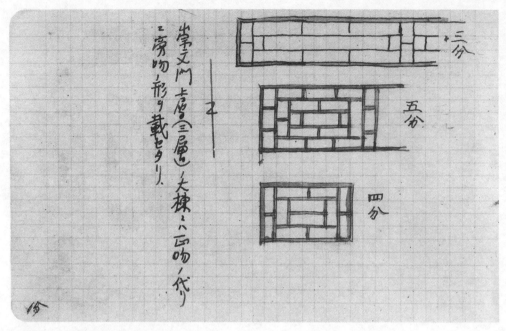

15 北京（2）日本公使馆宿舍（2）（4月）

当时的日本公使馆位于北京外国公馆聚集区——东交民巷内。伊东因为文部省所拨给的留学费用较少，所以在到达北京的当日便前往日本公使馆面见日本公使内田康哉请求借宿，然而被其以"既然身为博士，就应该堂堂正正地自己去住旅店"的理由拒绝。

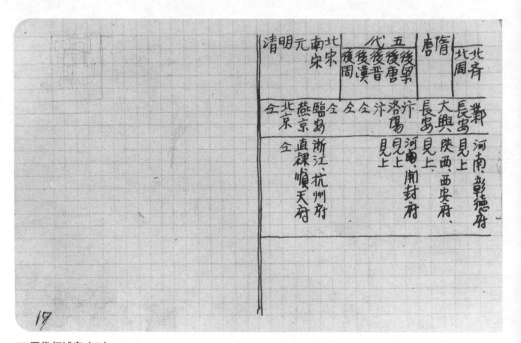

17 历代都城表（2）

古代中国的都城大多分布在黄河流域。

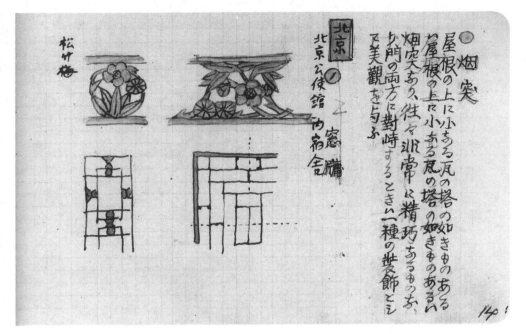

14 北京（1）日本公使馆宿舍（1）（4月）

屋顶上的烟筒是给类似于朝鲜"温突"的取暖设施——"炕"排烟所用。与温突有所不同，炕会在室内搭建高于地面一段距离的设施，内部通有高温的烟使表面发热。平时工作、吃饭或是聊天都可以在炕上进行，到了晚上则变成睡觉的床铺。"窗牖"指窗户的榫卯细木[6]。上方的两图是其下方图的细节放大。

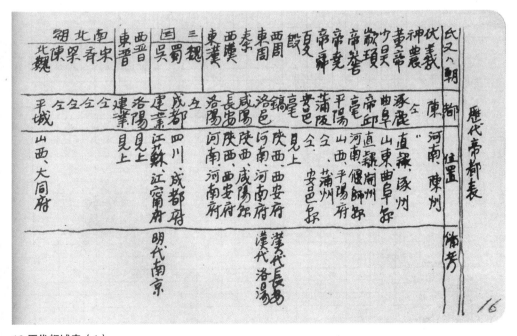

16 历代都城表（1）

伏羲、神农至尧、舜都是传说中的古代帝王。

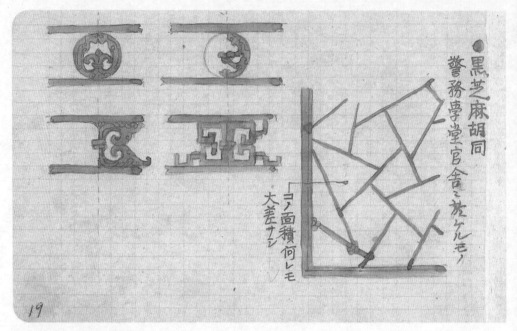

19 北京（4）警务学堂官舍（1）（4月13日）

警务学堂是由川岛浪速经营，以日本人担任教官，负责培训清国警察的学校。伊东忠太受川岛照顾，借宿在位于当时黑芝麻胡同的警务学堂官舍。川岛浪速也就是之后的著名女间谍川岛芳子的养父。

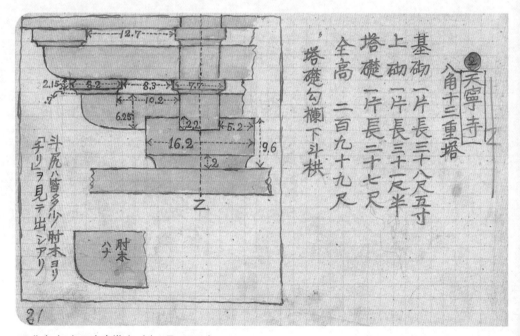

21 北京（6）天宁寺塔（1）（4月15日）

坐落在北京外城广安门外的天宁寺，建造于北魏孝文帝时代（471—499年），当时称为光林寺。之后数次更名，最终焚毁于元末时期的战火之中。明朝宣德年间（1426—1435年）重建，并被命名为天宁寺。[7]

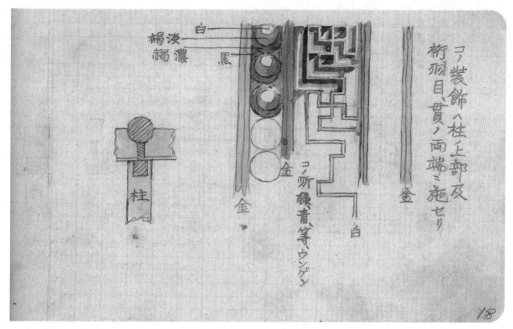

18 北京（3）彩画（4月）

中国的建筑，木制部分并不会使用原木色，而是会上色或绘制以纹样。图中则是一种常见的彩画设计。文字中的"ウンゲン（繧繝、暈繝）"意思为晕染的效果。

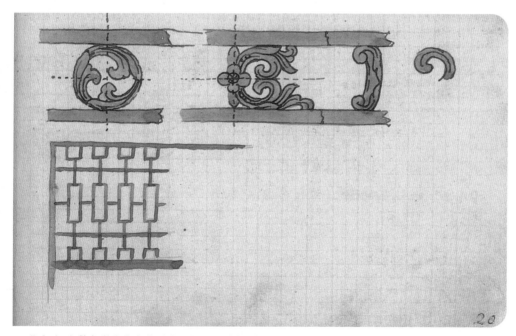

20 北京（5）警务学堂官舍（2）（4月13日）（下接图34）

警务学堂的官舍是一座北京传统风格的四合院，为非常标准的矩形结构。

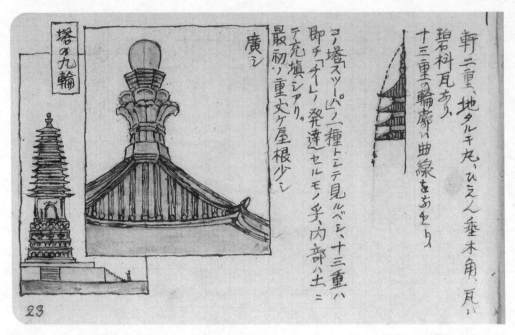

23 北京（8）天宁寺塔（3）（4月15日）

伊东所著的《中国建筑装饰》中对这座塔做过以下评述：天宁寺塔从二层以上，每层塔檐的逐层收分程度较小，所以整体看起来塔身二层以上非常粗重；塔刹相轮为两层八角仰莲座上托宝珠，十分罕见。

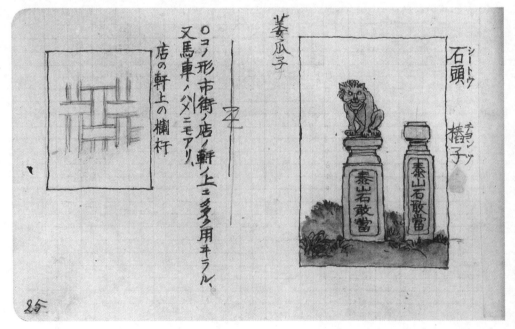

25 北京（10）（4月15日）

石敢当，原是立在街道的十字路口处，用于祈愿交通安全的石碑。起源虽不可考，但相传石敢当是五代十国时后晋一位大力士的名字，后人又在他名字前加上五岳之首"泰山"的字样，成为现在熟知的"泰山石敢当"，被认为有驱魔辟邪之能。椿子意为桩子，是指一头插入地里的木棍或者石柱。[11]

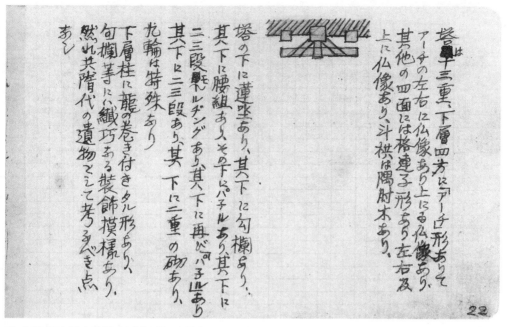

22 北京（7）天宁寺塔（2）（4月15日）

寺内建有一座八角十三层砖塔，俗称"白塔"。[8] 传说该塔建于隋朝开皇年间（581—600 年），是当时各地兴建的舍利塔中的一座。塔的样式是辽代风格。两层八角形的须弥座上建有高高的基座，塔身就立于其上。[9]

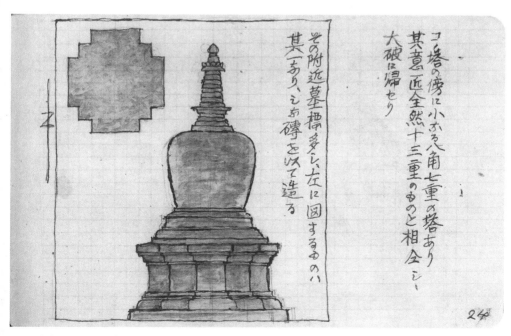

24 北京（9）（4月15日）

图中的墓标是用砖砌成。图中的"砖"是指中国一种用黏土烧制而成的建筑材料。[10]

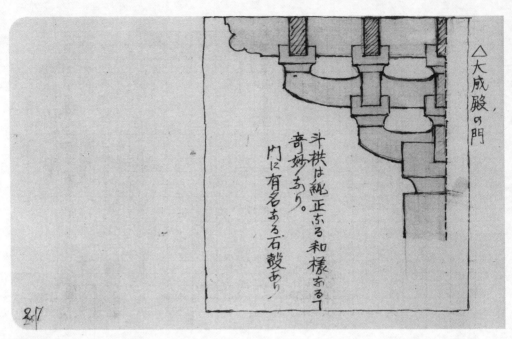

斗拱は純正ふる和樣ふる了
門に有名ふる石鼓あり

△大成殿の門

27 北京（12）孔庙（2）（4月16日）

"石鼓"是公元前8世纪的文物，唐末时被发现于陕西。鼓上刻有文字，称为"石鼓文"，石鼓也因此而闻名。元朝皇庆元年（1312），石鼓被放置在孔庙的大成门，直至清乾隆年间改为复制品。目前石鼓真品保存于故宫博物院。（图中"和樣"斗拱的说明请参见图8）

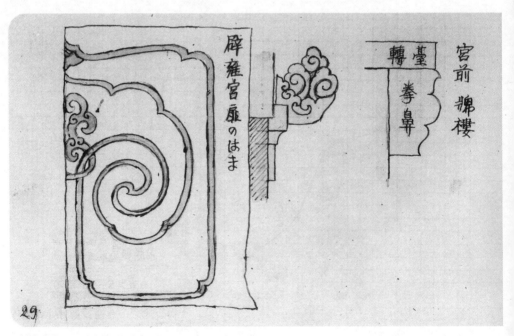

辟雍宮扉のはま

臺轉拳鼻

宮前牌樓

29 北京（14）辟雍殿（2）（4月16日）

从正面进入国子监，可以看到挂有"太学"二字匾额的太学门，以及琉璃牌坊。再往前走，便可以看到映在"月河"池水中的辟雍殿。图左半部分是辟雍殿门腰板上的花纹。图中的"拳鼻"，中文称为"霸王拳"，是柱上横置的梁或者枋突出的部分。图中的"はま"为误记，应为"はめ（羽目）"，意为"衬板"。

016

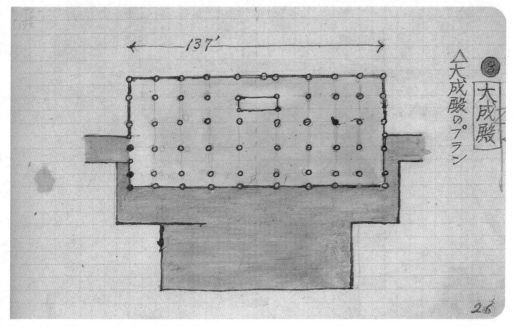

26 北京（11）孔庙（1）（4月16日）

北京孔庙位于内城的安定门内东，正殿为大成殿。大成殿是一座面阔九间、进深五间的宏伟建筑。高大的殿基用砖砌成，屋顶为多层结构，最上层是庑殿顶并盖以黄色琉璃瓦。

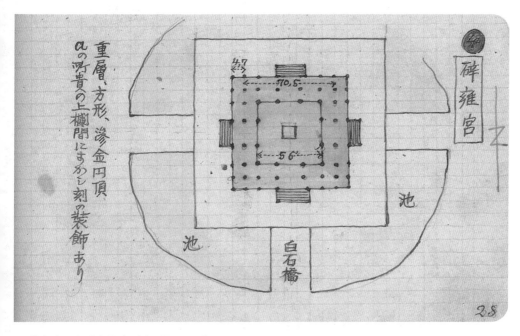

28 北京（13）辟雍殿（1）（4月16日）

辟雍殿是国子监的中心建筑。国子监承袭自周代皇族高官子弟学习的最高学府[12]。元朝大德十年（1306），北京设立了国子监。据说皇帝会亲自来此讲学。

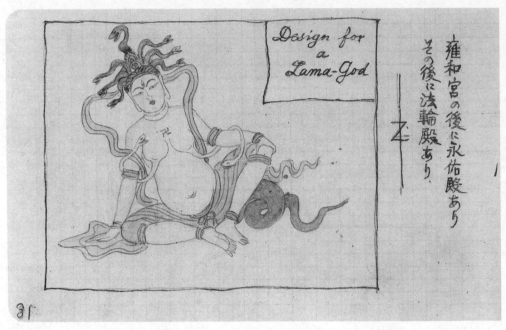

Design for
a
Lama-God

雍和宮の後に永佑殿あり、
その後に法輪殿あり、

31 北京（16）雍和宫（2）（4月16日）

伊东从国子监返还途中，顺便去雍和宫转了一圈，决定择日再访。图左半部分是他在笔记空白处所绘的漫画中的一幅。（关于雍和宫的记录，请结合本卷的图 128 至图 138、图 159 至图 164 进行阅读）

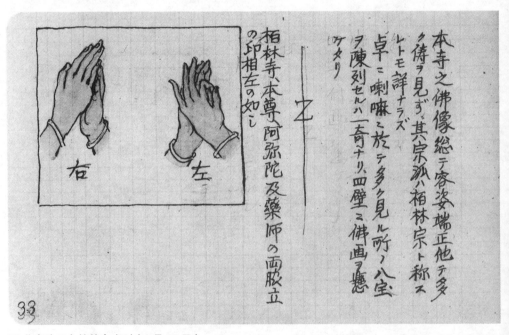

右　左

本寺之佛像総テ容姿端正他テ多
ク侍ヲ見ず、其宗派ハ柏林宗ト称ス
レトモ詳ナラズ
卓ニ喇嘛ニ旅テ多ク見ル所ノ八宝
ヲ陳列セルハ一奇ナリ。四壁ニ佛画ヲ懸
ケタリ

柏林寺、本尊ハ阿弥陀及ビ薬師の両胺立
の印相左の如し

33 北京（18）柏林寺（2）（4月16日）

寺内中轴线上排列有山门、天王殿、圆俱行觉殿、大雄宝殿和维摩阁。大雄宝殿中的三世佛像、维摩阁中的七尊佛像都是明代所作的精品。

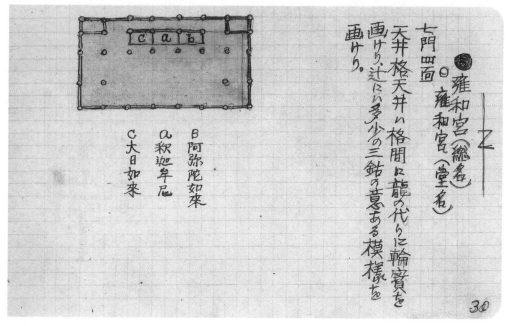

⑤雍和宮（總名）
雍和宮（堂名）
七門四面
天井格天井ニ格間ニ龍の代りに輪寶を画けり・辻に多少の三鈷の意ある模樣を画けり。

B 阿弥陀如来
a 釈迦牟尼
C 大日如来

30 北京（15）雍和宫（1）（4 月 16 日）

雍和宫是一个规模宏大的建筑群，与国子监隔街相望。原本是清雍正帝皇太子时的府邸，之后改作佛寺，也成为北京藏传佛教（喇嘛教）的中心。

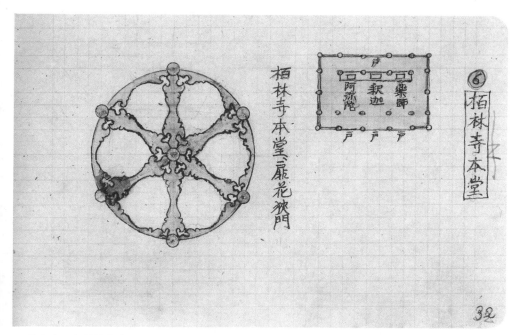

⑥ 栢林寺本堂

栢林寺本堂扉花狹門

藥師
釈迦
阿弥陀
戸

32 北京（17）柏林寺（1）（4 月 16 日）

柏林寺位于安定门内，雍和宫附近，是"京内八刹"之一。该寺建于元朝至正七年（1347），明清两代进行了三次重修。康熙五十一年（1712），康熙皇帝的六十大寿庆典在此处举行。途中的"花狹门"为误记，应为"花狹间"，意为窗或者门上的榫卯格子的一种。

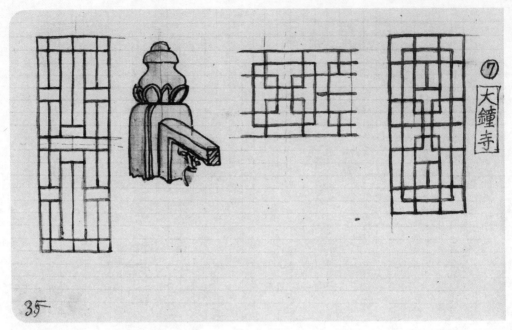

35 北京（20）大钟寺（1）（4 月 19 日）
大钟寺是民间俗称，原名觉生寺，因寺内有一口巨大的钟[13]而得名。右边两图为寺庙中栏杆的细节图。

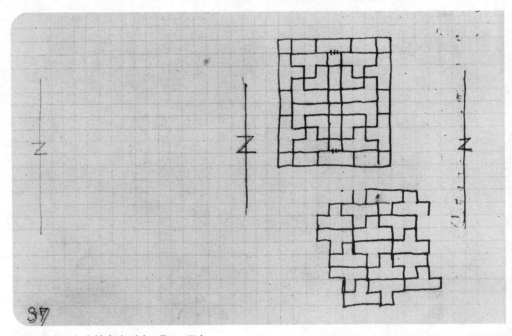

37 北京（22）大钟寺（3）（4 月 19 日）
大钟上刻有《华严经》《金刚经》《金光明经》等经文超过二十万字。[15] 如今的大钟寺内成立了"古钟博物馆"，
收藏展览了中国境内的各种古钟。

34 北京（19）警务学堂官舍（3）（4月17日）（上承图20，下接图165）

抱鼓石是门柱的台座，内侧支撑着门轴，外侧则如图中一样雕刻装饰花纹。抱鼓石的大小不一，形态多样（参考图101）。

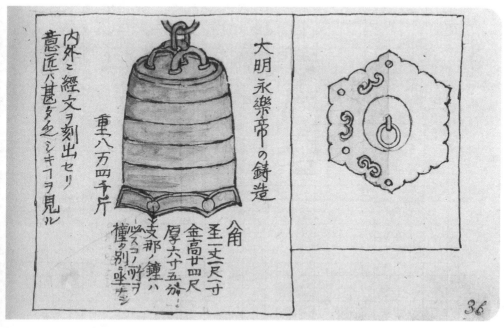

36 北京（21）大钟寺（2）（4月19日）

大钟寺中的大钟，明至清初都放置于万寿寺内，清朝乾隆年间，这口大钟因"帝里白虎分，不宜鸣钟者"，而被移放到大钟寺。[14] 当时人们在地面上洒水成冰，再将钟放置在冰上拖拽搬运。图右为寺庙的门环（门把手）。

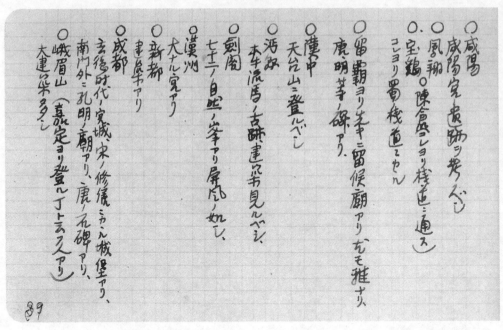

〇咸陽
〇咸陽宮ノ遺跡ヲ考フベシ
〇鳳翔
〇宝鶏 〇陳倉ハコレヨリ桟道ニ通ズ
　コレヨリ蜀桟道ニ入ル
〇留覇ヨリ本キニ留候廟アリ、むも推ナリ
　鹿明芋ノ碑アリ、
〇漢中
〇天台山ニ登ルベし
〇漢中
　本キ流馬ノ古跡車穴ヲ見ルベシ、
〇剣閣
　七十二ノ自然ノ峯アリ屏風ノ如シ、
〇漢州
〇犬十九匹アリ
〇新都
　車兵牛アリ
〇成都
　玄徳時代ノ宮城、宋ノ修儀シカシ城堡アリ、
　南門外ニ孔明ノ廟アリ、鹿ノ石碑アリ、
〇峨眉山（嘉定ヨリ登ル丁ト云 フ人アリ
　大建築多シ

89

39 北京（24）中岛裁之访谈（2）（4月20日）

伊东日记中提道："在访问位于宣武门外东文学社时，遇到了中岛裁之先生。他因为在中国旅行的经验非常丰富，而被称作'中国通'。我因此向他请教旅行中的见闻，他也非常亲切热情地依照地图，对我详细说明了从北京到成都、三峡的路线以及途中的古迹，实在是受益匪浅。"

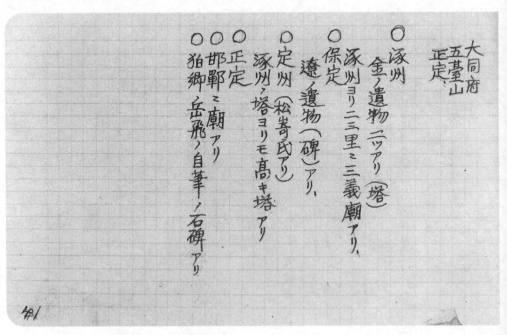

〇大同府
　五臺山
　正定
〇涿州
〇涿州金ノ遺物二ツアリ（塔）
〇保定
　涿州ヨリ二三里ニ三義廟アリ、
〇定州
　涿州ノ塔ヨリモ高キ塔アリ
〇定州（松崎氏アリ）
　遼ノ遺物（碑）アリ、
〇正定
　邯鄲ニ廟アリ
〇狛郷
　岳飛ノ自筆ノ石碑アリ

41

41 北京（26）中岛裁之访谈（4）（4月20日）

文中的"松崎先生"，指的是曾在定州的定武书院担任过教官的人物[16]，他在日俄战争中作为陆军特别任务班第一班的队员活跃在战场上，之后与横川省三、冲祯介一同被俄军俘虏并被枪决。[17]

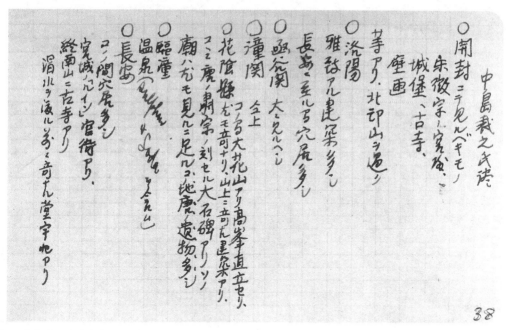

38 北京（23）中岛裁之访谈（1）（4月20日）

中岛裁之是北京著名的日语学校"东文学社"的创办人，中国内地旅行经验丰富，因此伊东对他进行了拜访请教。

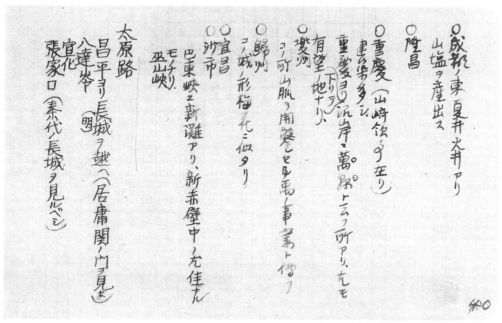

40 北京（25）中岛裁之访谈（3）（4月20日）

伊东在之后的日记中就中岛裁之还写道："中岛先生很得中国人的信赖，是一个温厚诚实的正人君子，但是在很大程度上已经中国化了。"

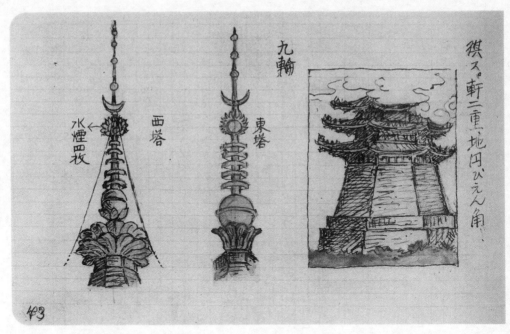

43 北京（28）双塔寺（2）（4月22日）

东塔的顶针贯穿了三颗宝珠，下方为新月形装饰、水烟、五轮、大宝珠、露盘等。水烟上方有八条锁链与斜脊的顶端连接。西塔也是相同的样式。文中"祺"为错字，应为"復"。[18]

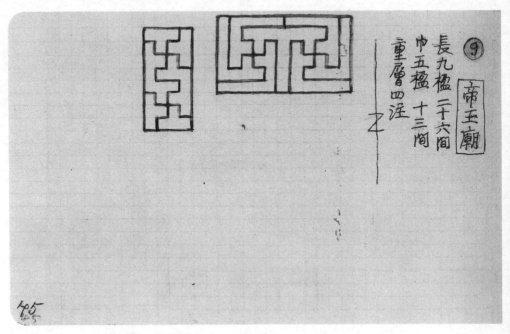

45 北京（30）历代帝王庙（4月22日）

供奉着中国古代各朝帝王的历代帝王庙曾是一座庞大的建筑群。八国联军侵华期间，法国军队在此驻扎，并将此处作为马厩，致使庙内变得杂乱荒芜。"楹"[19]意为房屋柱子之间的距离。

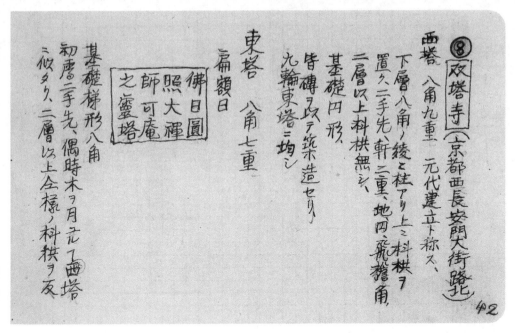

42 北京（27）双塔寺（1）（4 月 22 日）

庆寿寺中并排而立着两座塔，故俗称双塔寺，根据碑文记载，为元代所建。虽然塔的年代应该是元代以后，但塔的风格是典型的辽金式。文中西塔的说明中，"绫"为误记，应为"棱"。东塔说明应为："第一层为出两跳，使用了转角拱……"

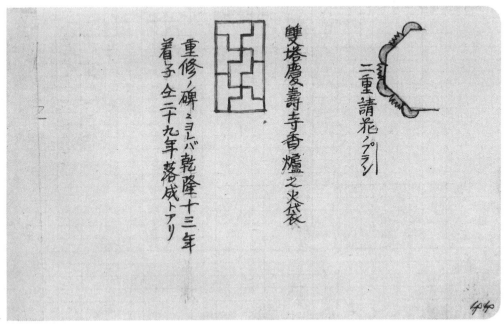

44 北京（29）双塔寺（3）（4 月 22 日）

双塔寺曾位于北京西单的十字路口东侧。中华人民共和国成立后为拓宽长安街，寺庙被拆除，现已无存。文中"请花"也称"受花"，是佛教建筑中经常使用的一种花状的装饰。文中"着子"为误记，应为"着手"。

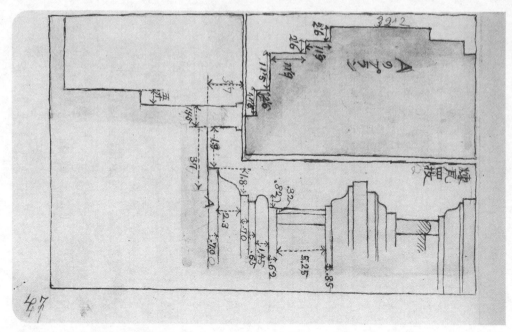

47 北京（32）白塔寺（2）（4月22日）

塔的基座为正方形，各面中央都有向外突出的两层结构。上面没有雕刻花纹，线条装饰也大繁至简。

49 北京（34）白塔寺（4）（4月22日）

图为相轮的华盖（图46的C部分）以及其上方塔刹的部分细节。华盖周沿垂挂着铜质透雕的华鬘（左下图为其中一个华鬘中的图示），下端均挂有风铃。

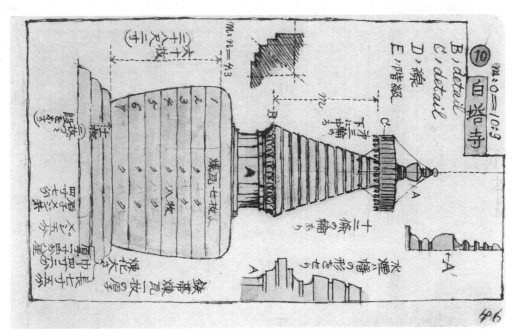

46 北京（31）白塔寺（1）（4月22日）

妙应寺中的塔也就是人们俗称的"白塔"，寺庙也因此常被称作"白塔寺"。白塔建成于元世祖至元十六年（1279），规模甚是宏大，是同类型塔中最大的一座，也是最完整的藏式佛塔。

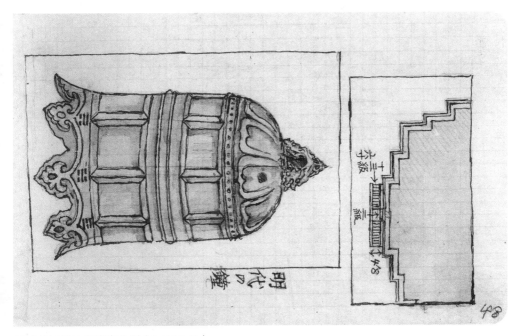

48 北京（33）白塔寺（3）（4月22日）

白塔高约一百六十尺 [20]，通体皆粉刷成白色。塔身上每隔七八块砖的距离有一根铁箍将塔身箍紧，全塔共有七条铁箍。钟为明代所铸。

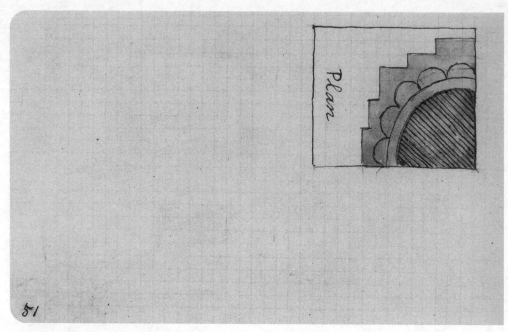

Plan

51 北京（36）白塔寺（6）（4月22日）

相传白塔是辽代时为了镇护副都燕京（今北京）而建造的五色塔中的一座。白塔寺在元代时受到厚待而繁极一时，元末时期被焚毁。天顺元年（1457）重建，改名为妙应寺。

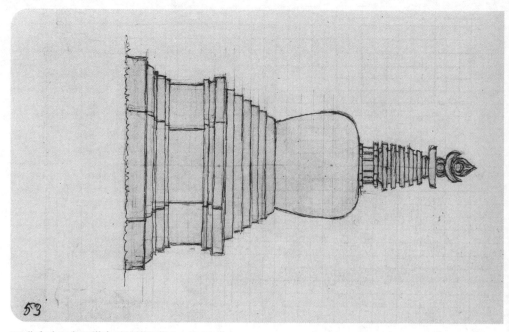

53 北京（38）五塔寺附近的坟墓（4月26日）

图为五塔寺附近坟墓中的一座。

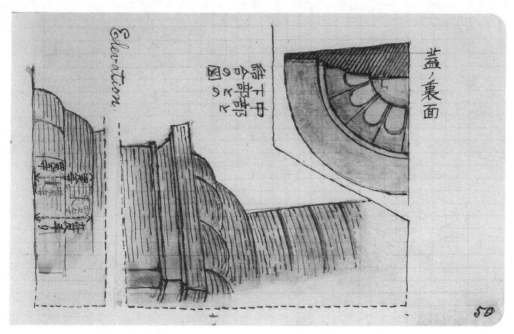

50 北京（35）白塔寺（5）（4月22日）

塔基上层砌有莲花座，以支撑宽大沉重的塔身。塔身上方的露盘为方形，各面中央也有向外突出的两层结构，之上则为相轮。

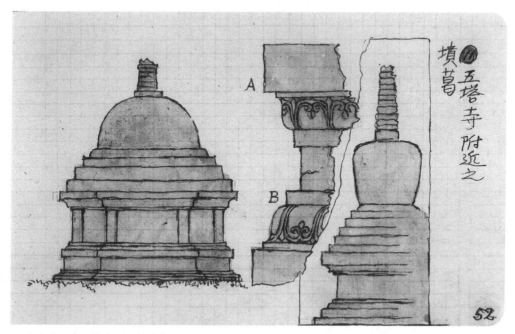

52 北京（37）五塔寺附近的坟墓（4月26日）

坟墓的样式多种多样，其中有一个引起了伊东的注意。图为五塔寺附近的坟墓。"坟葛"为误记，应为"坟墓"。

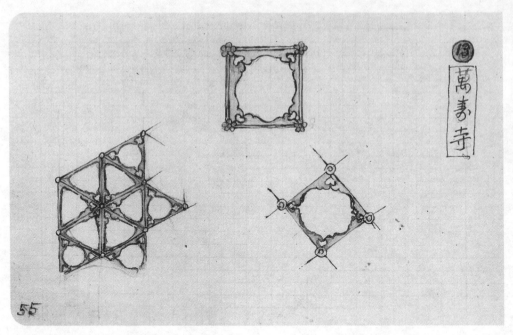

55 北京（40）万寿寺（4 月 26 日）

万寿寺传说是明朝万历五年为保存汉文版本的大藏经而建。因为万寿寺位于紫禁城到西山的水路途中，西太后慈禧乘船前往西山时常在此休憩。图为伊东在万寿寺所见到的雕花格图案。

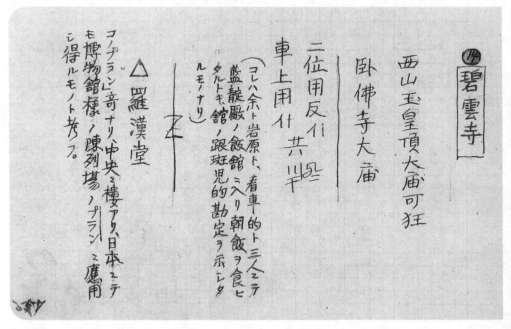

57 北京（42）碧云寺（1）（4 月 26 日）

碧云寺始于元朝至顺三年（1332），耶律楚材的后代耶律阿利吉舍宅为寺，当时名为碧云庵。之后在明中期及末期分别有两名大太监[23]对其进行了重修扩建。乾隆十三年（1748），乾隆帝又对碧云寺进行了大规模的修葺和改造，新建了金刚宝座塔、罗汉堂等。文中"看车的"意为车夫，"跟班儿的"意为帮佣。

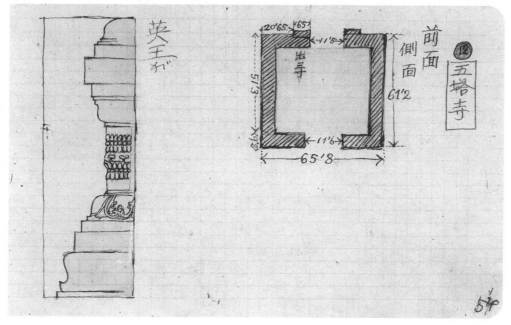

54 北京（39）五塔寺（1）（4月26日）

大正觉寺[21]内建有上载五座宝塔的金刚宝座（真觉寺金刚宝座塔），一般被称作"五塔寺"，明朝成化九年（1473）建成。方形的高大塔基之上立有五座多层宝塔，这是模仿印度的佛陀迦耶式宝塔所建。[22]

56 北京（41）北京郊外所见（4月26日）

文中的"分头（分け方）"是一种发型样式。图的内容为伊东在万寿寺附近所见。他对当地儿童和妇女的服装、发型等都很有兴趣，经常记录在笔记中。

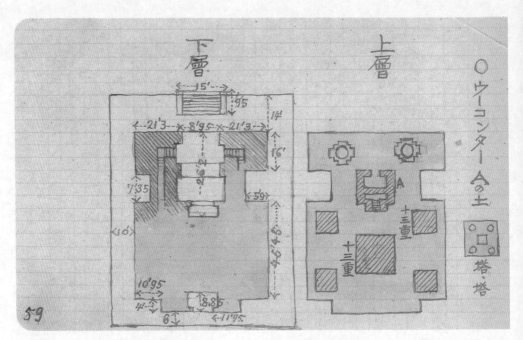

59 北京（44）碧云寺（3）（4月26日）

文中的"ウーコンター"意为五座宝塔，乾隆十三年大修时，新建了类似大正觉寺（五塔寺）的金刚宝座塔。高大的塔基上立有五座皆用汉白玉所造的宝塔。

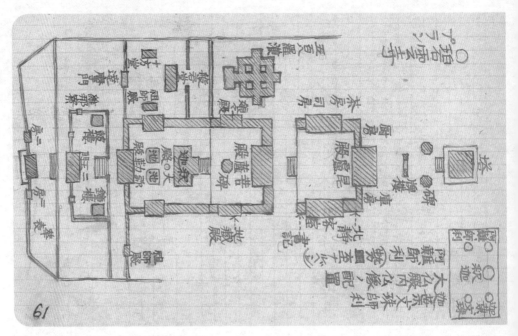

61 北京（46）碧云寺（5）（4月26日）

碧云寺位于北京西山以北，依山而建，寺内建筑沿着山脊缓缓上升。从山门而入，便可层层登入寺内。从寺后的金刚宝座之上可以鸟瞰北京，一览别样的风光。1925 年，逝世于北京的孙中山曾经停灵于寺中。[26]

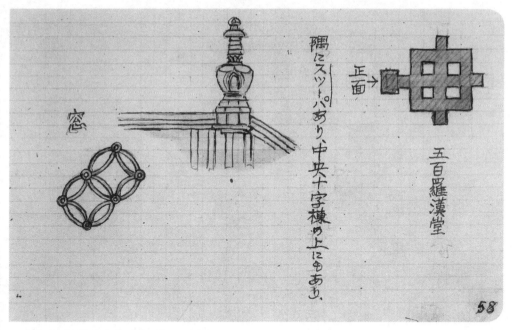

58 北京（43）碧云寺（2）（4月26日）

碧云寺罗汉堂是仿造杭州净慈寺的罗汉堂而建，平面呈"田"字形，堂内有五百尊罗汉像以及七尊佛像[24]。
"田"字屋脊的十字中央和四个角上都立有瓶式小塔[25]，呈现出和金刚宝座塔类似的五塔样式。

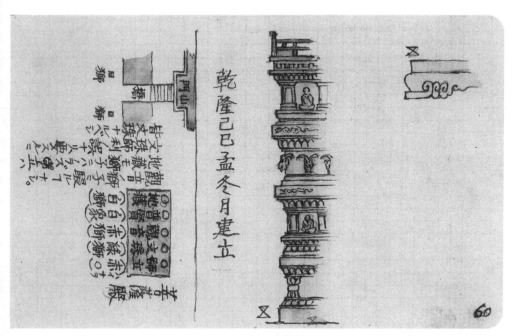

60 北京（45）碧云寺（4）（4月26日）

塔基上由若干条束带层分隔成多段区间，每层之内的立柱并不是印度风格，而是藏传佛教风格，层中精细地
雕刻着佛像、天王像、兽像、云纹等图案。右上图是中图的接续部分。文中的"駛"为误记，应为"骑"。

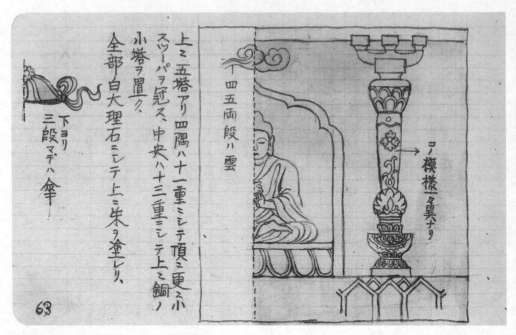

上ニ五塔アリ四隅ハ十一重ニシテ頂ニ更ニ小スツーパヲ冠ス、中央ハ十三重ニシテ上ニ銅ノ小塔ヲ置ク、

全部ハ白大理石ニシテ上ニ朱ヲ塗レリ、

下ヨリ三段マデハ傘

コノ模様ハ奥ナリ

十四五両段ハ雲

63 北京（48）五塔寺（3）（4月26日）

五塔的腰部雕刻着很多华顶拱形佛龛和佛像，佛龛之间以雕花瓶石柱相隔。塔基和塔身尽覆浮雕装饰，无比精致华丽。图62中的"モールヂング"意为"moulding"，指凹凸带状的装饰物。

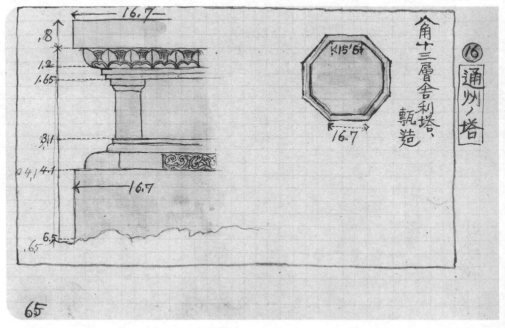

角十三層舍利塔、甎造

⑯ 通州ノ塔

65 通州（1）通州塔（1）（4月27日）

伊东的笔记中记载，早晨八点从北京站出发，九点四十分抵达通州站。从通州站往西北行约二里，则到达通州城南门。穿过城门进入市区中，道路肮脏不堪，铺石也凹凸不平。

入口のアーチの周囲は仏像の光背と同一の意味を有シ、上に天狗あり其両足（鳥の）を以て左右に一仏の足を踏みたる仏は片手に宝珠を捧たり片足に蛇を踏みたり、仏の下に上唇長き獣あり、獏あるべし其下に翼ある馬あり、其下に獅子あり、其下に象あり、腰部い普通のモールヂングより成り中帯は羽目を作りその中に動物（馬）、輪室、三鈷、碯磨、三叉等を彫出シ、羽目の分界には三鈷を用めたり

腰部の上ら五層に分ち、毎層廂屋根をつけ、その下に羽目を作り、各羽目に仏の坐像を彫出せり、羽目の分界は柱と斗栱とより

其形ハ左の如シ。

⑮ 五塔寺ノ五塔ノ記

62 北京（47）五塔寺（2）（4月26日）（上承图54）

传说明成祖时期，西域高僧室利沙来朝，进献了五尊佛像和金刚宝座的设计图。明成祖便依此图纸在成化九年（1473）建造了五塔寺。虽然传说金刚宝座塔是根据室利沙的图纸建造而成，但是更带有汉化的藏传佛教风格。

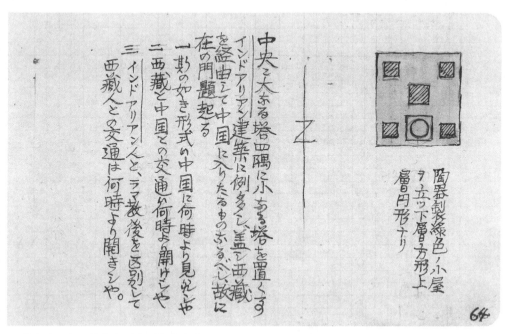

中央ニ大なる塔四隅に小なる塔を置くす

インド、アリアン建築に例多くシ、蓋シ西蔵を経由として中国に入りたるものふるべし。故に

一朝の如き形式の中国に何時より見えシや

二西蔵と中国との交通い何時より開けシや

三インド、アリアン人と、ラマ教後を区別して西蔵人と交通は何時より開きシや。

在の問題起る

陶器製衣緑色ノ小屋ヲ、五ツ下層ハ方形上層円形ナリ

64 北京（49）五塔寺（4）（4月26日）

五塔的中央塔的塔基边长十三尺八寸，塔高十三层。其余四塔的塔基边长十一尺五分，塔高十一层。五座塔的塔顶均设有塔状的相轮。金刚宝座的基台高约四十尺。文中的"在的问题"为误记，应为"左的问题"。

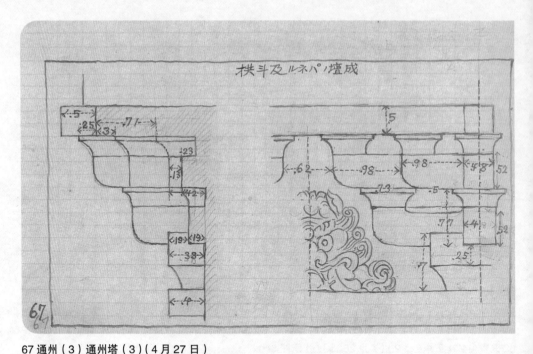

67 通州（3）通州塔（3）（4月27日）

右边的两张图为塔基的细节图。塔基上部设有斗拱，这是典型的中国传统建筑方法。

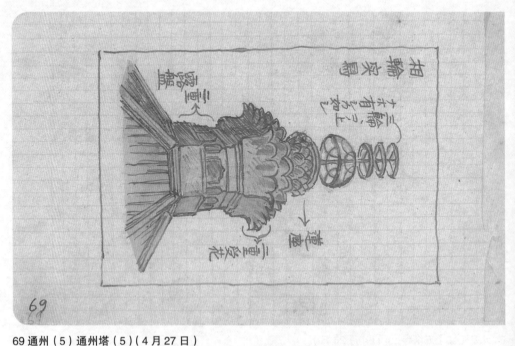

69 通州（5）通州塔（5）（4月27日）

塔刹的顶部已经遗失，残存的几个相轮均为同等大小，塔刹下部保持了辽金式塔的传统样式。[28]

66 通州（2）通州塔（2）（4月27日）

立于通州城西北、白河岸边的塔，原名"燃灯舍利宝塔"，俗称"通州塔"。相传此塔建于唐朝贞观七年（633），康熙三十五年（1696）重建。[27] 通州塔为典型的辽金式塔。文中的"アトランテス"意为人形的柱子。

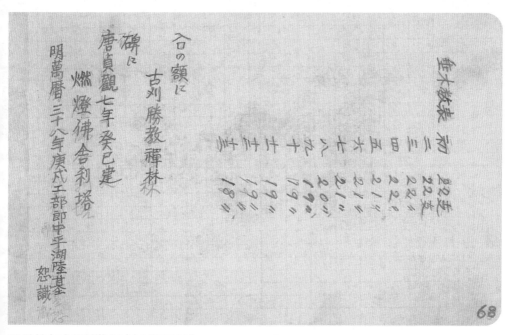

68 通州（4）通州塔（4）（4月27日）

图中的数字为通州塔每一层椽子的数量，由此可见，塔檐由下往上收分的程度较小，类似于天宁寺塔的样式。文中"古刈"为误记，应为"古刹"。

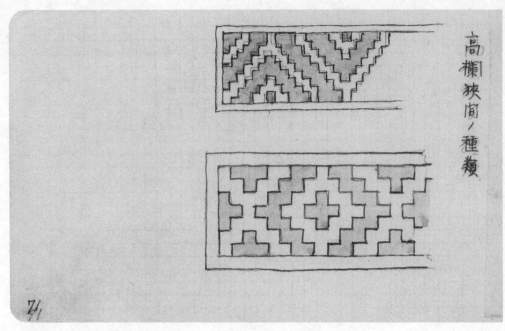

高欄狹間ノ種類

71 通州（7）通州塔（7）（4月27日）

图为砖砌的高栏华板格纹。图72描绘了经过复杂变形的"卍"字格纹。

73 通州（9）通州塔（9）（4月27日）

通州塔第一层塔壁的东南西北四个方向都建有拱形门作为装饰，其他四面则设有直格窗。四面的拱形门只有南面一扇为入口，内有约六尺深的小室。

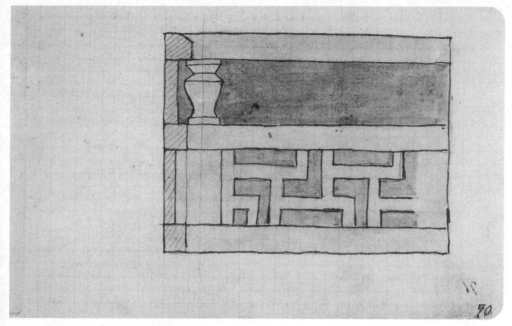

70 通州（6）通州塔（6）（4 月 27 日）

塔的栏杆的瘿项上部为圆弧状，整体成瓶状。盆唇和地栿之间的华板和法隆寺一样，雕有变形的"卍"字格纹，这也是典型的辽金式建筑风格。

72 通州（8）通州塔（8）（4 月 27 日）

上图中的花纹是一个个"卍"字并列而成。下图为"卍"字变形而成的横排十字格纹。

75 通州（11）碾子（4月27日）

碾子是一种在凿刻有纹理的平石上，撒上谷物，利用石碾在其上滚动进行去皮的工具。人们经常使用蒙住眼睛的驴子来拉动石碾。

77 通州（13）孩童（4月27日）

在当天的日记中，伊东写道，"距离通州站的火车发车还有大约一个半小时，附近的村子聚集了很多孩童，于是和他们玩耍以消磨时间"。此为当时所作的写生。

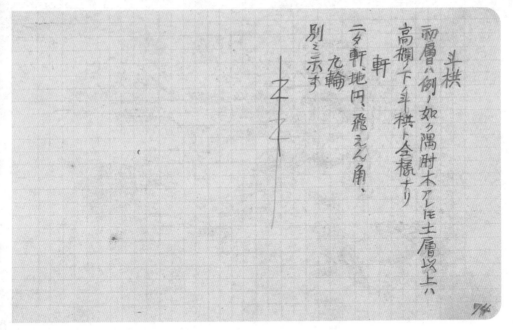

斗栱
初層ハ側ノ例ノ如ク隅肘木アレモ土層以上ハ
高欄ノ下ノ斗栱ト仝樣ナり
軒
二タ軒、地円、飛えん角、
九輪
別ニ示す

74 通州（10）通州塔（10）（4月27日）
文中的"肘木"意为"拱"，是斗拱的组成部分，作用是支持其上方的"斗"。文中的"飛えん"意为"飞檐橼"（参照图 166、图 183 ）。

通州附近之家屋

76 通州（12）民家（4月27日）
民居的两侧和背面都是砖砌的墙壁，正前方为出入口和窗户。从后墙延伸出院墙，围住自家的宅地。这是中国北方传统民家的建筑样式。

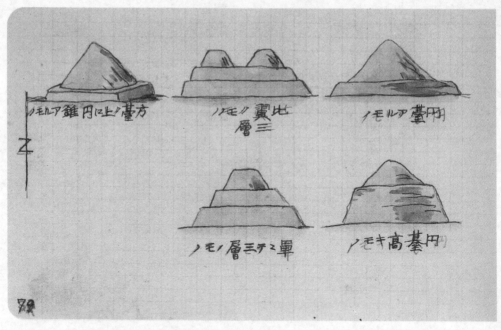

79 北京（51）坟墓的种类（2）（4月）

和日本一样，寺院中并不会安放普通人的坟墓。百姓的坟墓一般是安放在外城东部或者城外。

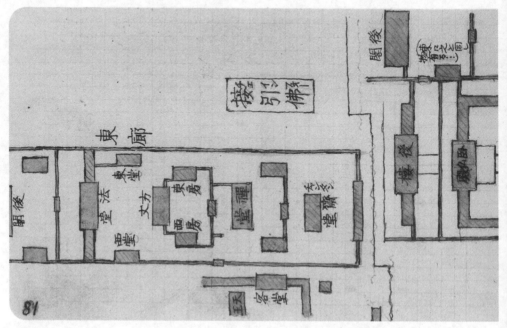

81 北京（53）卧佛寺（2）（5月1日）

明代名为"寿安寺"，一度香火兴旺。清朝雍正十二年（1734）时进行了大修，改名为"十方普觉寺"。

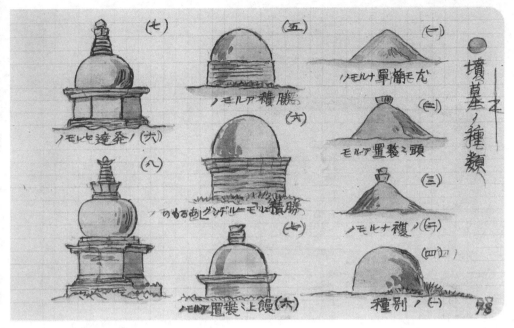

78 北京（50）坟墓的种类（1）（4月）
从通州回北京途中所作的写生。

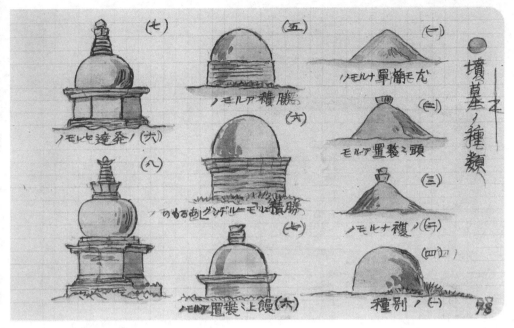

80 北京（52）卧佛寺（1）（5月1日）
卧佛寺本名为"十方普觉寺"，是位于北京聚宝山 [29] 南麓的名刹。寺内有一座巨大的释迦牟尼涅槃像，所以一般被人称作"卧佛寺"。传说此寺建造于唐代，元朝英宗年间扩建，并耗费五十万斤的铜铸成卧佛像。

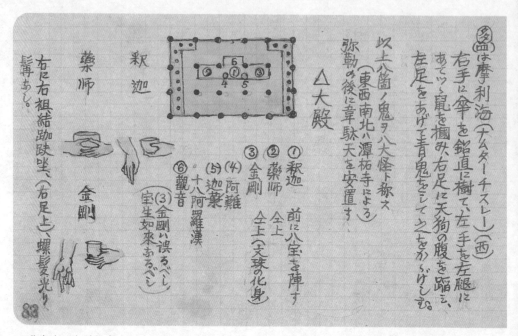

83 北京（55）卧佛寺（4）（5月1日）

天王殿内以弥勒佛为中心，周围立有四大天王像和韦陀菩萨像。四大天王雕塑成手持法器或者动物、踏在妖魔鬼怪之上的形象。大雄宝殿则是以释迦牟尼佛为中心来布置佛像。

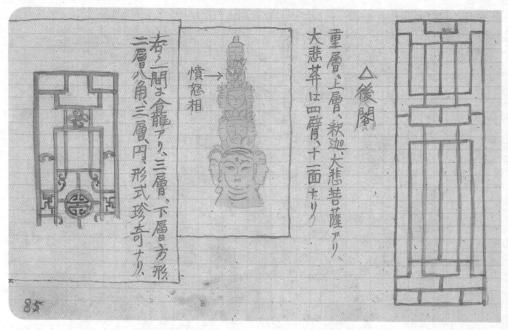

85 北京（57）卧佛寺（6）（5月1日）

文中的"芉"字为"等"的异体字。图右半部分以及图86中的榫卯细木窗格都是伊东在卧佛寺后殿所见。

△弥勒殿

弥勒佛ハ怪相ニシテ前ノ卓上ニ八室ヲ安置せり（日本ノ布袋あり）日本ノ七福神ハ
姿羅門あり。

←は王天四

（持一）ハ摩利清（西藏語アルサルスルン）（北）琵琶
を彈じ足（右）ニ天人ノ腹を踏み左道ニ鬼背
を踏みたり。

（增二）ハ摩利紅（パクチブ）（東）
右手ニ釼を按じ左手を左腿ノ上ニ置き
右足ニ龜ノ背を踏み左足を擧げ鬼を
もてこれを捧けしむ。

（廣三）ハ摩利受（ミーミーザン）（南）
右手ニ蛇を握り左手ニ小珠（蝶と稱す拇指
示指とにてツマミ）ヲ取り右足ニ猿面ノ奴の腹
を踏み左足ニ怪鬼ノ背を踏ぬり。

82 北京（54）卧佛寺（3）（5月1日）

"弥勒殿"是图80中的"天王殿"。中国的弥勒佛与日本的弥勒佛有着很大的区别。文字（三）末尾的"踏ぬり"
为误记，应为"踏めり"，意为"踩踏"。

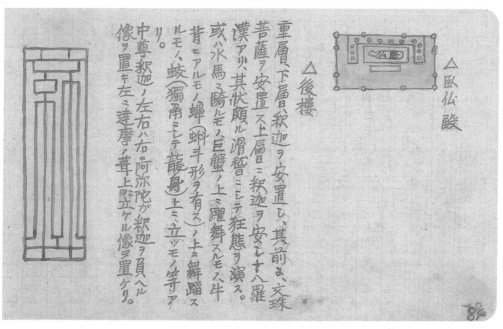

△卧佛殿

△後樓

重層（下層ニ釈迦）ヲ安置シ、其前ニ、文殊
菩薩ヲ安置ス上層ニ釈迦ヲ安シ十八羅
漢アリ其状頗ル滑稽ニシテ狂態ヲ演ズ。
或ハ水馬ニ騎ルモノ巨蟹ノ上ニ躍舞スルモノ牛
背ニアルモノ蟬（蝌斗形ヲ有ス）ノ上ニ舞踊ス
ルモノ、蛟（獨角ニシテ龍身）上ニ立ツモノ等ア
り。中尊ハ釈迦ノ左右ニハ右ニ阿弥陀ガ釈迦ヲ頂ヘル
像ヲ置キ左ニ達摩ノ茸上ニ立ケル像ヲ置ケリ。

84 北京（56）卧佛寺（5）（5月1日）

卧佛为彩色铜铸的释迦牟尼涅槃像，卧佛侧躺在罗汉床上，右手曲肱托头，左手自然伸展。卧佛周围立有
十二尊圆尊菩萨像，枕边三尊，脚边三尊，身后六尊。卧佛像铸造于元朝至治元年（1321）。

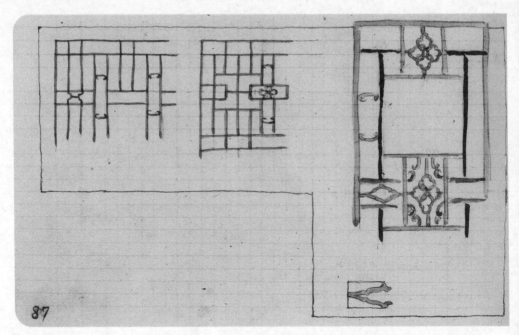

87 北京（59）卧佛寺（8）（5月1日）

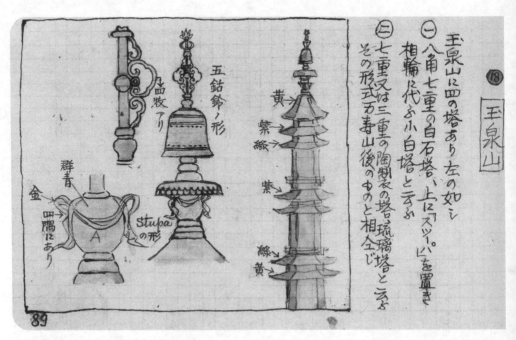

玉泉山

⑱

（一）八角七重の白石塔、上に「スツーパ」を置き相輪に代ふ小白塔とす

（二）七重又は三重の陶製裝の塔琉璃塔と云ふその形式万寿山後のものと相仝じ

玉泉山に四の塔あり、左の如く

五鈷鈴ノ形

Stupaの形

品牧アリ

群青

金

四隅にあり

黄

紫緑

紫

緑

黄

89 北京（61）玉泉山（1）（5月3日）

玉泉山中有涌泉，被称作"天下第一泉"[30]。因为此处为皇帝的御用水所在，所以没有特别许可则无法靠近。

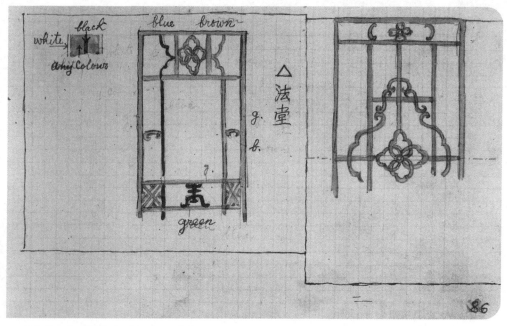

86 北京（58）卧佛寺（7）（5月1日）

榫卯细木窗格样式华丽，以冷色调为主体色并配以艳丽的彩色。

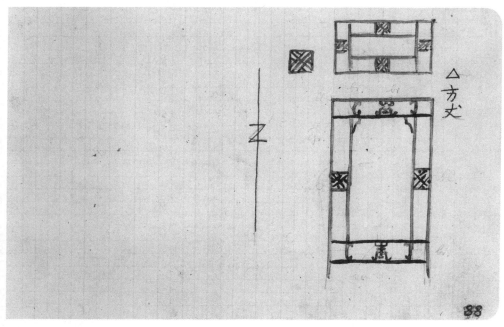

88 北京（60）卧佛寺（9）（5月1日）

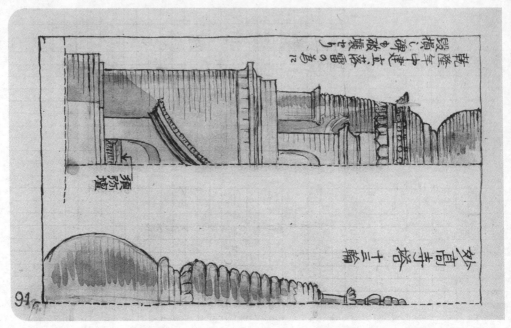

91 北京（63）玉泉山（3）（5月3日）

妙高寺相传建于乾隆年间，因为雷击致其焚毁，寺碑也遭遗失，所以没有相应的史料留存。寺中宝塔为五塔形式，造型特异，塔刹九轮的风格也十分罕见。

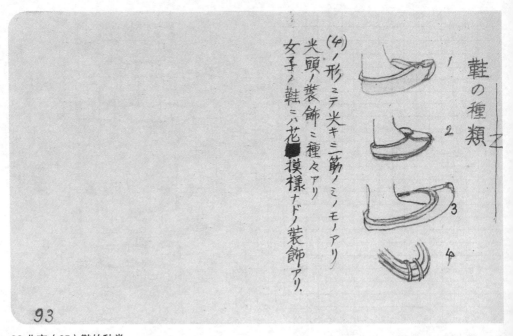

93 北京（65）鞋的种类

鞋底是用多块棉布叠成厚底，再用针线纳制而成。在中国，制作布鞋是女性必备的一门手艺。文中的"光"为误记，应为"尖"。

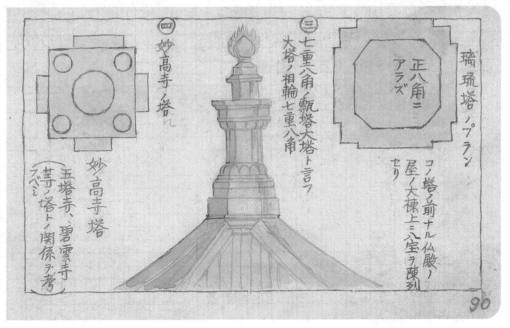

90 北京（62）玉泉山（2）（5月3日）

玉泉山上有一座宏伟的宝塔，名为玉峰塔，是乾隆帝钦定的玉泉山十六景之一——"玉峰塔影"。伊东在日志中记载，向导因为害怕被山下的人发现，所以一再催促伊东下山，最终只好放弃了登塔。

92 北京（64）玉泉山（4）（5月3日）

妙高寺塔的五座塔都是九轮塔刹的形式，应该是暹罗的风格。图中的儿童画像是伊东在玉泉山附近所作。

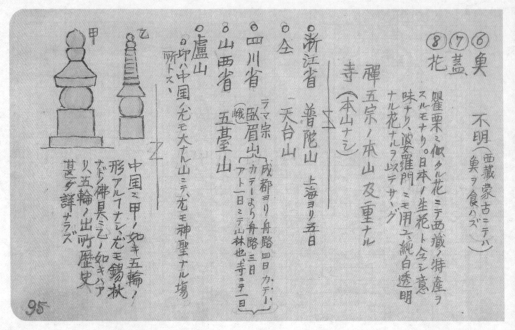

⑧⑦⑥
臭 蓋 花

不明（西藏蒙古ニテハ臭ヲ食ハズ）

罌栗ニ似タル花ニテ西藏ノ特産ヲ
スルモナリ。日本ニ生花ト今ニ意
味トシ、娑羅門ニモ用ニ、純白透明
ナル花ヨリヲイ以テサイグ

禪五宗ノ本山及重ナル
寺（本山ナシ）

新江省 普陀山 上海ヨリ五日
全 一 天台山

四川省（峨眉山）成都ヨリ舟路四日カデ小
ラマ宗 臥眉山 カデーより舟路三日
アト一日ニテ山林也寺一日

山西省 五荳山

盧山
卿ハ中国ニ尤モ大ナル山ニテ尤モ神聖ナル塲
所トス。

中国ニ甲ノ如キ五輪ノ
形アルフナレド、形アルコトナシ、尤モ錫杖
ナド佛具ニ乙ノ如キハア
リ、五輪ノ出所歴史
其ヲ詳ナラズ

甲 乙

95 北京（67）宗教（2）（5月3日）
文中的"瞿栗"为误记，应为"罌粟"，"ヲスルモナリ"应为"トスルモノナリ"，意为"成为"，原文应为"形
似罌粟的花，成为西藏的特产"[31]。文中四川省的"カデー"意为嘉定，今四川省乐山市。

西山

97 北京（69）西山调研时的伊东
这是伊东调研时所作的自画像，小腿上打着紧紧的绑腿，携带着双筒望远镜。

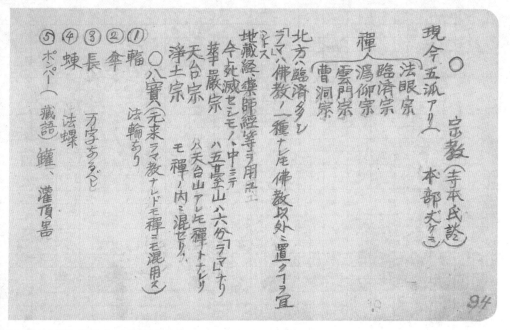

94 北京（66）宗教（1）（5月3日）

伊东从在雍和宫修行的寺本婉雅处得知了很多关于中国宗教的知识。寺本原本计划前往西藏，但计划受挫之后留在了雍和宫修行。

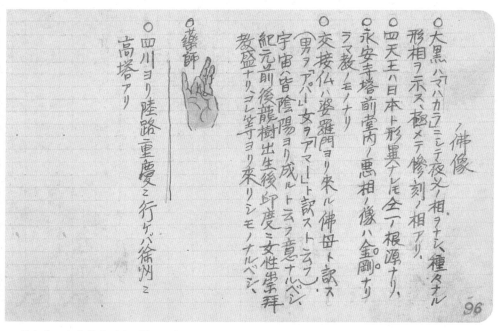

96 北京（68）宗教（3）（5月3日）

大黑天，原名摩诃卡拉，梵文中"伟大的黑色"的意思，是印度神话中湿婆的化身之一，掌管军事和毁灭。文中的"徐州"为误记，应为"叙州"，为四川省中部的城镇。[32] "夜义"应为"夜叉"，"惨刻"应为"残酷"。

99 灯的设计

伊东最得意的漫画作品之一。图中的中式器具、日本妇人以及小猫相映成趣。

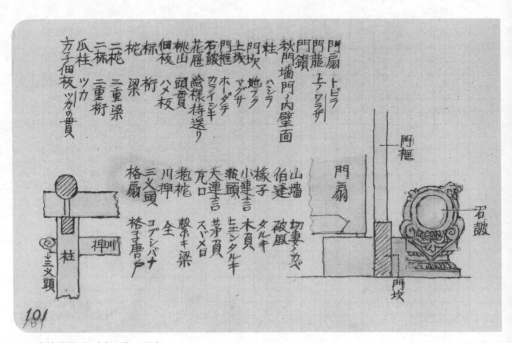

101 建筑用语（2）（5月7日）

在当时中国的建筑术语下，标记了对应的日语。

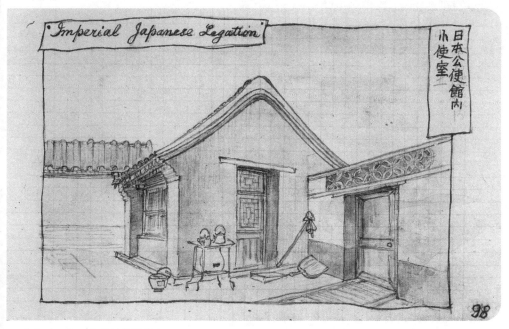

98 北京（70）日本公使馆勤务室

一般来说，在房屋的山墙部分不会设置出入口，图例是为了方便使用而进行的改造。

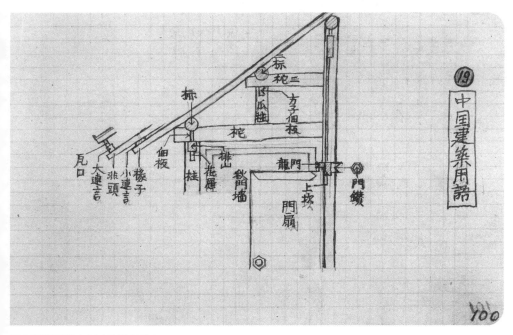

100 建筑用语（1）（5月7日）

伊东在当日的笔记中写道："找来木匠询问建筑各部位的名称，顿时恍然大悟。"

103 北京（71）棚儿车（5月8日）

图为伊东乘坐马车前往西山的途中，经过蓝靛厂时所作的写生。所谓蓝靛，是用蓼蓝制成的一种染料。蓝靛厂出乎意料的是一个非常热闹的地方。拉车用的牲口是一头骡子。

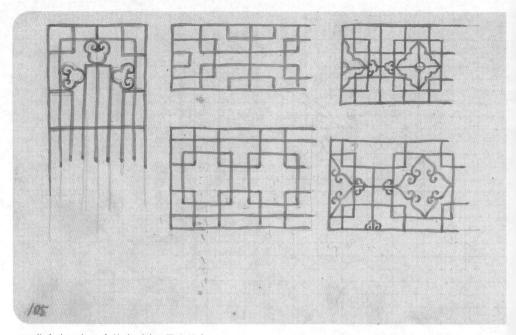

105 北京（73）八大处（2）（5月8日）

大悲寺是八大处的第四处，旧名隐寂寺。大殿之前有两棵相传树龄有八百年的古银杏。伊东在笔记中写道："寺中有刘元所作的十八罗汉像，堪称佳品。"[33]

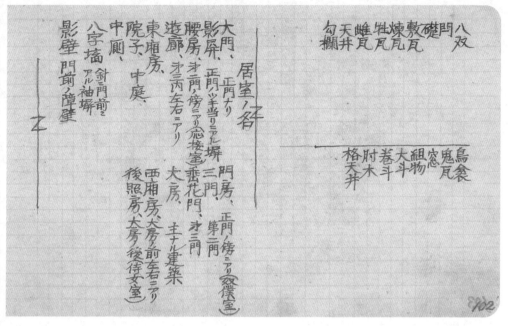

102 建筑用语（3）（5月7日）

图中右半部分的日本建筑术语并没有标记对应的中文。文中关于"八字墙"的介绍中，"针ニ"为误记，应为"斜メニ"，意为"倾斜的"。

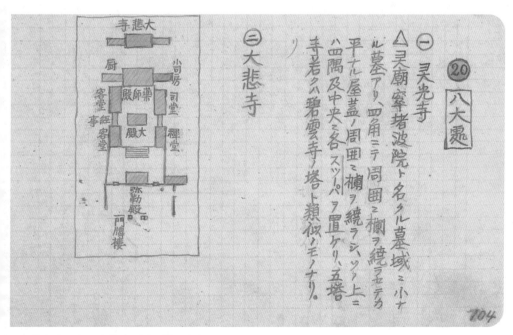

104 北京（72）八大处（1）（5月8日）

八大处指的是位于北京西郊的八所佛寺。灵光寺是八大处的第二处。寺内原建有八角十层的招仙塔，1900年八国联军入侵北京时被破坏。"灵"为"灵"的异体字。

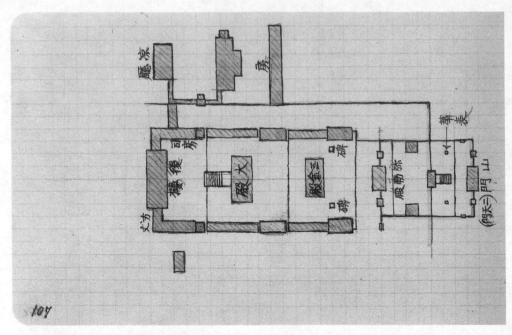

107 北京（75）八大处（4）（5月8日）

香界寺是八大处的第六处，位于八大处的中心，寺院规模宏大，布局整齐。寺庙相传建于唐代，清朝乾隆年间在此设有行宫，是清朝皇帝避暑休憩之地。

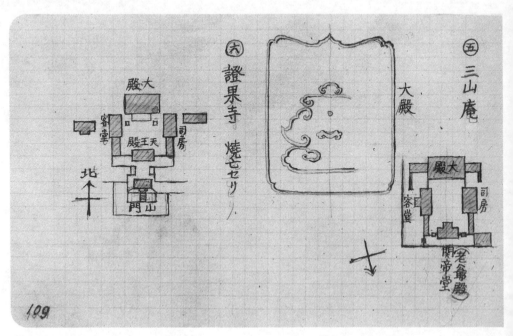

109 北京（77）八大处（6）（5月8日）

三山庵是八大处的第三处，因位于翠微山、平坡山、卢师山交界处而得名。图的中部所绘是三山庵大殿门上的衬板花纹。证果寺是八大处的第八处，位于卢师山。

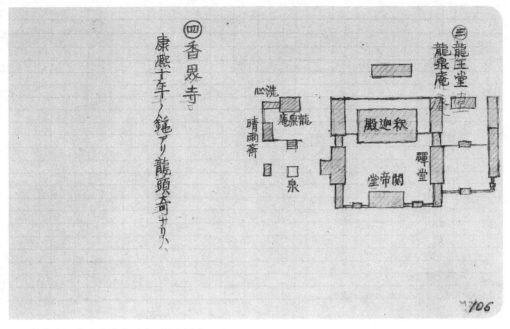

106 北京（74）八大处（3）（5月8日）

龙王堂为八大处的第五处，又名龙泉庵。传说堂前的地下有龙栖息。此处有三眼清泉：上方被称为甜水泉的涌泉池，泉水清澈适合饮用；中部为小方池子；下方建有大池。

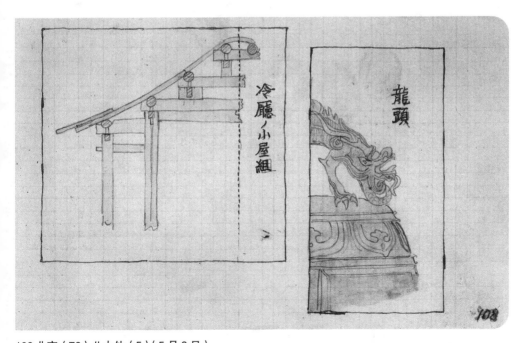

108 北京（76）八大处（5）（5月8日）

香界寺后楼[34]以东建有凉亭，供以纳凉之用。从香界寺继续沿山攀行一里余地则可到达山顶，此处有八大处的第七处：宝珠洞。宝珠洞内黑色石壁上嵌有很多白色卵石，该洞也因此而得名。图右半部分为香界寺大钟的局部素描。

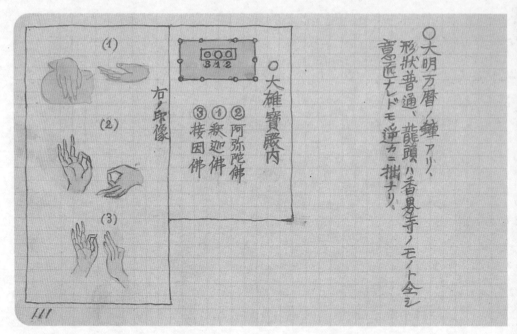

111 北京（79）八大处（8）（5月8日）

文中的"印像"即"印相"，意为佛教中的手印。图中列出了大雄宝殿中佛像与手印的对应关系。

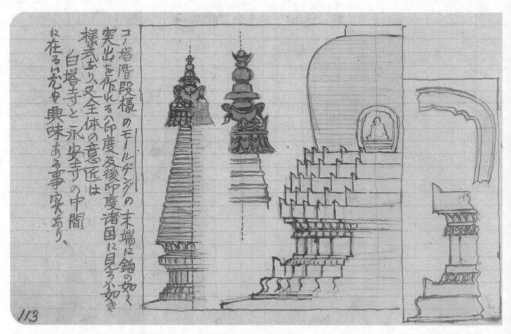

113 北京（81）白塔（2）（5月8日）

这座塔的塔基比较特殊，上部有五层台座，下层雕有凹凸的装饰石带，转角处立有凸起石角。这种样式并不是西藏本地风格，中国其他地方也未见类似的风格。

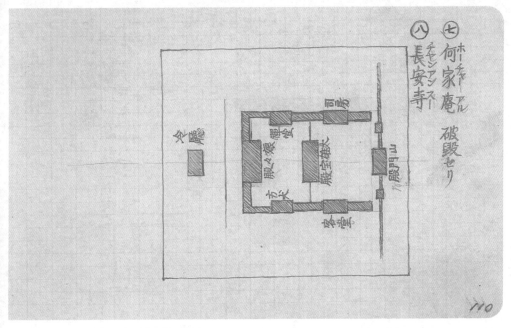

110 北京（78）八大处（7）（5月8日）
长安寺为八大处的第一处，位于翠微山麓，又名"万应长安禅寺"。长安寺的墓地和灵光寺的墓地一样，都有着造型奇异的五塔式墓塔（见图112右半部分）。

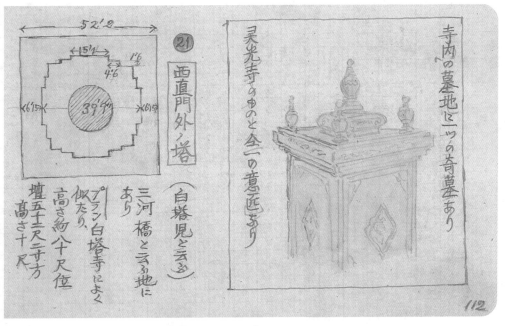

112 北京（80）八大处（9）/白塔（1）（5月8日）
西直门外有一处被焚毁的寺庙，其中残留了一座白塔。寺庙和塔的建造时间都无从考究，根据塔的样式推断可能为元末明初时期。

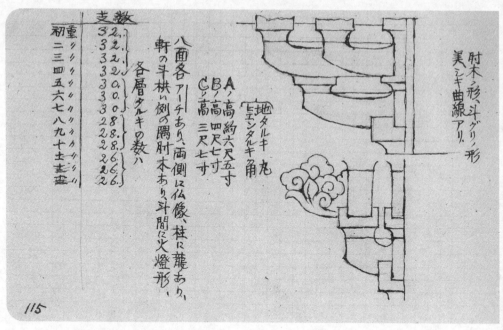

数
支
3 3 2,2.
3 3 2,2.0.0
3 3 3 3 0.8.8.
3 3 3 3 3 8.6.6.
3 3 3 3 3 2 2 2 6.6.
3 3 3 3 3 2 2 2 2 6.
重
初二三四五六七八九十土土兰

各層タルキノ数八

八面各ニアーチあり、両側ニ仏像、柱ニ龍あり、
軒ノ斗栱ハ例ノ隅ノ隅肘木あり、斗間ニ火燈形、

地タルキ丸
ヒシタルキ角

A,ノ高約六尺五寸
B,ノ高四尺七寸
C,ノ高三尺七寸

肘木ノ形ハ斗グリノ形
美シキ曲線アリ、

115 北京（83）慈寿寺塔（2）（5月10日）

塔的形式是辽金式，但是细节又体现出明代的工艺手法。据说该塔是仿照天宁寺塔所建，两者的样式确实十
分相像。

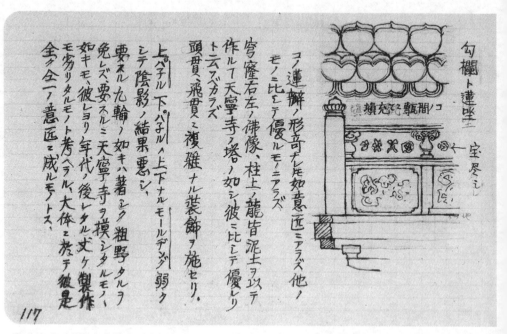

全ク全一ノ意匠ニ成ルモノトス、

モ劣リタルモノト考ヘラル、大体ニ於テ彼是

如キモ、要スルニ後レタルモノ、製作

免レズ、要スルニ天寧寺ヲ摸シタルモノ、

要スル九輪ノ如キ著シク粗野タルヲ

シテ陰影ノ結果悪シ、

上ノパチル下ノパチルハ上下ナルモールデング弱ク

頭貫、飛貫ニ複雑ナル装飾ヲ施セリ、

作ルニテ天寧寺ノ塔ノ如シ彼ニ比シテ優レリ
ト云フベカラズ

穹窿ノ左右ノ仏像、柱上ノ龍皆泥土ヨリシテ

モノニ比シテ優ルモノニアラズ他ノ

コノ蓮辮ノ形高尚ナレドモ如意匠ニアラズ他ノ

勾欄ト蓮座ト

填頬 瓶間ノコ
宝尽シ

117 北京（85）慈寿寺塔（4）（5月10日）

图为栏杆上宝珠形望柱、寻杖、云拱、瘿项、盆唇、地栿、华板等各部件的完整样例图。寻杖和盆唇之间虽
然一般都留有缝隙，但是此处较为宽阔，盆唇是雕花华板。文中的"如意匠"为误记，应为"好意匠"。

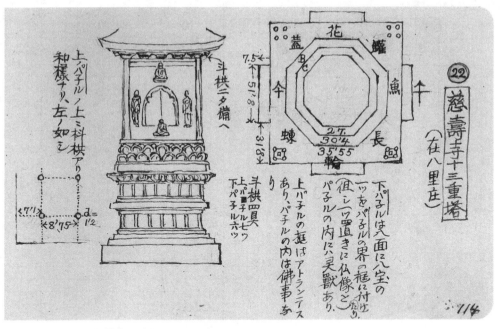

114 北京（82）慈寿寺塔（1）（5月10日）

慈寿寺位于阜成门外的八里庄，所以寺内的塔俗称八里庄塔。寺庙已经焚毁，只残留下一座孤塔。慈寿寺塔的建造年代并不明确，据传是明朝万历四年（1576）。

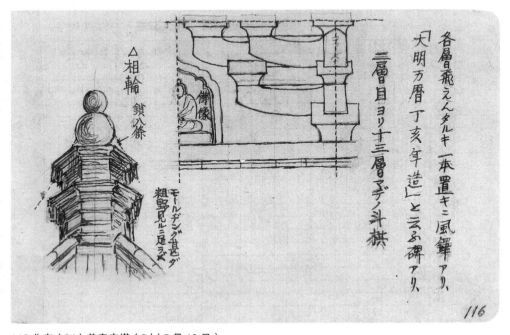

116 北京（84）慈寿寺塔（3）（5月10日）

二层以上的顶部反复采用了和第一层相同的形状。仔细观察塔刹，可以发现两层的请花盒宝珠的样式和天宁寺塔相同，但伊东在笔记中评价慈寿寺塔刹"较为细小"，原因应该是他当时所见的慈寿寺塔的塔刹有所残缺。

119 胡须的名称

胡须的不同部位都有着不同的叫法，比如说"髭""髯""须"等。图为关于胡须分类的漫画，鲜活记录了当时中国风俗的珍贵资料。

121 北京（88）西黄寺（2）（5月13日）

塔基的台座围有如图形状的栏杆 [36]，中间是藏式的宝塔，四周立有经幢 [37] 式塔，形成了五塔的形式。五塔前后都建有汉白玉的牌坊。文中第一列末的"C ナル……"至第二列的"……層ヲ経テ"为前文的重复记录。

本殿毘盧宝殿

接引佛（毛彫リ）

大ニ我邦ニ於ケル形式ニ似タリ

△蜘蛛碑

○慈慧寺

附

乙

上パ子ルノ下ニ逆蓮アリ

基壇ノ四隅ニ小堂アリテ石碑ヲ建テタルモ今ヤ破壊セリ、構造ヲ視察スルニ内部ニ鉄條ヲ多ク用ヰタルカ如シ、

118 北京（86）慈寿寺塔（5）（5月10日）

文中的"パ子ル"为误记，应为"パネル"，意指建筑物的平面图。"蜘蛛碑"为北京慈慧寺附近所立的石碑，在日本也有很多相同样式的石碑。

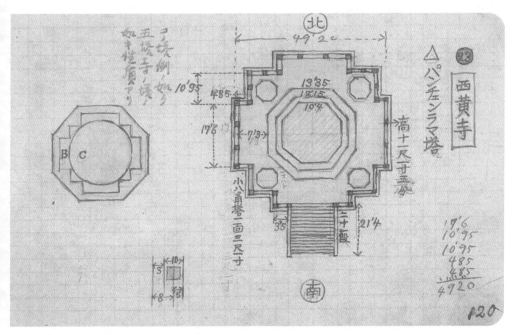

120 北京（87）西黄寺（1）（5月13日）

西黄寺班禅塔（パンチェンラマ塔）的由来是，清朝乾隆皇帝七十大寿时，六世班禅前往北京祝寿，居住在西黄寺时感染天花，最终圆寂于此。乾隆帝为供养六世班禅，在西黄寺中建衣冠石塔，并名之以"清净化城塔"[35]。

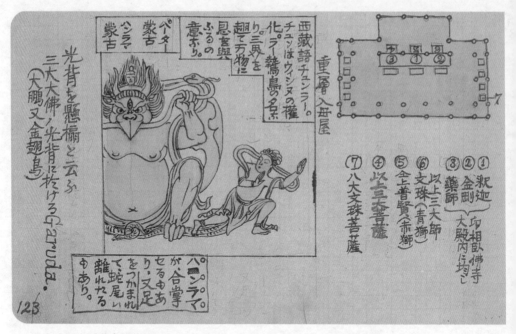

123 北京（89）西黄寺（4）（5月13日）

唐代西藏的吐蕃赞普松赞干布（581—649）迎娶了唐王室的文成公主（？—680）。拉萨的大昭寺保存着松赞干布和文成公主的画像。文中的"恩"为"恩"的异体字。

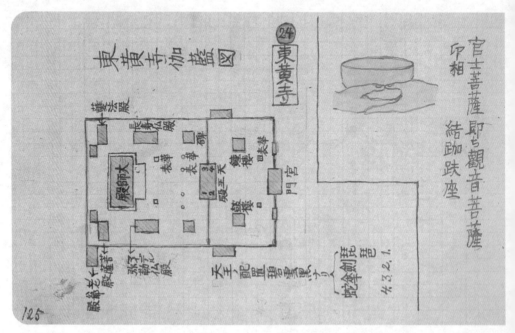

125 北京（92）东黄寺（1）（5月13日）

西黄寺与东黄寺相连并立，被称为"双黄寺"。东黄寺大殿的木柱柱头上有类似于雕花正心拱的雕刻装饰。大斗的样式并不是纯汉式的，而是在藏传佛寺可以看到的工艺手法。

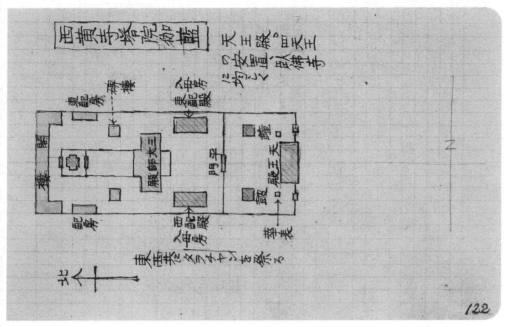

122 北京（88）西黄寺（3）（5月13日）

清朝顺治九年（1652），顺治帝为厚迎五世达赖进京，建西黄寺作为其居所。

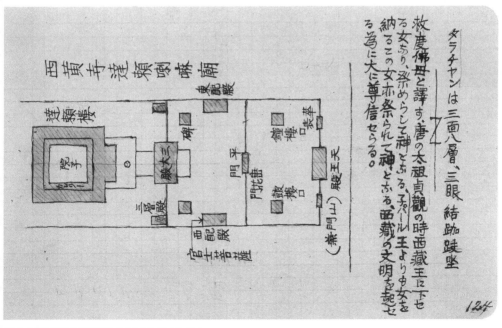

124 北京（90）西黄寺（5）（5月13日）

达赖喇嘛庙。文中的"三面八层"为误记，应为"三面八臂"，文中的"タラチヤン"，中文为"多罗菩萨"，
具体参见图164。[38]

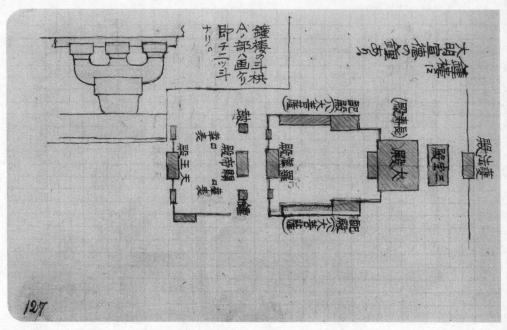

127 北京（94）黑寺（2）（5 月 13 日）

钟楼的斗拱采用双斗的样式，日本是从镰仓时代开始，而中国早从汉代就出现了实例，近代的建筑中也能看到其踪影。图中大斗的斗口设计比较有特色。[39]

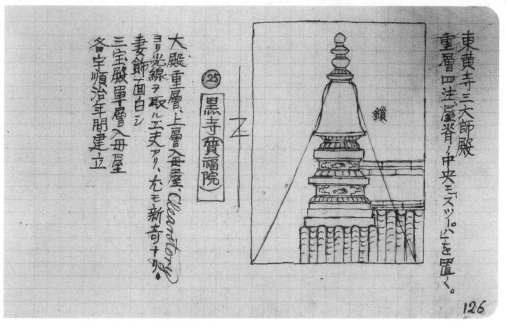

126 北京（93）东黄寺（2）/黑寺（1）（5月13日）

"clearstory"是建筑用语，意为寺院等的屋顶采光高窗。

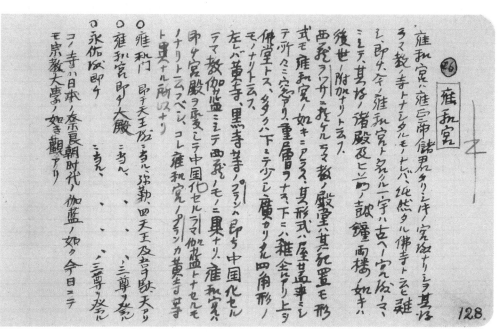

128 北京（95）雍和宫（3）（5月15日）（上承图31）

此日，伊东来到雍和宫进行实地调研。文中第一列的"储君"意为"皇位继承人"。第十一列中的"左レバ"应为"サレバ"，意为"因此"。

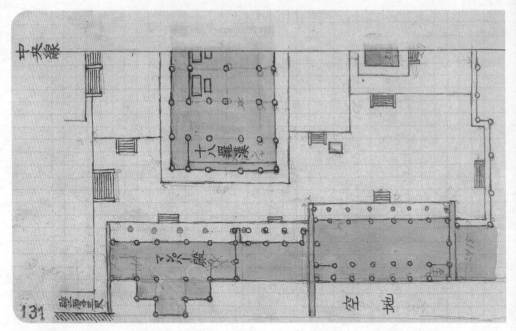

131 北京（97）雍和宫（5）（5月15日）

中心的四体文碑亭（图131右上）立于乾隆五十七年（1792），其上使用满、汉、蒙、藏四种文字记录了藏传佛教的起源以及在乾隆年间的盛况。碑亭以北是雍和宫，相当于大雄宝殿。

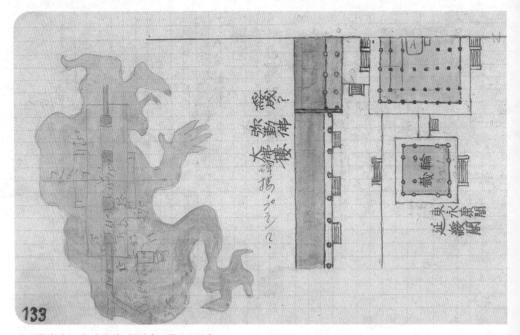

133 北京（99）雍和宫（7）（5月15日）

"轮藏"[41] 位于延绥阁。沿着中轴线与之对称的位置处有永康阁。两阁都由飞虹天桥连通到图中"A"的部分，也就是万福阁。万福阁是一栋重檐歇山顶的大型建筑，阁内供奉着一尊用白檀香木雕刻而成的弥勒佛立像。阁后建有绥成楼。

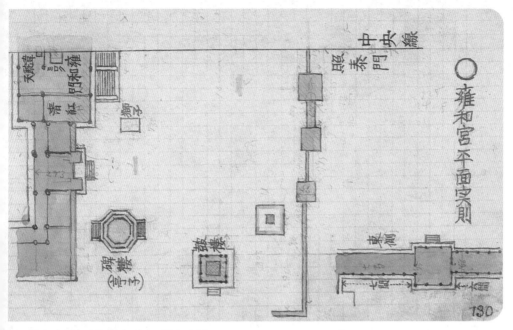

130 北京（96）雍和宫（4）（5月15日）

图 130 至图 133，原为一张完整的平面图，记录了雍和宫中轴线以西的部分。日记中记载，实地测量花费了
5 月 15 日、16 日两天完成。昭泰门有着三座屋顶，上覆金色琉璃瓦，是一座宫殿式的大门。鼓楼对面立有钟楼。
雍和门原是雍亲王府的正门，后改为天王殿，里面供奉了弥勒佛和四大天王的塑像。

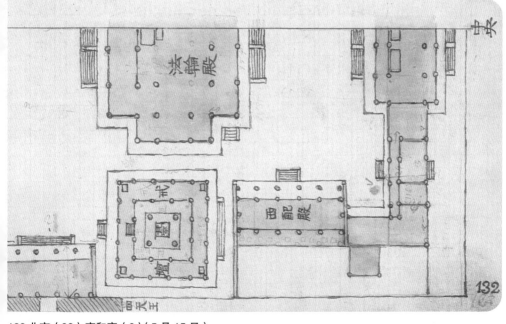

132 北京（98）雍和宫（6）（5月15日）

永佑殿（图右上）在雍王府时代是寝殿，里面供奉了三尊佛像[40]。法轮殿的平面布局为十字形，屋顶设有五
座上置宝塔的小阁，形成了五塔的样式。这里是举行各种法会的场所，殿内供奉着藏传佛教格鲁派（黄教）
创始人宗喀巴大师的塑像。

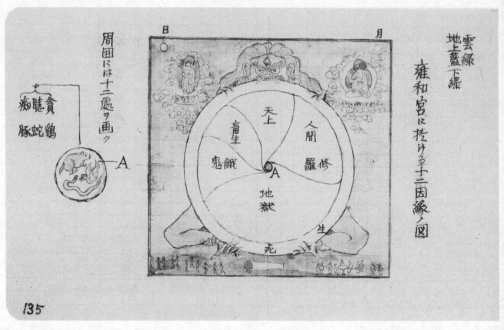

135 北京（101）雍和宫（9）（5月15日）

"十二因缘"又称"十二缘起"，阐明了缘起的十二个环节，是佛教的中心思想，也是解释如何减少人生苦恼的缘起理论代表。

137 北京（103）雍和宫（11）（5月15日）

从昭泰门而入，钟楼在东，鼓楼在西。[44] 每日清晨鸣钟黄昏击鼓，用以报时。图中的"日本卜丈二"为误记，应为"日本卜大イニ"，意为"钟的撞锤样式和日本差异很大"。

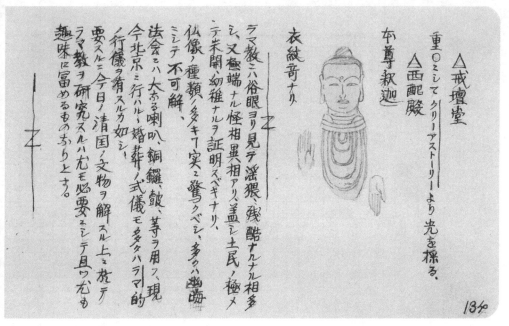

△戒壇堂　重○ニシテ　クリーアストリーより　光を採る。
△西配殿
本尊釈迦
衣紋奇ナリ。

ラマ教ニハ俗眼ヨリ見テ淫猥、残酷ナルナル相多シ、又極端ナル怪相異相アリ、蓋シ土民ノ極メテ未開ノ幼稚ナルヲ証明スベキナリ、仏像ノ種類ノ多キコト実ニ驚クベシ、多クハ幽晦ミニテ不可解、法会ニハ大ナル喇叭、銅鑼、鼓、等ヲ用フ、現今北京ニ行ハル、婚葬ノ式儀モ多クハラマ的ノ行儀ヲ有スルカ如シ、要スルニ今日ノ清国ノ文物ヲ解スルニハ今尚ラマ教ヲ研究スルハ尤モ必要ニシテ且ツ尤モ趣味ニ富めるものありとす。

134 北京（100）雍和宫（8）（5月）

文中的"残酷ナルナル"为误记，应为"残酷ナル"，意为"变得残酷"。

日本	蒙古語	藏語
一	Nigga—ニツガ	Chig—チツグ
二	hair—ハイル	Nih—ニー
三	Koloppa—コロッパ	Sung—サン
四	Frob—トロップ	Shih—シー
五	Taba—タバ	Ugga—ウッガ
六	Jwerga—ジェルガ	Chuck—チュック
七	Talla—タルラ	Fung—ドン
八	Nehma—子ーマ	Chatt—チャット
九	Isso—イッソ	Cuh—クー
十	Allaba—アッラバ	Ju—ジュ
		日本語音ニ近シ

△Garuda
ウィシヌは牛ニモナル、種々ノ形ヲ現スル鳥ヲモ其ノ一ナリ、ヲ仏ジャイナ教ニテ尊信セラル、蛇如キ毒虫ヲ喰也、シバが戦ふときこの鳥を先きに用ひたり

△喇嘛
ハ元來純正ナル大乘教ナリ、後子パルニ行ハレタル女神崇拝教ヲ入レ、又西藏固有ノ宗教（妖術）ヲ加味シテ全ク堕落セり、日本ノ眞言ニ似タル法ヲ修スルモ元來禅ト合シ性質ニシテ他ナリ。

136 北京（102）雍和宫（10）（5月15日）

"喇嘛教"是藏传佛教的俗称，"喇"意思是"上"，"嘛"意思是"人"，直译为"上人"[42]。藏传佛教是一种显密融合[43]的佛教派别，起源于7世纪中期，即松赞干布在位期间。

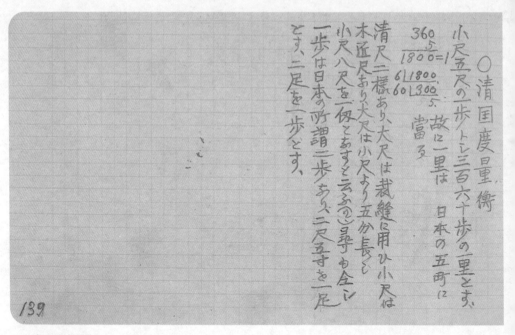

139 清国的度量衡

木匠，日语中称为"大工"。中国清代小尺中的"一里"根据地域不同，长度也有所区别，但基本上相当于日本明治时期"一里"的八分之一到七分之一。[46]

141 北京（106）前往岫云寺（潭柘寺）途中（5月18日）

烈日下徒步翻越山岭，终于到达马鞍山南边的罗睺岭顶峰。凉风徐徐，稍作休憩，向西边眺望，连绵不断的重山叠峦映入眼帘之中，此景真可谓奇拔峻峭。

138 北京（104）雍和宫（12）（5 月 15 日）（下接图 159）

图中所绘的是做法事时身着法衣的藏传佛教僧人。僧人身披称为"打嘎母"[45]的褶皱斗篷，头戴带有流苏的帽子。

140 北京（105）八里庄街头所见（5 月 18 日）

八里庄是慈寿寺的十三层塔所在地。图中骑驴者是翻译岩原大三，这是伊东在前往岫云寺（潭柘寺）途中所作的写生。

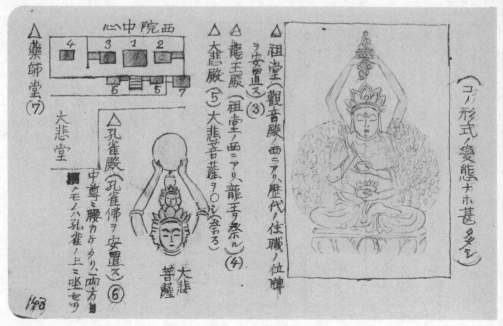

143 北京（108）岫云寺（潭柘寺）（2）（5月19日）

图的上部分标记了以观音殿为中心的、潭柘寺西院背后角落的平面图。图中都是规模较小的建筑。

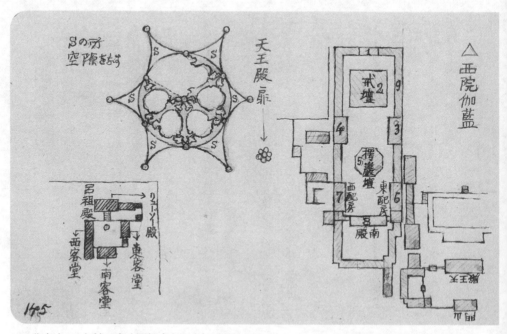

145 北京（110）岫云寺（潭柘寺）（4）（5月19日）

图左下部分的吕祖殿位于潭柘寺东院的东边。[47] 中庭设有一座流杯亭，亭内凿有弯曲盘旋的石槽，用以"曲水流殇"。

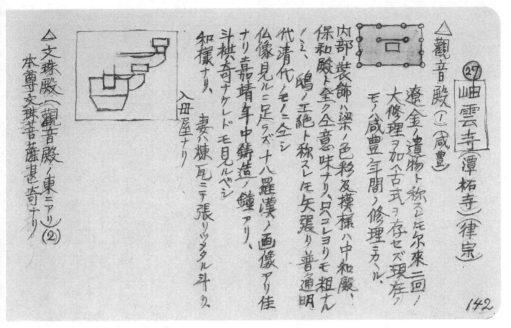

142 北京（107）岫云寺（潭柘寺）（1）（5月18日，19日）

潭柘寺观音殿内斗拱的斗部相当大，而且斗上没有斗口，而是凿以斜面，拱的大部分都没入了大斗之内。

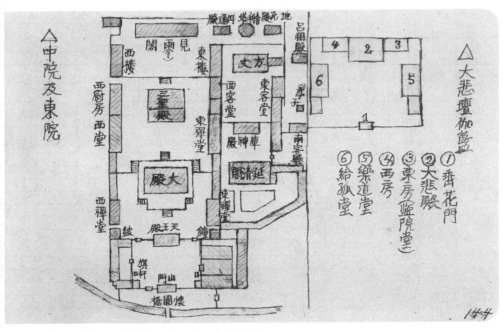

144 北京（109）岫云寺（潭柘寺）（3）（5月19日）

据传潭柘寺的前身始建于晋代，民间有"先有潭柘，后有幽州"之说。幽州是北京的古称。该寺的规模甚是宏大。大悲坛位于潭柘寺西院后面，戒坛的西边。

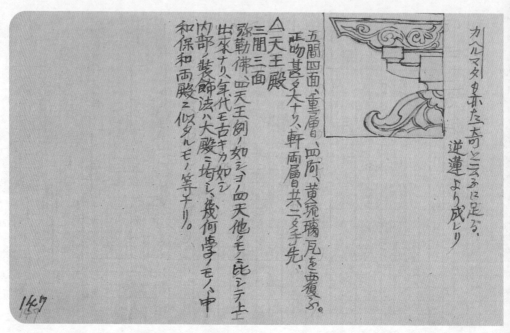

147 北京（112）岫云寺（潭柘寺）（6）（5月19日）

文中的"カヘルマタ"意为"驼峰"，是斗拱和梁之间的一种装饰部件。

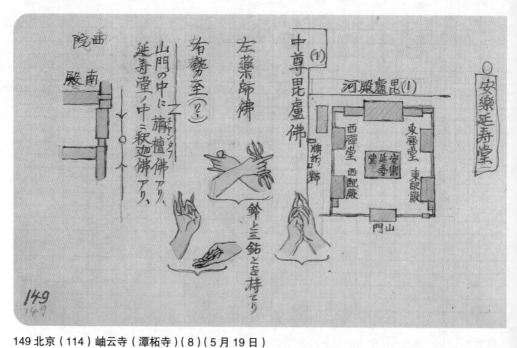

149 北京（114）岫云寺（潭柘寺）（8）（5月19日）

安乐延寿堂位于山门之外，山道以东，背靠河流。这里是僧人退休后的住所，环境非常幽僻清静。

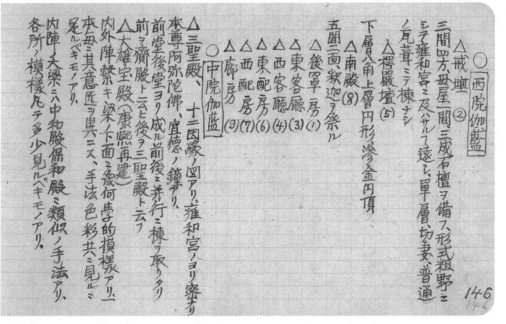

146 北京（111）岫云寺（潭柘寺）（5）（5月19日）

文中数字与图 145 中的潭柘寺平面图相对应。

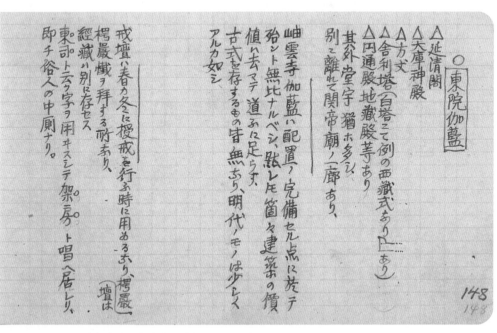

148 北京（113）岫云寺（潭柘寺）（7）（5月19日）

文中的"东司""架房""俗人的中厕"都是指如厕的场所，现在一般都称"厕所"。第十一列应为"去まで言うに足らず"，意为"临到离去之时还没有谈够"。

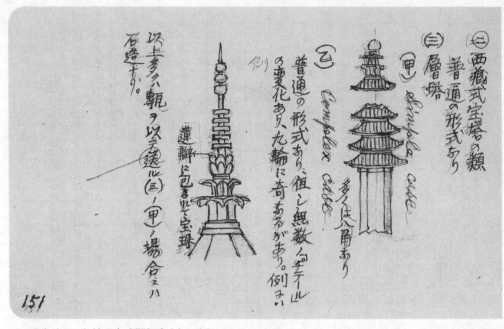

151 北京（116）岫云寺（潭柘寺）（10）（5月19日）

墓塔的建造年代不同，造型也多种多样。此处聚集了历代僧人墓塔，所以是非常理想的实物研究资料。墓园内树木众多，环境湿润，安详寂静。文中的"甎ヲ以テ送ル"为误记，应为"甎ヲ以テ造ル"，意为"使用砖建造"。

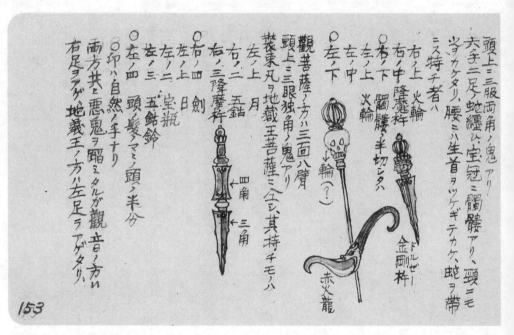

153 北京（118）戒台寺（2）（5月20日）

戒台堂又称选佛场，是一座四角重檐的建筑，屋顶如图152所绘，呈现五塔的形式。内部设有用汉白玉制成的三层戒坛，作为受戒的场所。第四列中"特干者八"为误记，应为"持チ物八"，意为"所持的东西"；"隆魔杵""降摩杵"应为"降魔杵"。

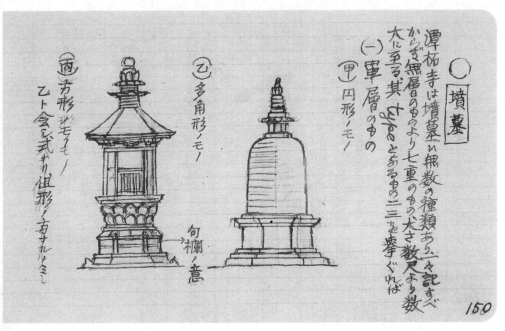

150 北京（115）岫云寺（潭柘寺）（9）（5月19日）

寺庙前方有一片平地，其上立着形式各异、大小不一的墓塔。这些墓塔是金至元明清各时期僧人的墓碑。图左半部分中的"乙卜会シ"应为"乙卜同シ"，"句栏"同"勾栏"。

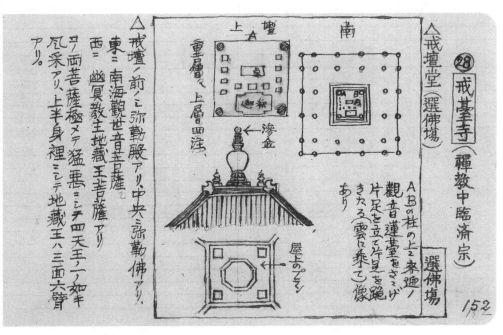

152 北京（117）戒台寺（1）（5月20日）

戒台寺位于西山马鞍山麓，相传始建于唐朝武德五年（622）。寺中戒坛建于辽朝道宗年间。寺庙沿着山体斜面布局，寺中心往东则是戒坛堂。文中的"上半身里"为误记，应为"上半身裸"。

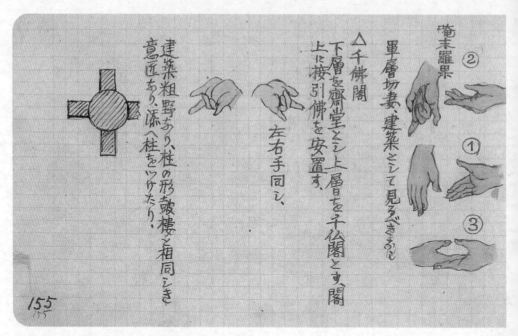

155 北京（120）戒台寺（4）（5 月 20 日）

图中的手印称作"法界定印"，在日本一般是大日如来所结之印。

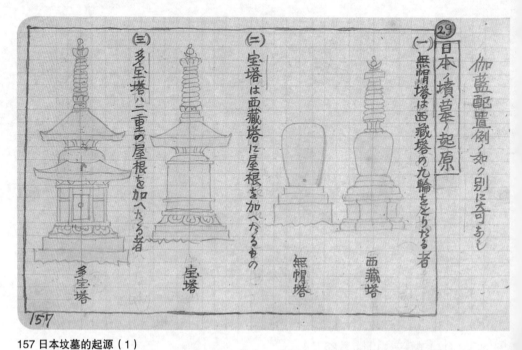

157 日本坟墓的起源（1）

伊东通过对墓的研究来整理出塔的谱系，这让我们得以一窥他在东洋建筑起源课题上的研究方式。

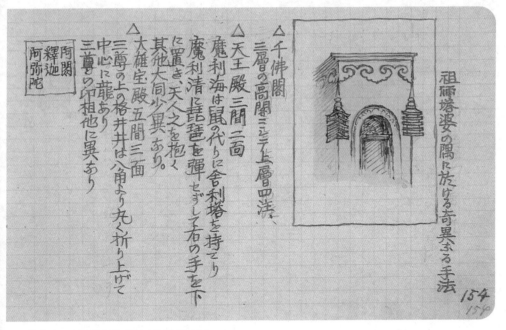

△千佛閣
三層の高閣ニシテ上層四注、

△天王殿三間二面
魔利清海は鼠の代りに舎利塔を持てり
魔利清海は琵琶を彈せずして右の手を下
に置き、天人之を抱く
其他大同少異あり。

△大雄宝殿五間三面
三尊の上の格井井は八角より丸く折り上げて
中心に龍あり
三尊との印相他に異あり

阿閦
釋迦
阿弥陀

祖師塔婆の隅に施ける奇異なる手法

154 北京（119）戒台寺（3）（5月20日）

千佛阁位于面对山门的大雄宝殿之后，是一栋宏大的建筑。如果登阁而上，所眺之处必为绝景。文中的"格井井"为误记，应为"格天井"。

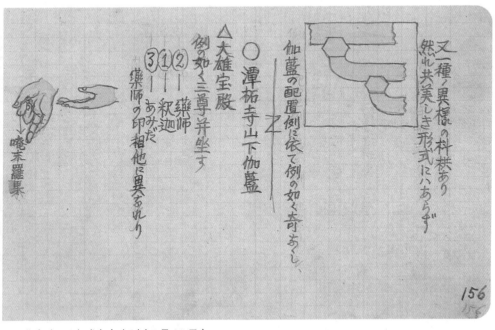

○潭拓土寺山下伽藍

△大雄宝殿
例の如く三尊并坐す

③①②
藥師 釋迦 阿弥陀
あみだ
薬師の印相他に異あり

伽藍の配置例に依て例の如く奇あくし、

又一種ノ異樣の科栱あり
然れ共美しき形式にハあらず

嗳末羅纍

156 北京（121）戒台寺（5）（5月20日）

"大雄宝殿"是中国佛寺对中心建筑的称呼。斗拱上的斗一般是立方体形状，又称作"升"[48]。

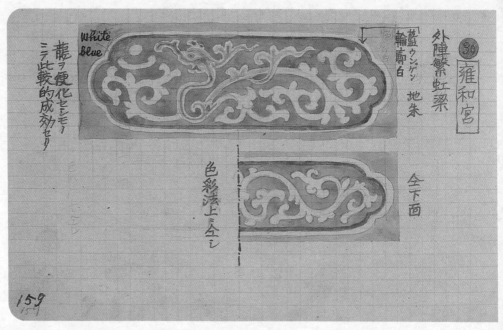

159 北京（122）雍和宫（13）（5 月 23 日）（上承图 138）

此图较为特别，横梁中间绘有梵文的佛教箴言，这是藏传佛教寺庙中特有的彩画。"虹梁"是梁的一种，呈向上拱曲的样式。文中的"繁虹梁"为误记，应为"系虹梁"。

161 北京（124）雍和宫（15）（5 月 23 日）

图为释迦牟尼佛本尊像，其左为燃灯佛，其右为弥勒佛，现仍保存在寺内。

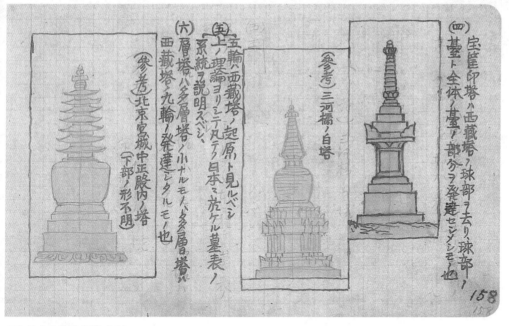

（四）宝箧印塔ハ西藏塔ノ球部ヲ去リ、球部ノ墓ト全体ヲ墓ノ部分ヲ発達セシメシモノ也

（参考）三河橋ノ白塔

（参考）北京宮城中正殿内ノ塔（下部ノ形不明）

西藏塔ノ九輪ノ発達シタルモノ也層塔ハ多層塔ノ小ナルモノハ多層塔ハ

（六）層塔八多層塔ノ小ナルモノハ多層塔ハ系統ヲ説明スベシ、

（五）上ノ理論ヨリミテ凡テ日本ニ於ケル墓表ノ

（四）五輪ノ西藏塔ノ起原ト見ルベシ

158 日本坟墓的起源（2）

"墓表"一般也称作"墓标"。图中最左部分应该是摘自伊东前一年调查时所作的笔记。

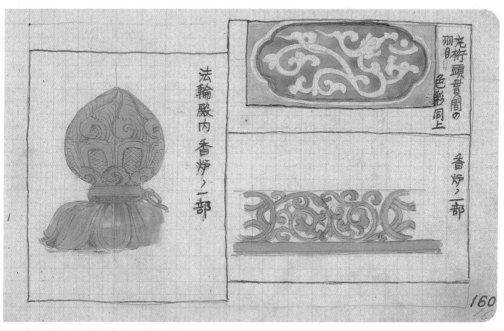

龙桁ノ頭貫間ノ羽目ノ色彩同上

香炉ノ一部

法輪殿内 香炉ノ一部

160 北京（123）雍和宫（14）（5月23日）

图左半部分为香炉的顶部，工艺手法和天王殿中香炉相同。花蕾的造型和垂花门上的垂花有着异曲同工之妙。[49]

163 北京（126）雍和宫（17）拉萨地图（2）（5 月 23 日）

"第一图"中门的顶上建有宝塔，这是一种被称作"过街塔"的建筑样式。北京北部南口的居庸关就是现存的一座过街塔，然而现在只剩塔座，顶上的塔已无存。

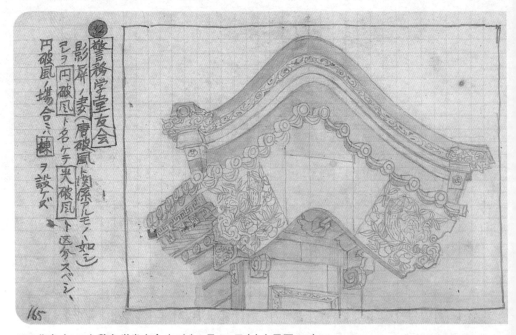

165 北京（128）警务学堂官舍（4）（5 月 26 日）（上承图 34）

"影屏"指的是遮挡视线的屏风，上面多着以文字或图画，用于大门内的屏障。图为侧面的博风板。

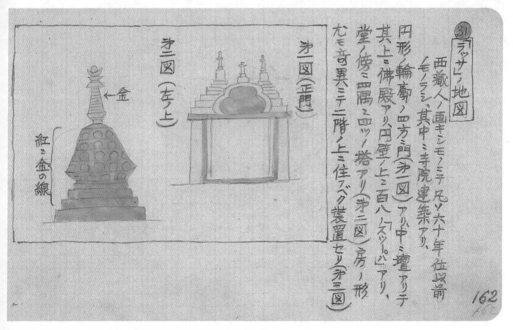

162 北京（125）雍和宫（16）拉萨地图（1）（5月23日）

西藏人将拉萨的地图描绘在雍和宫的壁画上，伊东将其中感兴趣的部分复描了下来。图中的"第一图"指的是图164中的"门"。

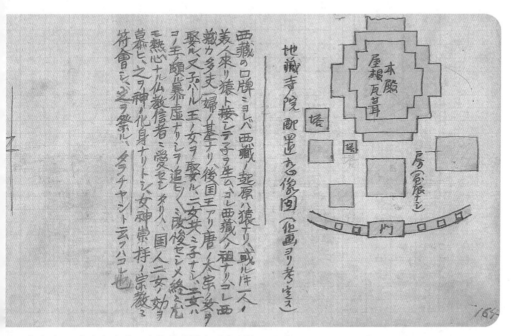

164 北京（127）雍和宫（18）拉萨地图（3）（5月23日）

图右半部分的平面图是伊东经考证所作。文中的"地藏寺院"应为"西藏寺院"，"慕虚"应为"暴虐"，"爱セシタリ"应为"变セシメタリ"，意为"使其改变"。

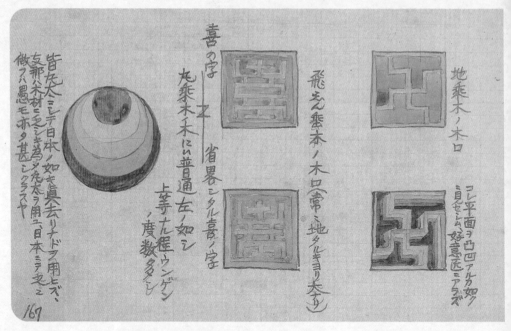

167 北京（130）警务学堂官舍（6）（5月26日）（下接图170）

椽的顶端上描绘着文字，多为"寿"字。图左边的圆椽绘着一组上端相切的圆形，每一层圆形与下一层之间都涂有晕染彩色，这是一种典型的中式风格。文中的"真去り"即"心去り材"，意为"边材，树心周边的木材，俗称白皮、白标"；"甚シクラスヤ"为误记，应为"甚シカラスヤ"，意为"不甚，非常"。

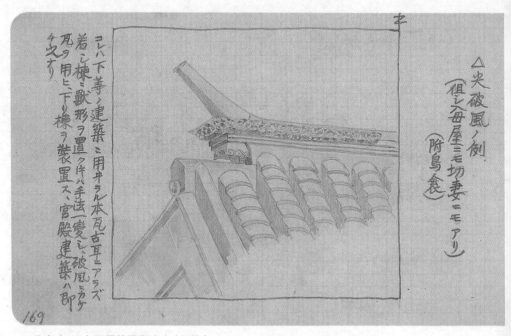

169 北京（132）民居的屋脊端头（5月）

民居的屋脊顶端多如图中所示的没有雕花的朴素形状，在中国称为"清水脊"。文中的"古耳"同"のみ"，意为"器物上可镶嵌东西的下凹部分"。

166 北京（129）警务学堂官舍（5）（5 月 26 日）
传统中式宅邸中，从大门进入向左转，通常可以看到位于宅邸中轴线上的厅堂前院（中庭）的门。这个门称作"第二门"[50]。然而图中的建筑中，第二门并不位于宅邸的中轴线上。

168 北京（131）福田君画像（5 月 26 日）
图为伊东在警务学堂官舍内所作。同日的日记中写道："看上去非常可爱，所以就作了画像。"根据伊东日志，"福田君"应该是警务学堂教官稻田的孩子，"福田"应为误记。

171 北京（134）警务学堂官舍（8）（5 月 26 日）

展开的卷轴造型的围墙。图中的围墙虽然只有一个简单的门，但是实际上还存在着造型各异的门、镂空花纹的围墙以及各式各样的窗户，其造型多变让人瞠目结舌。文中的"ワザシラシキ"为误记，应为"ワザトラシキ"，意为"有意为之，精心设计"。

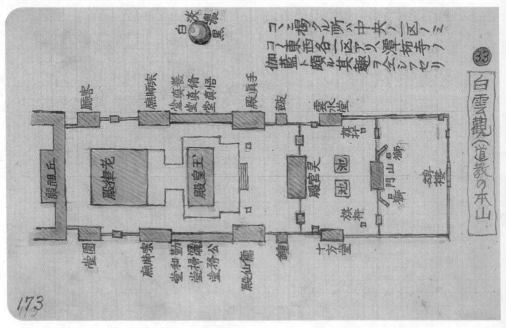

173 北京（136）白云观（1）（5 月 28 日）

白云观是道教两大教派（全真派和正一派）中全真教的祖庭。元代时长春真人丘处机就居住于此处的长春宫。丘处机去世后，其弟子在此修建道院，名之为"白云观"。明末此观焚毁，康熙四十五年（1706）重建。

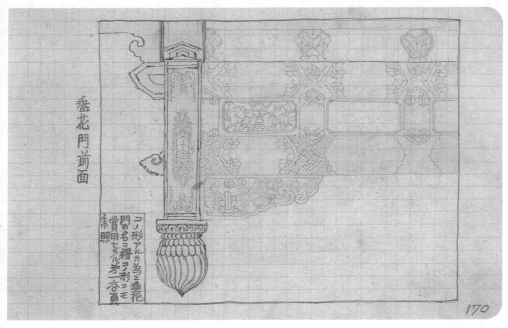

170 北京（133）警务学堂官舍（7）（5 月 26 日）（上承图 167）

图中向下垂吊着如同花蕾形状的装饰称为"垂花"。垂花门多用于宅邸的第二门，或者院落内部的门。

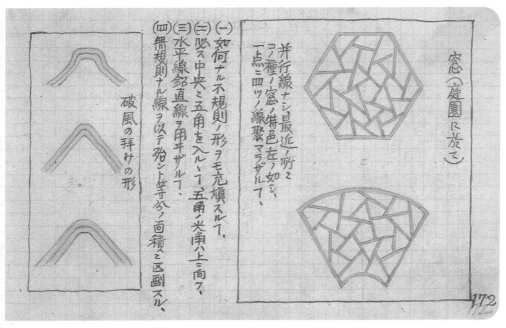

172 北京（135）警务学堂官舍（9）（5 月 26 日）

庭院内建筑上的窗户样例。不规则的线条组成冰纹状的榫卯细木窗格，这应该是从冰块裂纹中得到的灵感。

175 北京（138）白云观（3）（5月28日）

"降龙"为笔误，应为"降龙"。《降龙图》为伊东最为杰出的漫画作品之一，而在灵宫殿内也有一幅降龙伏虎图。图中"A""B"所指不明。"龙眼肉"是一种热带水果的名称。

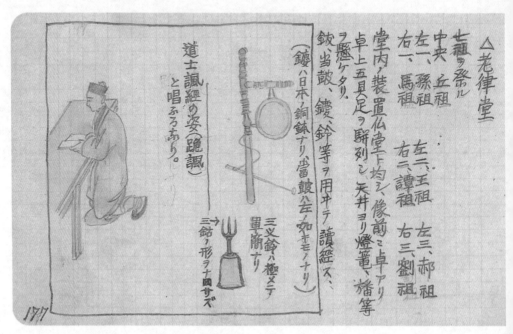

177 北京（140）白云观（5）（5月28日）

老律堂又名七真殿，用于供奉全真教的七位真人[52]。堂后为丘祖殿，殿内供奉着长春真人的塑像。长春真人名为丘长春（丘处机）。他在成吉思汗的支持下，让道教的势力不断扩大。

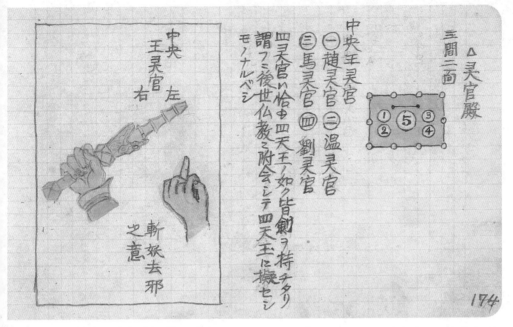

174 北京（137）白云观（2）（5 月 28 日）

图中"灵"为误记，应为"灵"；"谓フニ"为误记，应为"思フニ"，意为"我认为"。

176 北京（139）白云观（4）（5 月 28 日）

伊东的日记中记载，白云观中有一位喜爱日本且"通文达理"的道士，盛情接待了伊东一行。他对建筑也有着浓厚的兴趣。"崭新"为误记，应为"斩新"[51]。

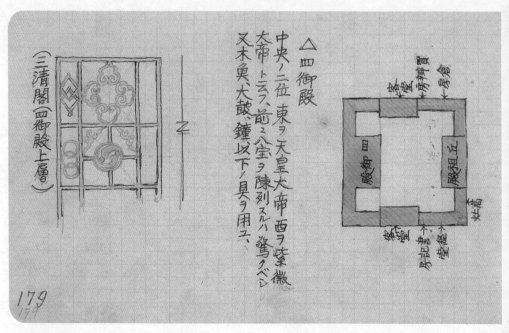

△四御殿

中央ノ二位 東ヲ天皇大帝 西ヲ紫微大帝トシテ、前ニ八宝ヲ陳列スルハ驚クベシ。又木魚、太鼓、鐘以下ノ具ヲ用ユ、

（三清閣（四御殿上層））

殿御梅田 客堂 客堂 房辨買 房倉

邱祖殿 客堂 呂祖堂 易説書経堂

179 北京（142）白云观（7）（5月28日）

四御殿是一栋多层建筑，下层为四御殿，上层为三清阁。四御殿内供奉着中间两位、左右各一，共四位天界大帝。[53]

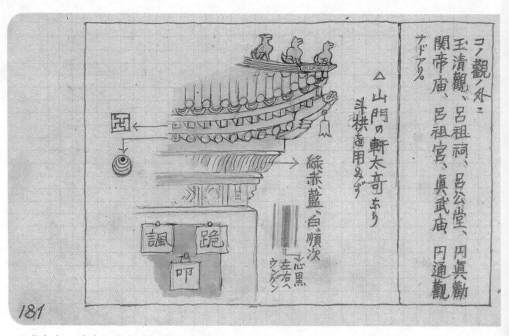

コノ観ノ外ニ
玉清観、呂祖祠、呂公堂、円真勧
関帝庙、呂祖宮、真武庙 円通観
ナドアリ。

△山門ノ軒太奇あり
斗栱ヲ用ゐず

緑赤藍、白順次

左右ヘ ウンゲン

諷 跪
呵

困

181 北京（144）白云观（9）（5月28日）

白云观虽然是道教的祖庭，但是建筑的布局和样式都与佛寺相同，属于传统的宫殿建筑。

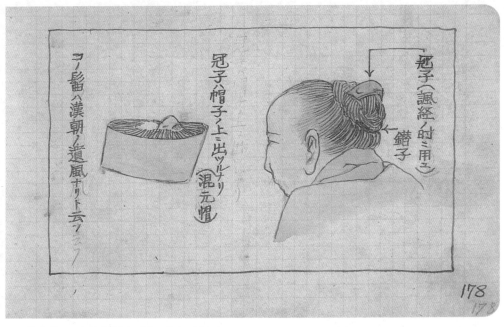

178 北京（141）白云观（6）（5月28日）
道士的冠、帽、发型都可以追溯到中国的上古时代。所谓"混元"，是道教中对天地开辟、万物起源的说法。

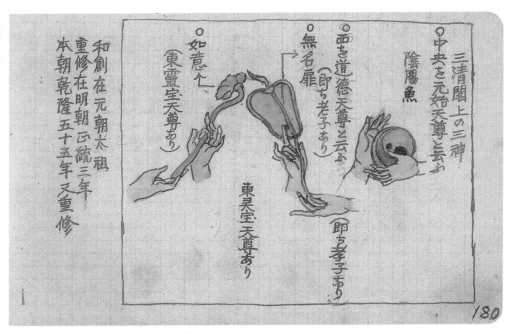

180 北京（143）白云观（8）（5月28日）
三清阁收藏了各种珍贵的道教文献，其中明朝正统年间所编的《道藏》五千三百五十卷被称作"第一宝"[54]。
除此之外，观内的老子石像被称为"第二宝"，《松雪道德经》[55]石刻为"第三宝"，统称"观藏三宝"。

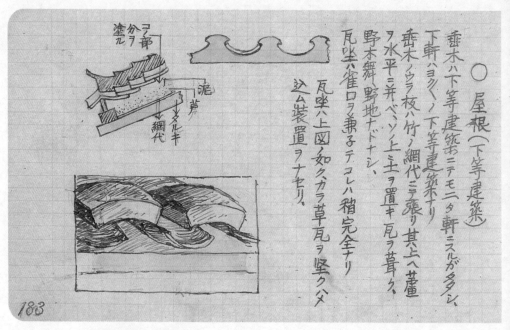

○屋根（下等建築）

垂木ハ下等建築ニテモニタ軒ニスルがタシ、下軒ハヨくノ下等建築ナリ

垂木ノウラ枝ハ竹ノ網代ニテ張リ其ノ上へ蓆ヲ水平ニ並べ、ソノ上ニ土ヲ置キ瓦ヲ葺ク、野木ハ舞、野地ナルドナシ、

瓦坐ハ上図ノ如クガラ草瓦ヲ堅クハメ込ム装置ヲナセリ。

瓦坐ハ雀口ヲ兼子テコレハ稍完全ナリ

コノ部分ヲ塗ル

泥
葦
ヌメルキ
網代

183

183 北京（146）民居的屋顶（5月）

"二夕軒"意为"重檐"，是指房屋的椽分为上下两个部分，上部为飞檐椽，下部为檐。

高世三記
岩原大三郎

185

185 高瀬和岩原的画像（5月）

图右为翻译岩原大三（时称大三郎），图左为日本公使馆的高瀬（伊东日记中记为高世），也是伊东到达北京后给予各种照顾的人。岩原毕业于日本外国语学校中文系，是伊东前一年进行故宫调研就结识的好友。

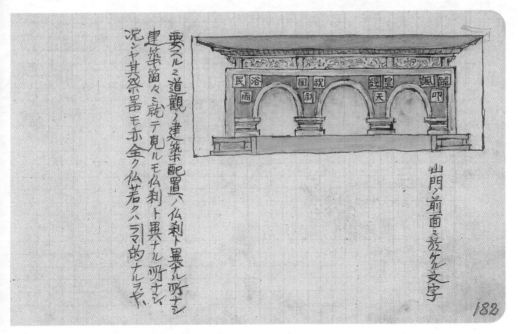

182 北京（145）白云观（10）（5月28日）

如今白云观的山门处挂有"中国道教协会"的牌子，是中国道教的中心。山门墙壁为灰色，图中门上的文字如今已不复存在。

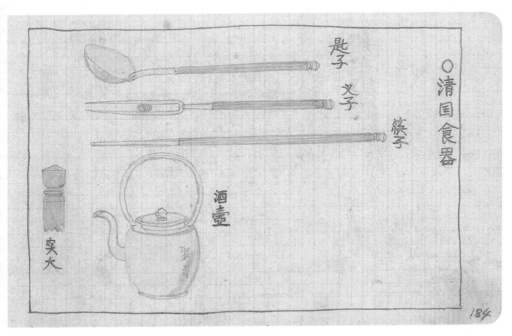

184 中国的餐具

"匙子"在日本称为"さじ"，"叉子"在日本称为"フォーク"，"筷子"则称为"箸"。图左边的"实大"指的是筷子头部，比起日本的筷子，中国的筷子比较长。

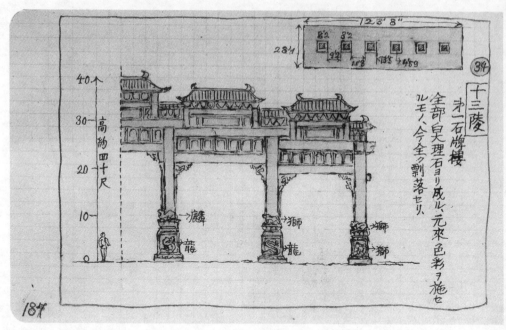

187 十三陵（1）（6月2日）

从昌平往北五里，可以看到一座石制的大牌楼。牌楼各部分的雕刻都十分出众，代表着明代工艺的巅峰。这是明代皇帝墓葬群的第一道门，其内埋葬着明代十三位皇帝及皇后，所以俗称"十三陵"。

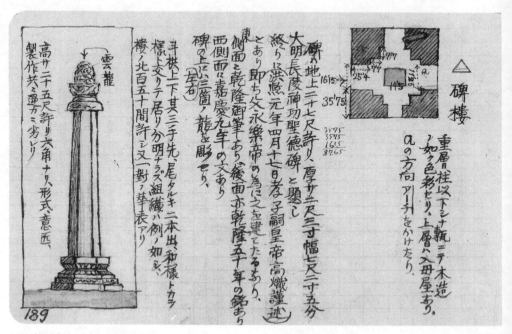

189 十三陵（3）（6月2日）

碑楼（碑亭）往北约一百七十间[56]之处立有一对如图所示的华表。伊东在日记中评价道，"这对华表比起碑楼前所立的一对华表，做工上远不可及"。

自北京
至昌平途上

186 北京前往昌平的途中（6月1日）

伊东进行"山西试行"时乘坐马车前往张家口。马车是一种没有弹簧的坚固交通工具，里面乘坐两人都不会觉得狭窄。图中描绘着伊东和岩原坐在马车内，横川和宇都宫驱赶着骡马，仆从挑担着行李的一行人赶路的情景。

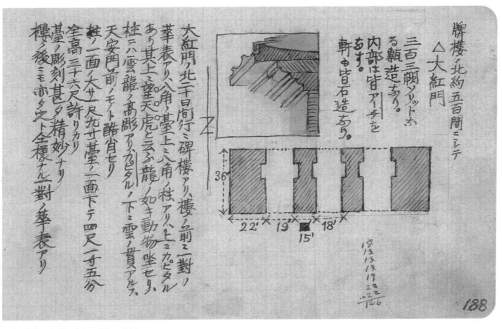

188 十三陵（2）（6月2日）

大红门是陵区的正门。"华表"也称作"华标"，是立于建筑物入口处的高大立柱，以作为标示。文中的"カピタル"意为"capital，柱子的头部"；"二十日间"为误记，应为"二十二间"；"三百三阙"为误记，应为"三面三阙"。

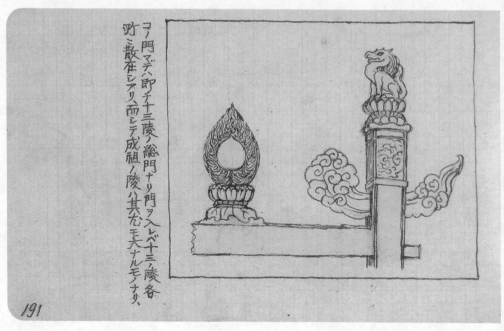

vertical
コノ門マデハ即チ十三陵ノ総門ナリ門ヲ入レバ十三ノ陵各々ニ散在シアリ、而シテ成祖ノ陵ハ其ノ尤モ大ナルモノナリ、

191 十三陵（5）（6月2日）

图为一座石门的上部雕刻。到此门为止都是十三陵前导部分，门后就是所谓"长眠之处"。在这里可以看到被木栅围起来的皇帝陵墓星星点点地分布在天寿山麓上。

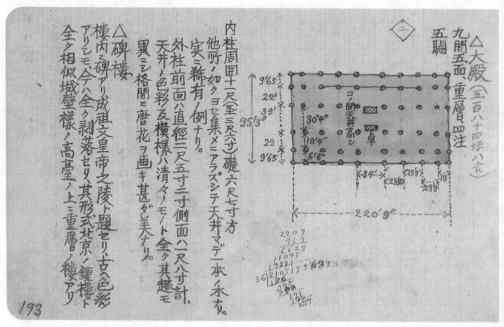

内柱周囲十尺（至三尺六寸）礎六尺七寸方
他ノ如ク次ヨセ集メニアラズシテ天井マデ一本ヲ永ヌ。
実ニ稀有ノ例ナリ。
外柱前面八道經三尺五寸二寸側面八一尺八寸計、
天井ノ色彩及横樑八清々タルモノ金ク其趣モ
異ニシ格間二唐花ヲ画キ甚ダ美ナリ。

△碑樓
樓内ニ碑アリ成祖文皇帝之陵ト題セリ、古ハ色彩
アリシモ、今デハ全ク剝落セリ、其ノ形式ハ北京ノ鍾樓ト
全ク相似城壁樣ノ高臺ノ上ニ重層ノ樓アリ

△大殿（五百八十四坪八合）
九間五面、重層四注
五調

193 十三陵（7）（6月2日）

"大殿"在日本称为"拜殿"，中央安置着牌位。殿内粗大的立柱用楠木制成。殿后的小山丘是明成祖的坟墓，坟前并没有墓碑一类的标志物，这一点和日本的古坟比较类似。

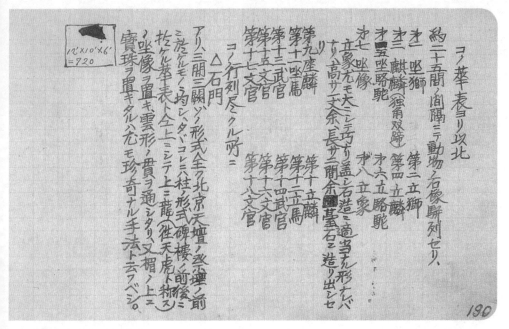

コノ華表ヨリ以北
約二十五間ノ間隔ニテ動物ノ石像ヲ聯列セリ、

オ立獅
第二立獅
オ三麒麟（独角双蹄）第四立麟
オ至坐略駝
オ七坐像
坐像尤モ大ニシテ巧ナリ蓋シ石造ニ適シ當ナル形ナレバ高サ一丈余長サ二間余ニ墓石ニ造リ出セ
オ八立像

第九坐麟
第十坐馬
第十一坐官
第十三文官
第十五文官

第十立麟
第十二立馬
第十四立官
第十六文官
第十八文官

コノ一行列尽クスル所ニ
△石門
アリ、三間三関ノ形式全ク北京天壇ノ改ノ埋ノ前ニ在ケルモノト均シ、タバコレニハ柱ノ形式硬楼ノ前後ニ抱ケル華表ト全ク上ニシテ上ニ三龍（従天虎ト称ス）ノ坐像ヲ置キ、雲形ノ貫ヲ通シタリ、又楣ノ上ニ實珠ヲ置キタル八尤モ珍奇ナル手法ト云フベシ。

190

190 十三陵（4）（6月2日）

穿过牌楼，可以看到道路两旁排列了很多石人石兽。文中的"华表"指的是图189中的华表；"第七坐像"为误记，应为"第七坐象"。"阙"指的是宫殿、陵墓前的门或牌坊等建筑，文中的"阙"有两根立柱之间距离的意思。

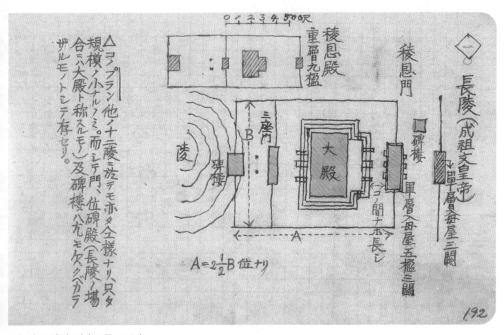

長陵（成祖文皇帝）
單層毎屋三間
稜恩殿　重層九楹
稜恩門
單層毎屋五楹三間

三座門
陵
硬楼
大殿
碑楼
コノ間ハ未長シ
B
A

$$A = 2\tfrac{1}{2}B\ 位ナリ$$

△コノプラン他ノ十三陵ニ放テモ亦タ全様ナリ、只タ規模ノ小ナルノミ。而シテ例ノ、位碑殿（長陵ノ場合ニハ大殿ト称スルモノ）及碑楼八尤モ欠クベカラザルモノトシテ存セリ。

192

192 十三陵（6）（6月2日）

"楹"是一种计量单位，表示两根立柱之间的距离。文中的"恖"为"恩"的异体字。

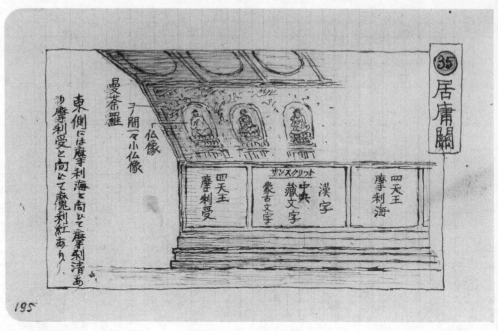

195 居庸关（2）（6月3日）

云台的墙壁上保有元代的石刻，用汉文、西夏文、维吾尔文、蒙古文、藏文以及梵文等六种文字雕刻出《陀罗尼经》全文。文中的"摩利海""摩利青""摩利受""摩利红"即"多闻天王""持国天王""广目天王""增长天王"这四大天王。

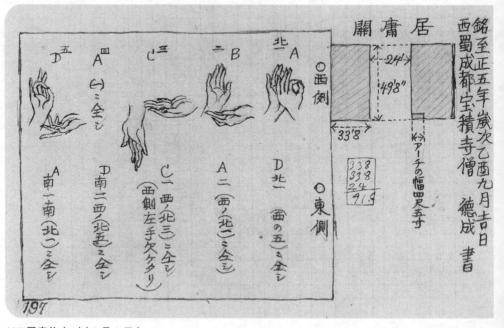

197 居庸关（4）（6月3日）

图右的铭文是《陀罗尼经》汉文版本的结尾部分。四大天王的上方东西两边各有五尊坐像，然而其名称难以判明。图中的手印比较特殊，常出现在藏传佛教中。

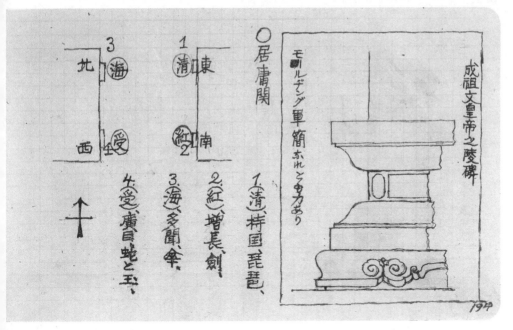

194 居庸关（1）（6月3日）

居庸关位于从河北平原通往北方山脉的险要峡谷，是元代时建立在交通咽喉处的过街塔式关门之一。现存部分为过街塔主建筑（云台），云台上原立有三座宝塔，现已无存。

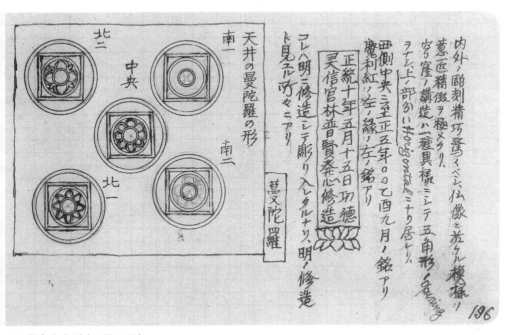

196 居庸关（3）（6月3日）

图左的铭文刻于明朝正统年间，记述了云台上的佛殿耗时五年进行重修的事情。这座佛殿是云台上塔被毁之后修建的，又于清朝康熙四十一年（1702）焚毁。第二列中的"精傲"为误记，应为"精致"。

八達嶺より東方を望む（万里長城）

199 八达岭（6月3日）

由居庸关一路攀行山路，则可到达其顶端，此处便是"八达岭"。八达岭有东西二门，东门额题刻以"居庸外镇"，西门额题刻以"北门锁钥"。从门左右延伸出去的城墙沿着山脊盘旋而上，逢山腰处则回转曲折，如同一条蜿蜒起伏的长蛇。

岔道より榆林ニ至ル大沙原

201 由岔道到榆林途中的大沙原

八达岭往下五里处的岔道。从这里向前是零星分布着杨柳的沙原，中间是通往张家口的道路。

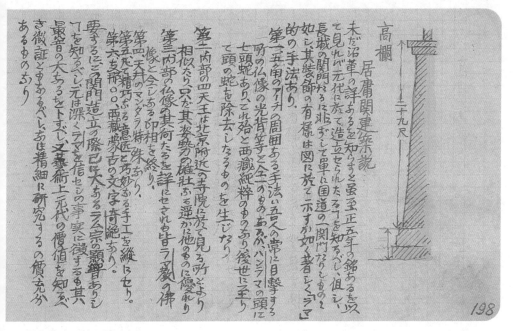

198 居庸关（5）（6月3日）
第三列中的"沼革"应为"沿革"，十五列末尾处的"终"应为"结"，十九列末尾处的"显响"应为"影响"，二十一列开头处的"最音"应为"影响"。

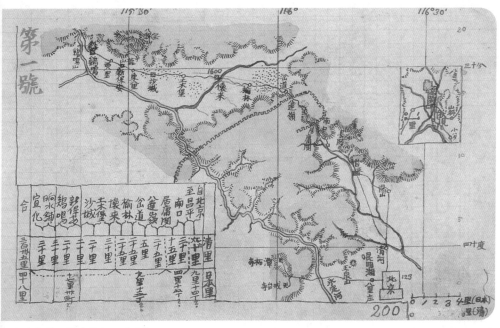

200 地图第一号（北京—鸡鸣）

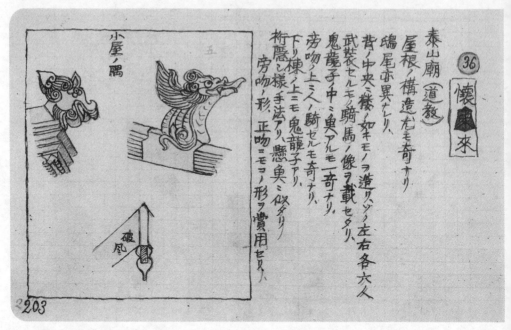

203 怀来（1）泰山庙（6月4日）

怀来是一个有着几千户人家的大县城，街道也比较热闹。城东的小山丘上有一座泰山庙。"鬼龙子"中文为"鬼瓦"，是安在屋脊端的一种兽面花纹的装饰，其形式多种多样。

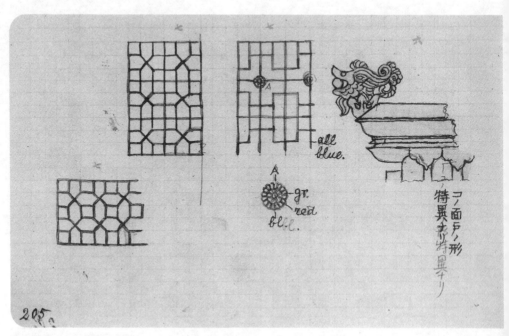

205 怀来（3）（6月4日）

图右半部分是民居屋顶的脊饰，和泰山庙屋顶类似。左边为民家的榫卯细木窗格样例。文中的"面户"中文为"当沟"，指的是用来封护屋顶瓦面与屋脊相交之处缝隙的部件。

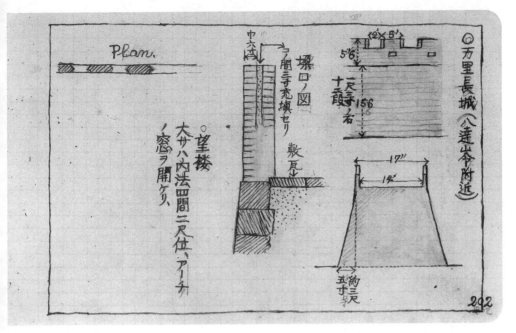

202 万里长城（6月3日）

八达岭附近长城的实际测量图。此长城为明代长城，结构保存最为完整。如果和张家口长城（第二卷图6）比较的话，可以清楚地看到两者差异。

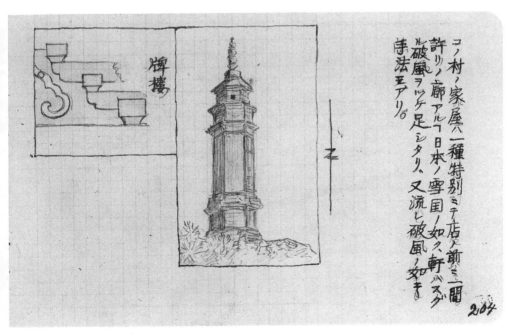

204 怀来（2）（6月4日）

伊东在怀来城中散步时，对这里民居的构造颇有兴趣。图左部分为泰山庙的四层塔。

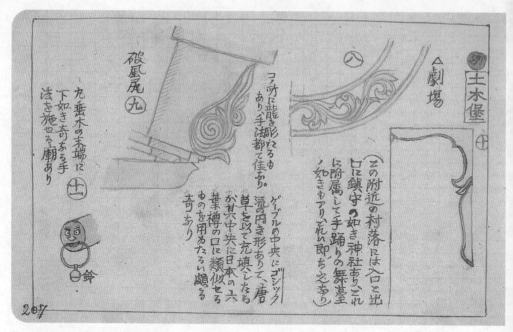

207 土木堡（6月4日）

土木堡曾是明代著名的古战场，明英宗曾在此处被瓦剌大军生擒（土木之变，1449年）。土木堡现在只是一个贫瘠的小村庄，然而村内有着带有舞台的祠堂。图中"八"处为其舞台上圆形窗框上的花纹。"十"为入口处的图案。

209 晌水铺附近的道路（6月5日）

日记中记载，"晌水铺附近的道路都是沿着河床或者山腹而行，车马不但因为河床的积沙、山腹的乱岩而难行，而且因为只有一条狭窄的山道，大量骡马、驴子、骆驼交行于此，混乱不堪，甚是耽误时间"。

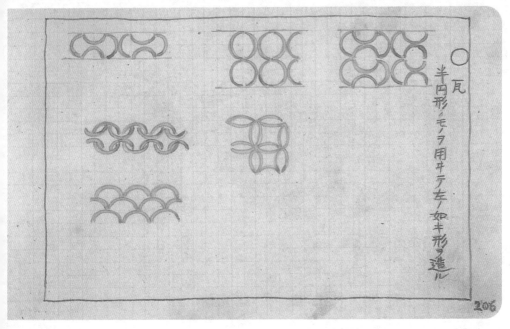

206 怀来（4）（6月4日）

"花瓦"指的是用瓦排列成各种花纹图案，多使用于墙帽或者墙面，种类非常多样。

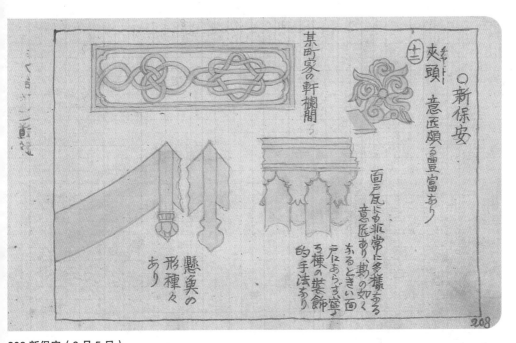

208 新保安（6月5日）

"面户瓦"，中文为"当沟"，是如图右下所绘的从屋檐下垂的部件，用于排水，渐被装饰化。"悬鱼"是屋顶两端山面墙处垂下的装饰件。

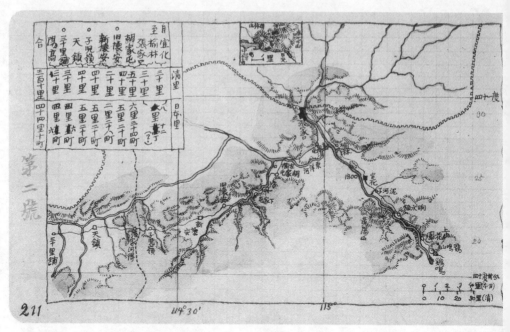

211 地图第二号（鸡鸣—三十里铺）

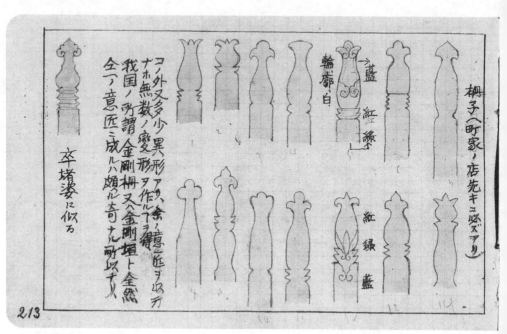

213 宣化府（2）（6月6日）

金刚栅、金刚垣是日本寺庙中立于仁王门内的格子状栅栏。图中提到宣化城中民居的屋前就立着这种造型的
栅栏。

210 晌水铺附近眺望黄阳山

黄阳山山麓走势舒缓，绵延数十里，平原上蜿蜒起伏的座座小丘，宛如翻腾着的波浪。这座死火山高约七千尺（约 1500 米），是通往张家口路上的第一高山。[57]

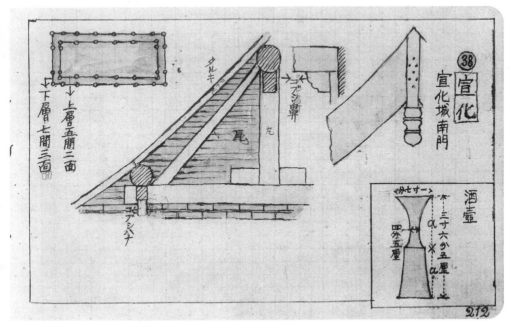

212 宣化府（1）（6 月 6 日）

宣化城当时号称方圆六里，伊东到此之后觉得也不过方圆四里。伊东为调研宣化城南门而进入城内，随处可见贩卖日本手帕的商贩。城内民居的风格依然保留古风，伊东从中收获颇多。

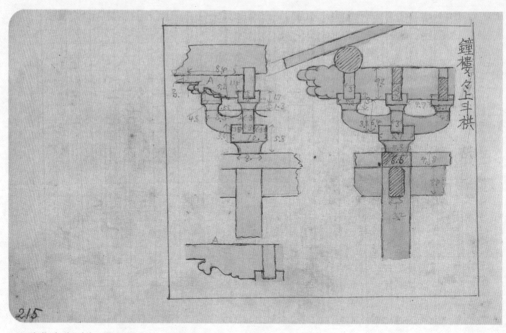

215 宣化府（4）（6月6日）

伊东对下层侧面的工艺手法十分感兴趣，此处"牛腿"[58]的形状和日本镰仓时代常用的手法非常类似。

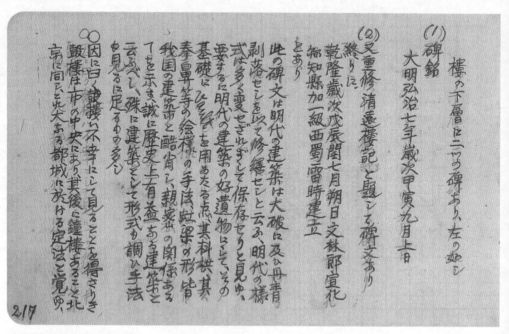

217 宣化府（6）（6月6日）

文中的"vault"意为"拱形的天花板"；"奉鼻"为误记，应为"拳鼻"，中文为"霸王拳"。

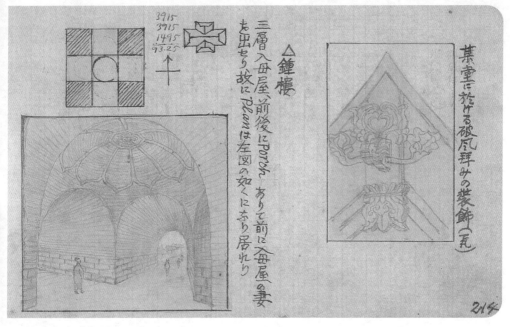

214 宣化府（3）（6月6日）

钟楼建于砖砌的台子上。台为边长九十三尺二寸五分的正方形，内部打通了宽为十四尺九寸五分的十字穹顶通道，其十字中心点也正是穹顶交汇之处。宣化府以西的城市中的钟楼和鼓楼多采用此种样式。

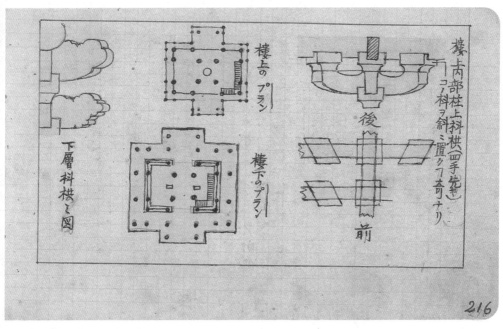

216 宣化府（5）（6月6日）

钟楼下层面阔五间，进深三间[59]，除去最外层的一圈立柱，内柱用砖墙连成一体。最里面的四根柱子一直往上通到顶部，支撑着悬挂大钟的横梁。上层面阔三间，进深三间，被下层的檐围绕。上下层都设有抱厦。

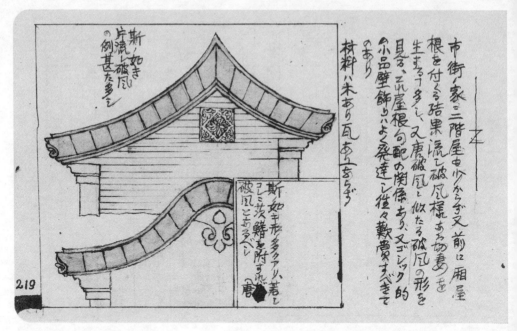

市街ノ家ニ二階屋中少カラズ又前ニ廂屋
根ヲ付クル結果流シ破風様ナルモノヲ
生ズルコト多シ、又唐破風ニ似タル破風ノ形ヲ
見ル、之レ屋根句配ノ関係アリ、又ゴシック的
ナル破風ノ形ヲ
小品壁飾ヨリヨク発達シ徐々歓賞スベキモ
ノナリ

斯ノ如キ片流レ破風
ノ例甚タ多シ

材料八米アリ瓦アルモノアラズ

斯ノ如キ形多クアリ、若シ
コレニ茨鰭ヲ附スレバ
破風ニナルベシ
唐

219 宣化府（8）（6月6日）

文中的"破风"，中文为"博风板"，意为"屋顶两侧的墙壁外侧（山墙）上的木板"。"茨鳍"指的是博风板
上尖刺状突起部分。

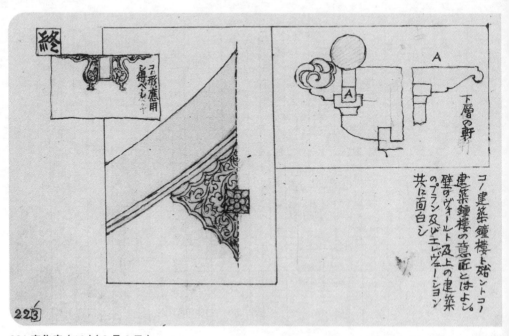

コノ形応用
シ得ベシ、ナ

終

コノ建築鐘楼ト始ントコロ
建築鐘楼ノ意匠トハよシ、
壁ノヴォールト及上ノ建築
ノプラン又ビエレヴェーション
共ニ面白シ

下層ノ軒

A

221 宣化府（10）（6月6日）

文中开头两列描述较为混乱，但是伊东主要表达了对玉皇阁钟楼独到匠心的称赞。"ヴォールト"即为"vault"
（见图217）。"エレヴェーション"为"elevation"，指的是与平面图相对而言的立面图。

112

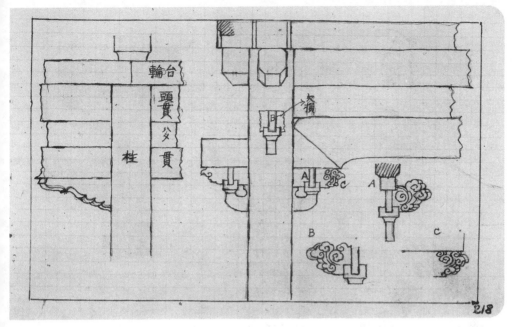

218 宣化府（7）（6月6日）

钟楼下层抱厦的建筑手法如图右半部分所示，从平板枋开始，可以看到额枋、额垫板、虹梁。此处的梁头做成榫头的样式，螭虎拱支撑着虹梁，下方则由丁头拱支撑着螭虎拱。

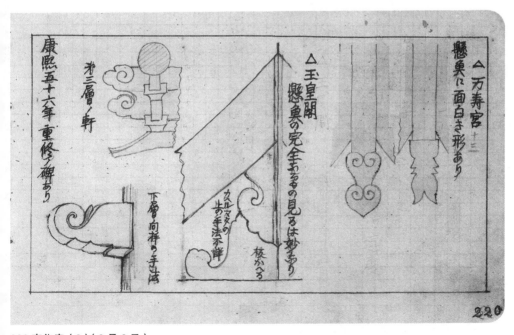

220 宣化府（9）（6月6日）

玉皇阁坐落在砖砌的高台之上。高台内部有中央交叉的穹顶通道贯穿其中，上面承载着三层的木造阁楼。玉皇阁上层为歇山顶，山墙一侧装饰着在日本也常见的悬鱼和驼峰。

113

译注

[1] 又名宫岛咏士，日本书法家，1887 年赴中国学习书法，后回日本开设私塾，曾任东京大学讲师。

[2] 日本政治活动家，1875 年进入东京外国语学校学习中文，1900 年担任翻译官随同八国联军前往中国，进入北京后负责警察事务。1901 年，清廷因其之前在警察事务上的表现，任命其为北京警务学堂学长。川岛浪速与清朝贵族关系密切，并与肃亲王善耆结义为兄弟，并收养其十四女显玗，也就是后来的川岛芳子。

[3] 此处说明肯定错误。一、此亭应为清代建筑，不可能久远至宋代，天津《县志》记载，"岁时朝贺行礼，并祝万寿及宣讲圣谕广训于此，雍正八年盐院郑禅宝提请捐修"；二、南宋时天津在宋版图之外，怎么可能此处修亭用南宋年号？所以文中可能是嘉庆二十四年，因为此亭确于嘉庆年间重修，并供奉了清代帝王牌位。

[4] 此处直接用日语，是引用。

[5] 日本斗拱样式分为和样、禅宗样、大佛样。

[6] 窗牖其实就是窗户的意思。

[7] 此说法现一般被认为是错误说法，2001 年经文物学家考证，这个寺庙和原光林寺并无关系，第一次被混同是在明代文献中，之后一直被误读。此座寺庙应为辽代天王寺，光林寺应为弘业寺，两寺曾经一度并存。

[8] 非北京白塔，北京白塔一般为妙应寺白塔或永安寺白塔。

[9] 天宁寺塔始建于隋代，为文献中记载，梁思成和林徽因于 1935 年发表文章称此塔其实建于辽代而非隋代，1991 年天宁寺塔大修时，从中发现了辽代建塔碑，证明了他们的看法。

[10] 墓碑、墓塔等标示墓地位置的建筑物统称墓标。

[11] 原文中（印刷体）"椿子"误为椿子。

[12] 当时叫辟雍，也是国子监辟雍殿名称由来。

[13] 永乐大钟。

[14] 原文为"白虎方位有钟为灾，更换的文字为《燕都游览志》中记载。白虎为西，万寿寺正在京城之西"。

[15] 后世查证，永乐大钟上并无《华严经》，为长久讹传。

[16] 文中未提名字，为松崎保一。

[17] 横川省三，日本新闻记者；冲祯介，日本谍报家。二人都曾在东文学社担任教师，之后参与日俄战争，其一行人奉命去破坏嫩江铁路大桥时被俘虏并被处决。

[18] 水烟、五轮、大宝珠、露盘等都是塔刹的组成部分，"供"无此字，手写错字，"復"为繁体。

[19] "楹"原意为房屋的厅堂前的柱子，常用作量词。

[20] 约 50 米。

[21] 原名和现名为真觉寺，乾隆时为避讳改为大正觉寺。

[22] 佛陀迦耶又称菩提伽耶，为佛祖释迦牟尼成佛之处。

[23] 于经和魏忠贤。

[24] 七尊佛像分别为释迦牟尼、药师佛、阿弥陀佛、韦陀、地藏菩萨、接引佛、疯僧。

[25] 文中的"スツーバ"。

[26] 1929 年 5 月中山陵落成之后迁走。

[27] 此塔于康熙十八年因地震倒塌，康熙三十五年重建。

[28] 现通州塔塔刹已经修复。

[29] 又称寿安山。

[30] 燕京八景之一，乾隆封为"天下第一泉"。

[31] 藏红花。

[32] 位于今宜宾市。

[33] 刘元，元代著名雕塑家。

[34] 藏经楼。

[35] 清净化城为佛教术语，意为远离一切烦恼、尘垢、罪恶等，不染尘俗。

[36] 图120。

[37] 经幢原指刻有经文的佛教柱状法器。

[38] 日文为梵文"Tara"音译，又译作圣救度佛母或者绿度母。

[39] 黑寺在北京海淀区东升乡马甸村西。原为"前后两寺，中以一街相隔。两寺与附近的黄寺同为喇嘛庙，因覆以黑瓦，故俗称黑寺"。

[40] 阿弥陀佛、药师佛和狮吼佛。

[41] 又叫转轮藏，小型转轮藏就是转经轮。

[42] 又为"上师"。

[43] 显密融合指佛教显宗和密宗结合的做法，显宗指显明的佛法，广度众生；密宗是师徒秘密传授，不可示人。

[44] 原文是熙康门，经查文献，未曾找到此门，而且推测不可能有门用康熙年号倒过来取名，根据文中描述，应该为昭泰门。

[45] 藏语斗篷音译。

[46] 古中国有大尺小尺，小尺约为大尺的80%，日本明治后一里为3.927千米。

[47] 行宫院。

[48] 原文用了斗拱的日语别称，这里改用中文别称。

[49] 垂花门为中国古代建筑的一种门样式，檐柱垂吊，下经常雕成花蕾状，故称垂花门。

[50] 俗语"大门不出，二门不迈"中的"二门"，指的就是此门。

[51] 此处为日语汉字词问题，"崭新"在日语中汉字写为"斩新"。

[52] 马丹阳、谭处端、刘处玄、丘处机、王处一、郝大通、孙不二。

[53] 昊天至尊玉皇上帝、中天紫微北极大帝、勾陈上宫天皇大帝、承天效法后土皇地祇。

[54] 《道藏》是一部汇集收藏大量道教经典及相关书籍的大丛书，原本有两部，一部原存于白云观，现存于中国国家图书馆，另一部存于日本。

[55] 《松雪道德经》为赵孟頫所书的道德经，因赵孟頫号松雪道人而得名。

[56] 日本长度单位，一间约1.82米。

[57] 黄阳山又名黄羊山。

[58] 牛腿，是梁托的别名，是梁下面的一块支撑物。

[59] 房屋内两根立柱之间距离为一间。

第二卷

　　伊东于 6 月 1 日从北京出发，开始了前往五台山调研的短途旅行（山西试行）。同行者包括日后在日俄战争中因为间谍行动被俄军杀死的横川省三等两人，他们在北京听闻伊东忠太的调研计划后，决定一同前往。与伊东之后携带清国官方许可旅行不同，这是一次完全自理的行动，途中他们投宿于民间旅店，饮食因为自费而都是些粗茶淡饭，就寝时通宵被蚊虫、跳蚤滋扰，一路上得失感悟颇多。对伊东忠太来说，这次短途旅行为他之后漫长的中国调研之旅打下了坚实的基础。

　　伊东于 6 月 7 日到达张家口，6 月 15 日抵达大同，6 月 18 日骑马当日往返于云冈。伊东花了半天时间对"云冈石窟"的石佛寺即今第二区进行了调研。此行的目的不是学术调研，所以研究时间很短，稍显遗憾，但是他在云冈发现了法隆寺起源的线索，并在日记中表达了发现云冈石窟时的惊喜之情。

　　伊东从大同直线南下前往五台山时，途经了应县的木塔，这和云冈石窟一样是一次偶然但意义重大的发现。云冈和应县的记录可以说是第二卷内容的精华所在。

　　此次伊东对五台山的调研，是日本学者中的首例。从 6 月 24 日开始，伊东在五台山停留了五天，完成了以台怀镇佛教寺院为中心的调研。之后从五台山向东前往曲阳、正定，最后从保定乘坐火车返回了北京。伊东 7 月 6 日抵达北京之后，停留到 8 月 5 日。

　　8 月 6 日左右，伊东再次离开北京，南下经河北（直隶），前往河南郑州、开封，继而往西经由河南府（洛阳）、华山到达西安。这条路线之前由伊东旧识冈仓天心[1]于 1893 年走过，伊东忠太应该向他请教了此次旅行中可能出现的各种状况。同时，伊东在日记中屡次引用了《栈云峡雨日记》，这本书是汉学家竹添进一郎[2]于 1876 年沿着相同路线旅行的记录。可以说，伊东此行的路线是当时日本人最为熟悉的一条前往西安的路线。

　　一路上，伊东不断看到黄河文明的遗迹，途经《三国志》中提到的地点，深切地感受到中国历史的源远流长。他对途中各地的佛寺、道观、陵墓等建筑进行了调查研究，并在 9 月 6 日、7 日对洛阳郊外龙门石窟调研之后，于 7 日当天留宿在龙门附近。

　　伊东而后还前往了西安附近的秦始皇陵进行参观，在华清池泡了温泉休憩，在西安驻留数日访问了以碑林为首的名胜古迹和寺庙等。

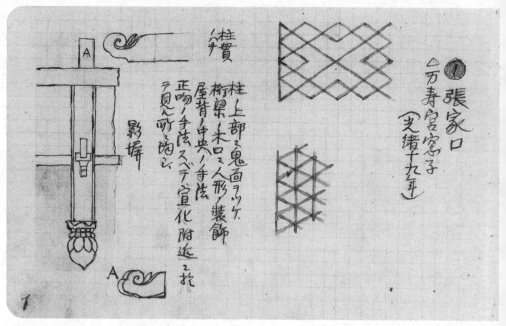

1 张家口（1）万寿宫（1）（6月7日）

张家口位于北京西北三百九十五里处，其境内有当时作为中原和草原游牧区交界线的万里长城，是一座人口超过十万的贸易重镇。日记中记载着伊东一行于 6 月 7 日下午五点半抵达此处。

张家口城中显著的建筑虽然有关帝庙、文昌阁等，但这些都是近代新建，而万寿宫相较而言历史比较久远。

文中的"影屏"又称为"影壁"，是建筑门内用于遮挡视线的墙壁。

3 张家口（3）营城庙北望（6 月 8 日？）

画下方所描绘的房屋街道应该就是张家口的城镇。

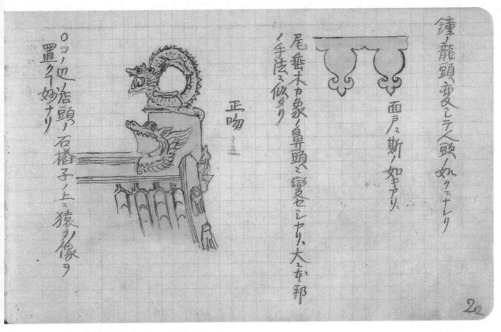

2 张家口（2）万寿宫（2）（6月7日）

"石椿子"指的是拴马用的石柱，其上有猿猴的雕像，这是因为相传孙悟空曾经在天界做过弼马温。

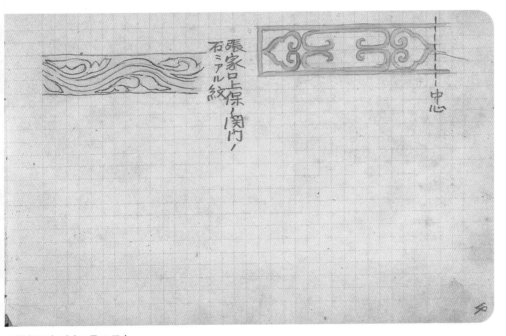

4 张家口（4）（6月8日）

当天的日记中记载："张家口是一座位于永定河西岸的大城市，人口超过十万。我们一行投宿于名为施梅尔策的德国人所开的旅馆。此间旅馆规模很大，房间装修甚是精美。就连在北京都难以找到如此精致的房间。"

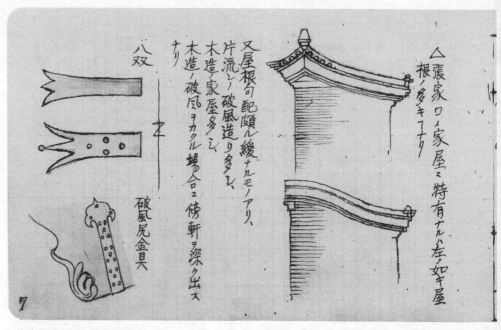

7 张家口（7）（6月9日）

6月9日，伊东寻访了城内关帝庙等多个庙堂。繁华的商业街中甚至还有西洋杂货店，只是物价出奇的高。

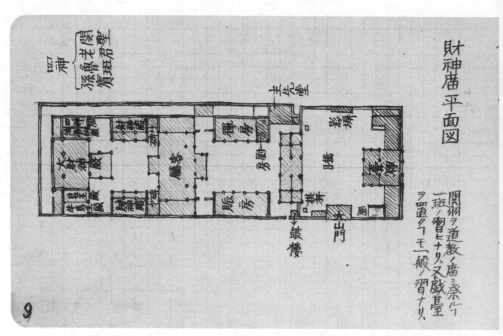

9 张家口（9）财神庙（2）（6月9日）

"四神"又称为"四圣"，分别是"关圣"关羽、"老君"老子、"建筑之神"鲁班、战国时期兵法家孙膑，这些都是道教中地位崇高的神仙。"戏台"是为了祭祀神明而表演戏剧和舞蹈的舞台。

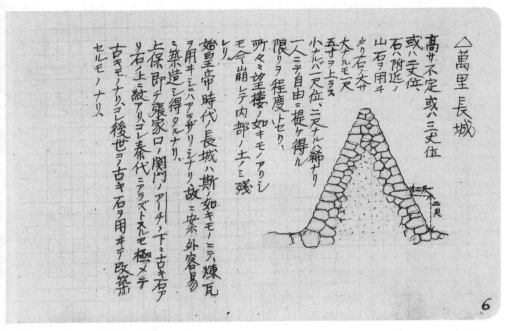

6 张家口（6）万里长城（1）（6月8日）

电报局的访问结束之后，伊东前往城北的万里长城进行调研。此处的长城和八达岭的长城（见第一卷图202）
大相径庭。作者误将此段明长城当作秦长城。

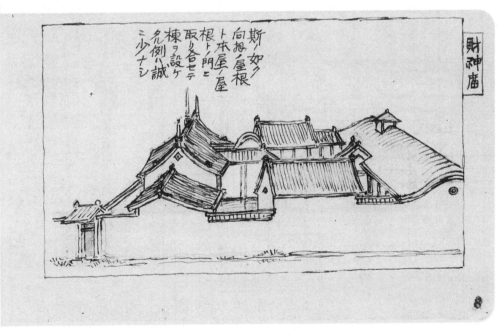

8 张家口（8）财神庙（1）（6月9日）

财神庙内一般供奉着三国英雄关羽。关羽是蜀汉的武将，其作为刘备的得力助手，以容貌魁梧、面留美髯而
广为人知。关羽死后，人们修建关帝庙来纪念他，他也被称为后世的武财神。文中的"屋根ト丿门二"为误记，
应为"屋根ト丿间二"，意为"和屋顶之间的间隙处"。

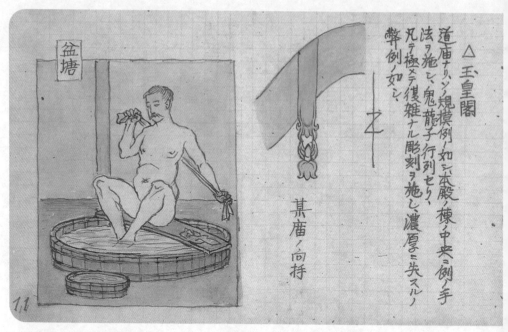

11 张家口（11）（6月7日）

日记中记载，伊东一行人于 6 月 7 日前往城内的澡堂沐浴，以清洗掉旅途中的尘土。价格仅为六钱。澡堂内每人单独在一个称作"盆塘"的大木桶中洗澡。图为伊东本人。

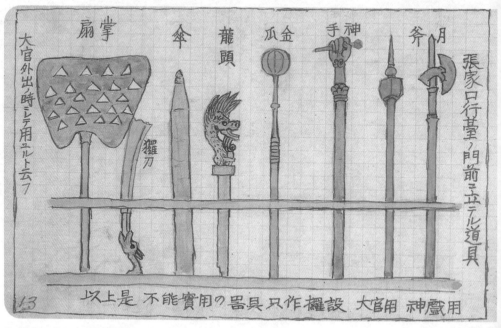

13 张家口（13）仪仗用具（6月9日）

张家口的行台（古代官员去地方巡查时临时下榻的官舍）门前排列的道具。这些仪仗用具已经没有实用性，一般只在仪式时或者戏台上使用。

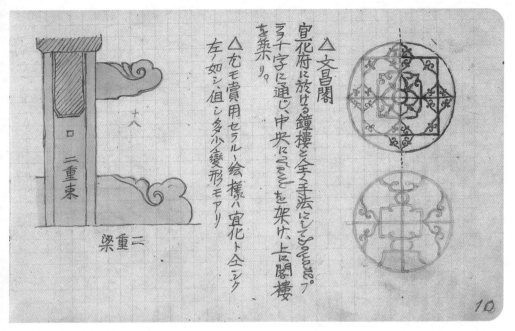

10 张家口（10）（6月9日）

图右部分的圆形是财神庙的窗格图样。文中的"プラヲ"为误记，应为"プランを"，意为"平面"。"vaul"为误记，应为"vault"，意为"拱形的天花板"。

12 张家口（12）万里长城（2）（6月9日）

张家口以北的万里长城使用未加工的石块堆砌而成，并且内部使用土而不是泥灰填充。伊东评论："此处的长城虽然建造起来十分简便，但是相对也容易被人翻越。"

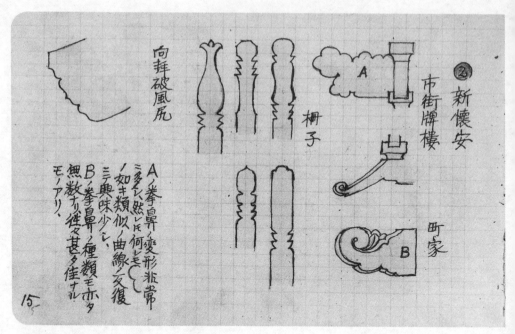

15 新怀安（1）（6月12日）

新怀安（今怀安县）是一个热闹的县城，此处有昭化寺、玉皇阁、孔庙等建筑。文中的"栅子"可参考第一卷图213。

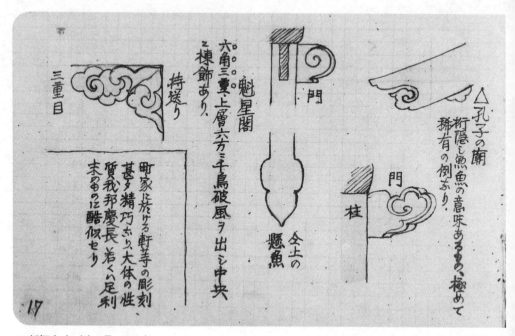

17 新怀安（3）（6月12日）

伊东于12日中午到达新怀安，午饭之后前往昭化寺等地调研，下午两点多即返回，行动非常迅速高效。文中的"千鸟破风"中文为"卷棚式博风板"，是安置在屋顶侧面的博风板的一种样式。

126

14 张家口（14）出发图（6月10日）
伊东一行在张家口经由德国人豪森推荐，决定骑马旅行，并购入了蒙古名马。6月10日，一行五人手握缰绳，向大同方向出发。

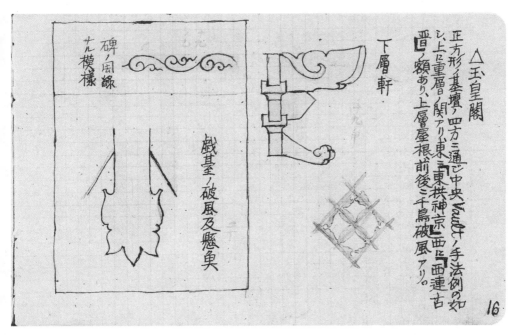

16 新怀安（2）玉皇阁（6月12日）
玉皇阁同宣化城钟楼是相同的构造（参见第一卷图214）。文中的"重層ノ関アリ"为误记，应为"重層ノ閣アリ"，意为"有一座多层阁楼"。

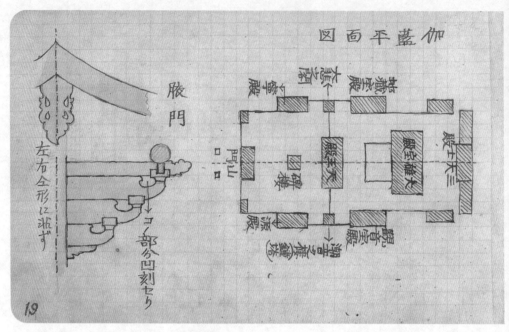

19 新怀安（5）昭化寺（2）（6月12日）

昭化寺的伽蓝配置十分规整，呈左右对称的布局，中轴线两边建筑的构造样式完全相同。山门的左右两边设有侧门，其上的斗拱和悬鱼的形状非常新奇。

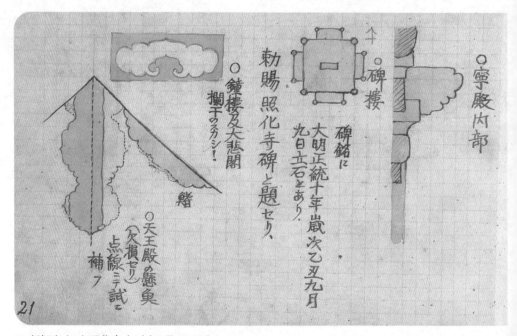

21 新怀安（7）昭化寺（4）（6月12日）

天王殿中供奉着藏传佛教中的四大天王。图右部分为修复了的天王殿悬鱼示意图，也是第一个带有"鳍"的悬鱼样例。钟楼（潮音楼）和大悲阁有着相同的样式，在四周屋檐都有三角形的博风板。伊东特别注意到其栏杆的风格和日本的"格狭间"非常类似。

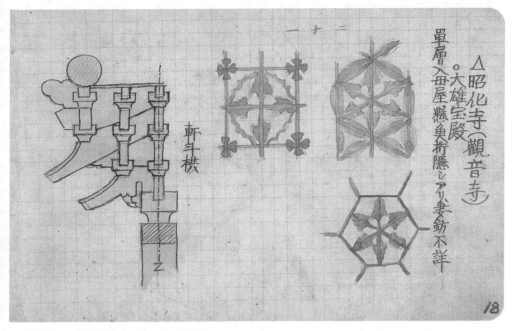

18 新怀安（4）昭化寺（1）（6月12日）

昭化寺的大雄宝殿是寺庙的正殿，里面供奉着释迦牟尼像。图左部分是屋檐处的斗拱。[3] 右半部分是殿门上的雕花，伊东对这种新颖样式大加称赞。

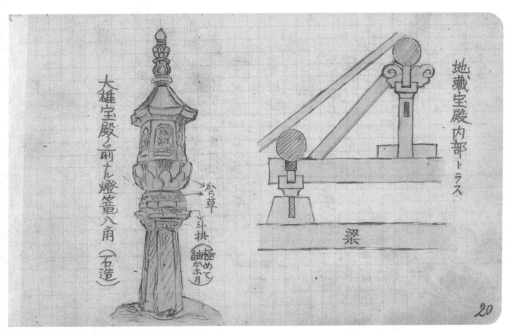

20 新怀安（6）昭化寺（3）（6月12日）

昭化寺地藏殿和东边的观音殿在形式与构造上完全一样。观音殿中供奉着一尊观音像，这也是昭化寺俗称观音寺的原因。文中的"トラス"的英文为"truss"，意为三角形的构造。

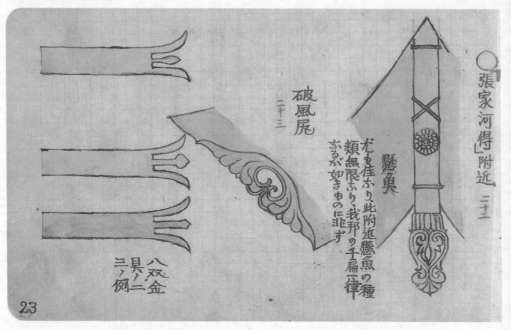

23 新怀安（9）"张家河得"附近（6月12日）

伊东离开新怀安后，于子儿岭休息了一晚，之后翻过一座小山丘，进入了山西省的黄土高原。第一站是"张家河得"。图为此处民家建筑上的部件。

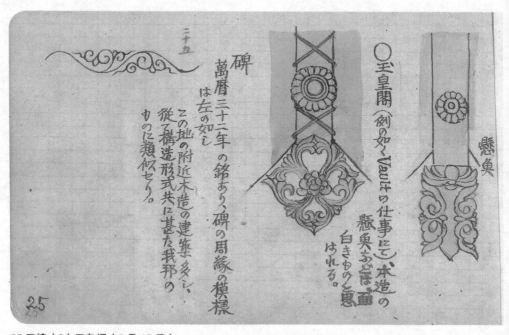

25 天镇（2）玉皇阁（6月13日）

图右半部分的圆形在日本被称作"六叶"（钉在悬鱼上的一种装饰物），也就是一种雕刻成花样的钉子。图中十字状交叉的线条是一种固定装置。下方的花纹就是所谓悬鱼，起到遮挡梁头的作用。

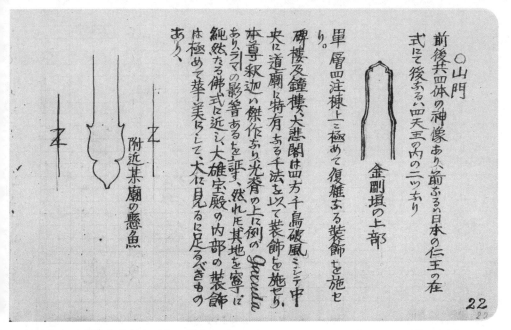

○山門

前後共四体の神像あり、前ぶるハ日本の仁王の在

式にて後ぶるハ四天王の内の二ッちり

金剛塔の上部

單層四注棟上ニ極めて複雑ぶる装飾を施セ
り。

碑樓及鐘樓、大悲閣ハ四方千鳥破風ミシテ中
央ニ道廟ニ特有ぶる手法を以て装飾を施セり
本尊釈迦ハ傑作ぶり、光脊の上ニ例のGaruda
あり、ラマの影響ぶるを証し、然れ圧其地を宝ツ
純然たる佛式に近し、大雄宝殿の内部の装飾
は極めて華美らしくて、大ひに見るに足るべきもの
あり、

附近某廟の懸魚

22 新怀安（8）昭化寺（5）（6月12日）

"四注"又称为"庑殿"，相当于日本的"寄栋造"。文中的"千法"为误记，应为"手法"；"仁王的在"为误记，应为"仁王的形"；"四天三"为误记，应为"四天王"。

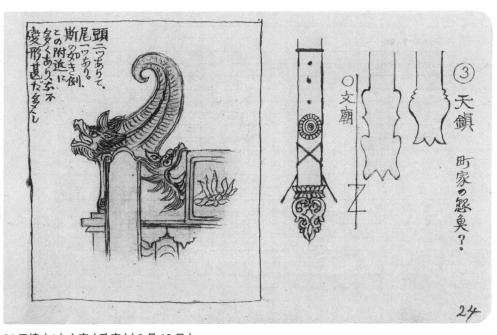

頭

二ッありて、斯尾一ッちり。この附近に多くあり未

を慶形甚だ多くし

○文廟

③天鎮

町家の懸魚？

24 天镇（1）文庙（孔庙）（6月13日）

天镇第一值得参观的建筑要数慈云寺，其他的还有文庙以及玉皇阁。图中的悬鱼固定在博风板上面，起到遮挡博风板接驳处的作用。图中左半部分的脊饰是将正吻和戗脊兽合二为一的形式。

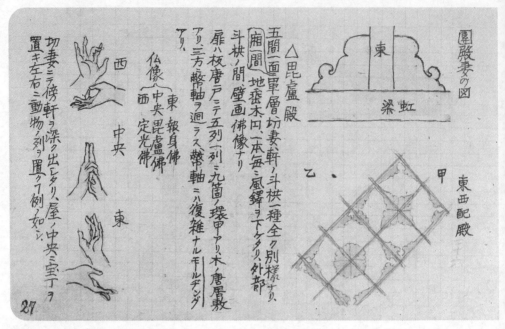

27 天镇（4）慈云寺（2）（6月13日）

释迦殿中供奉着释迦牟尼佛、阿弥陀佛、药师佛三尊佛像。壁画应为唐代作品。伊东在日记中说："一时不敢相信，这些壁画竟是如此出乎意料的精美。"文中的"环甲"指的是门上用于遮掩钉子的一种半球状装饰金属物。"唐居敷"中文为"门砧石"，指的是"支撑门柱的厚石板"。

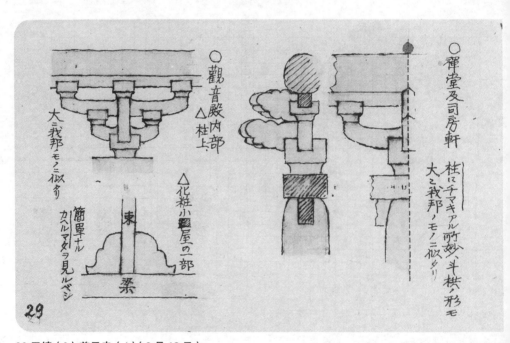

29 天镇（6）慈云寺（4）（6月13日）

观音殿与地藏殿相对称，形式相同。殿内斗拱样式与日本镰仓、室町时代相类似。禅堂和司房的斗拱又与日本中古时期的相像。文中的"チマキ"，日语原意为"粽"或者"千卷"，中文称为"梭杀"，指的是图右半部分中柱子上下端变细的部分。

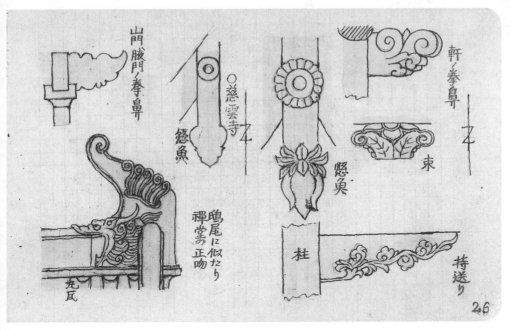

26 天镇（3）慈云寺（1）（6月13日）

慈云寺的伽蓝配置和新怀安的昭化寺类似。大门内设有钟楼和鼓楼，两楼均为圆形，虽然都为多层建筑，却不是重檐设计，非常罕见。两楼的柱子柱头均作梭杀[4]（见图29）。

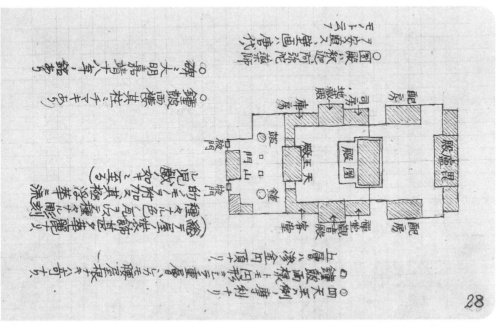

28 天镇（5）慈云寺（3）（6月13日）

慈云寺旧名为法华寺，建立年代不明。寺中保留着重修时所立的"大明嘉靖十八年"的石碑。根据相关传说以及建筑工艺手法来看，这座寺庙应该始建于唐宋年间，经过后世数次重修，屋顶的样式已经完全改变了。文中的"安直"为误记，应为"安置"。

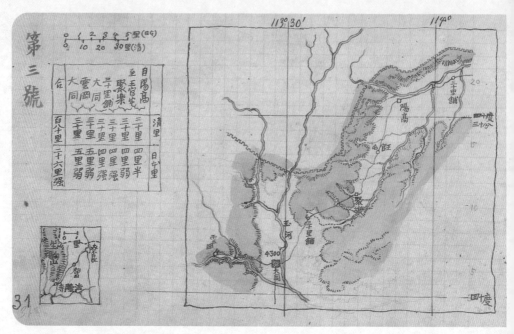

31 地图第三号（三十里铺—大同、云冈）

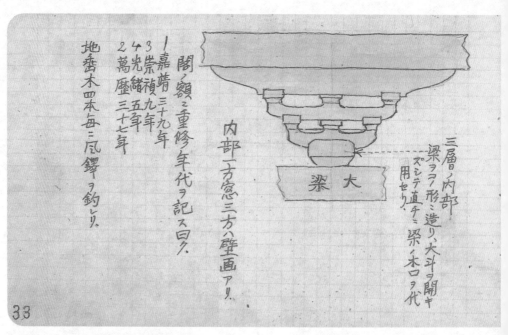

33 阳高（3）昊天阁（2）（6月14日）

昊天阁的内部斗拱样式与天镇慈云寺禅堂的类似，其中的大斗如图右所示。文中的"開キズシテ"，应为"開カズシテ"，意为"封闭的"。

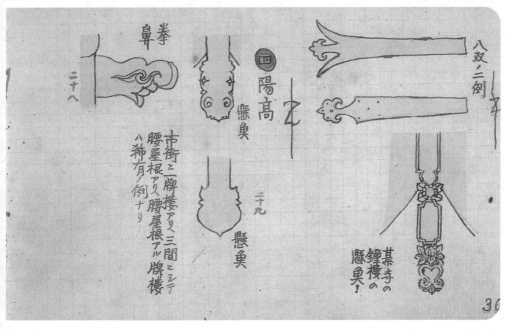

30 阳高（1）（6月14日）

一行人于14日中午时分到达阳高，午饭之后，伊东独自一人前往各处的建筑进行调研，其他三人则前往县府置办马鞍。文中的"基寺"为误记，应为"某寺"。

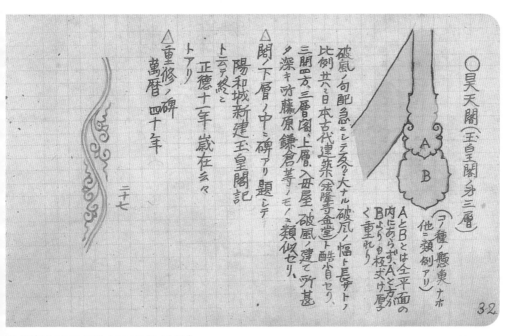

32 阳高（2）昊天阁（1）（6月14日）

根据碑文记载，这座阁楼建于明朝正德十一年（1516）。虽然还有一座记载着万历四十年重修的石碑，但此楼依然是明代遗留至今、保存良好的文物。文中的"Ａと方が"为误记，应为"Ａの方が"，意为"Ａ部分"。

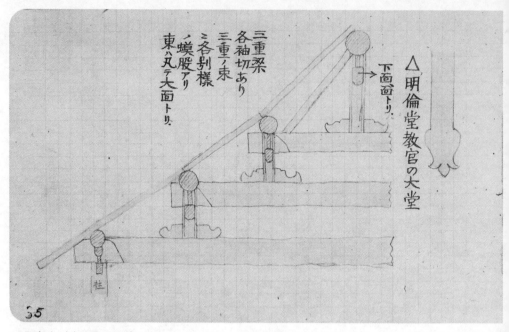

35 阳高（5）（6月14日）

虽然文庙（孔庙）中没有什么特别的建筑，但是明伦堂内部的梁头榫、驼峰的形状造型奇特，值得关注。所谓"梁头榫"，是虹梁（图中横置的三根木头）的顶端凿薄以形成凸出形状。（参见第四卷图96）

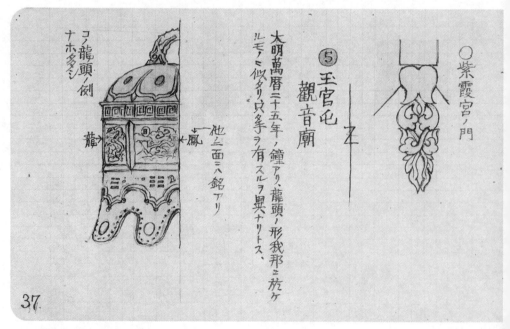

37 王官屯（6月15日）

王官屯有一座观音庙，庙中有着如图所示的大钟。伊东一行于15日正午抵达王官屯，天气非常炎热，温度计显示达到了华氏一百五十度[5]。文中的"玉官屯"为误记。

136

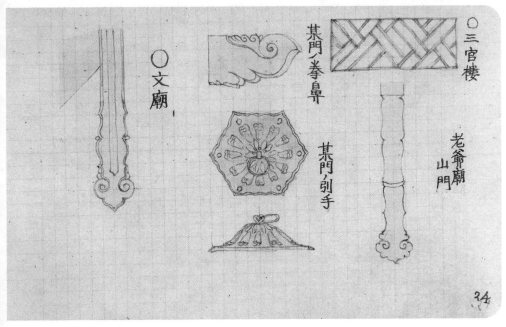

34 阳高（4）（6月14日）

关于阳高城，日记中记载"阳高城建于明朝洪武年间，方圆约一里半有余……城中建筑有文庙、紫霞宫、玉皇阁等"。图中的"某門ノ引手"为误记，应为"某門ノ引手"，意为"某个门的把手"。

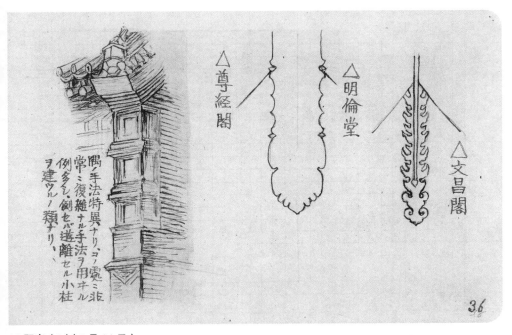

36 阳高（6）（6月14日）

图中尊经阁描绘的是其侧墙，因为上部构成了山形，所以又称为"山墙"。文中的"隅ノ手法"，意为"墙角的工艺"，指的是此处山墙的墙角上有很多非常复杂的雕刻。

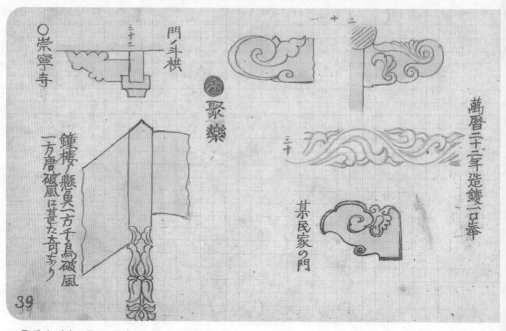

39 聚乐（1）（6月15日）

图右部分为王官屯观音庙中所见。正午时分到达王官屯的伊东一行，因为天气炎热而稍作午休，下午三点再次启程，晚上七点抵达聚乐。聚乐虽然名字听上去非常不错，但是只有城墙能与其名相称，本身只是一个贫瘠的小城镇。城中有一座建筑风格有趣的寺庙，名为崇宁寺。

42 大同府（1）三十里铺客栈内部

三十里铺位于大同府外三十里处，其地名也正标示了这个地点。其周边每十里都有一处村庄，也名之为"十里铺""二十里铺"等。图中的"三千里"为误记。

38 阳高（7）（6 月 14 日）

一行人于早晨出发前往三十里铺，途中有马匹出现不适，所以耽误了行程。图为先到达阳高的人在城外等待的情景。

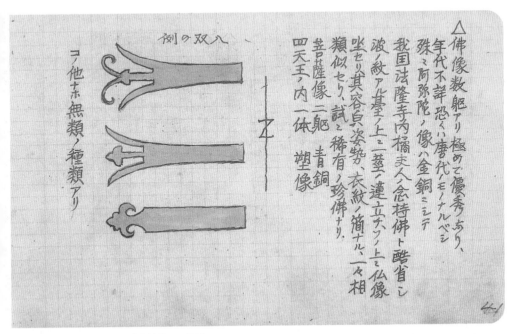

41 聚乐（2）（6 月 15 日）（缺第 40 页）

次日早晨，伊东前往崇宁寺拍摄佛像。城中芍药怒放，芳香馥郁，美不胜收。文中的"酷省"为误记，应为"酷肖"；"試二"为误记，应为"誠二"，意为"确实"。

44 大同府（3）大同府妇人发髻图

大同的风俗和北京相异，特别是妇女的发髻样式有着鲜明的特色，古韵尚存。据伊东日记记载，这些应该是明朝的遗风。图中右边两人为已婚妇人，左边三人为未婚女子。文中的"末嫁"为误记，应为"未嫁"。

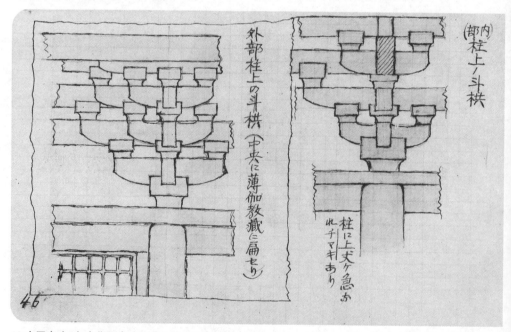

46 大同府（5）大华严寺（2）（6月17日）

正殿挂有"薄伽教藏"的匾额。[7]殿内收藏有经书，沿着墙壁设有两层木架，上层为佛坛，下层为精美的佛经架。殿内供奉的佛像是辽代所作，伊东对此评价为"佛像中的精品"[8]。文中的"急なれ"，应为"急なる"，意为"突然"。

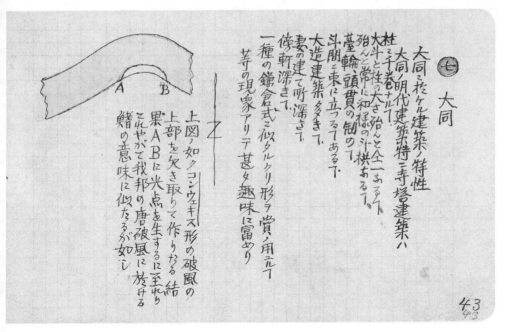

43 大同府（2）（6月16日）

大同历史悠久，地势险要，非常适合建都。北魏时便以此为都城，称为"平城"，辽金时代设为陪都，名为"西京"。这里可以找到各个朝代的遗迹，非常有趣。文中的"コンウェキス"为"convex"，意为"凸起的形状"。

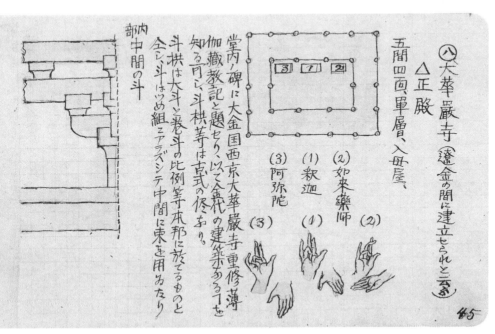

45 大同府（4）大华严寺（1）（6月17日）

大华严寺位于大同市区内，建于辽金年间，分为上下两寺。上寺中的建筑有后期加盖的，增添了一些新味，而保持着建立之初建筑的下寺令伊东"欣喜若狂"[6]地埋头进行研究。文中的"於てる"，应为"於ける"，意为"对于"。

48 大同府（7）大华严寺（4）（6月17日）

图中的 A、B 两处铭文的具体内容见图 47。本图为钟的横置侧面图。"西尺"为误记，应为"四尺"。

50 大同府（9）大华严寺（6）（6月17日）

天王殿相比起正殿，年代相差甚远，为后世所建。虹梁的榫头与梁头造型相异，虹梁之上的驼峰造型又与前两者不同。

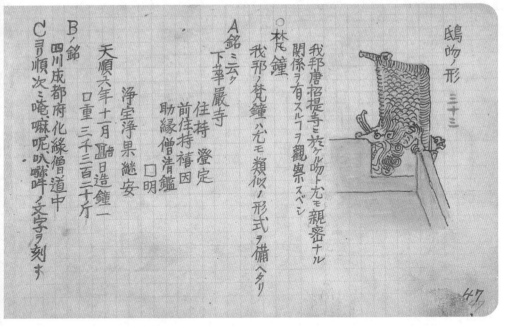

47 大同府（6）大华严寺（3）（6月17日）

"唵嘛呢叭咪吽"是藏传佛教的六字真言，意为"瑰宝位于莲花中"[9]。僧侣和信徒心中怀着对净土的向往，口中持诵此语不止。日本的"南无阿弥陀佛"也是类似的真言。

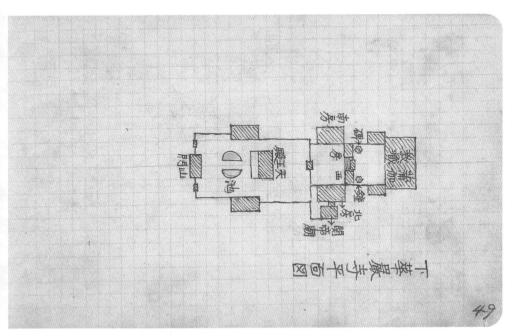

49 大同府（8）大华严寺（5）（6月17日）

薄伽教藏殿建造于重熙七年（1038）[10]，是非常珍贵的辽代建筑。从下华严寺的平面图可以看出，其布局比上华严寺较为自由活泼。

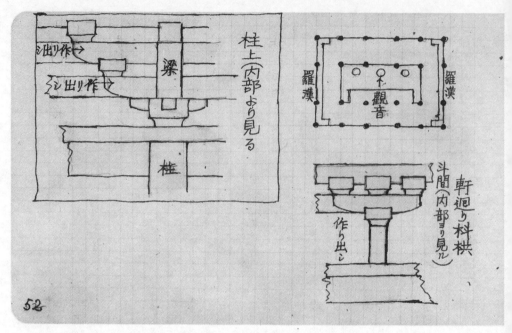

52 大同府（11）大华严寺（8）（6月17日）

外檐斗拱的柁墩（束）的工艺手法和日本镰仓时代以前的建筑惯用手法类似。殿内有着很多石佛，其相貌和日本弘仁时代 [12] 的佛像非常相像，所以伊东推断这些都建于辽金时期。

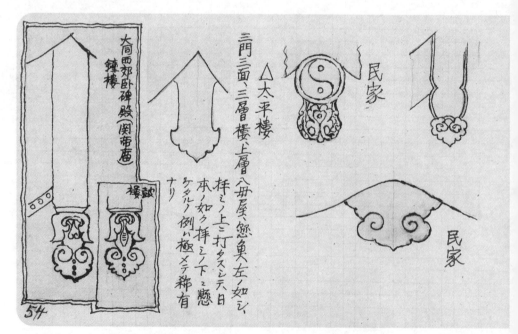

54 大同府（13）大华严寺（10）（6月17日）

文中的"拵ミ"为误记，应为"拜ミ"，意为"山形木材顶部（博风板）的接驳处"。在此之上悬挂着悬鱼，其风格在日本也可见。"三门"为误记，应为"三间"。

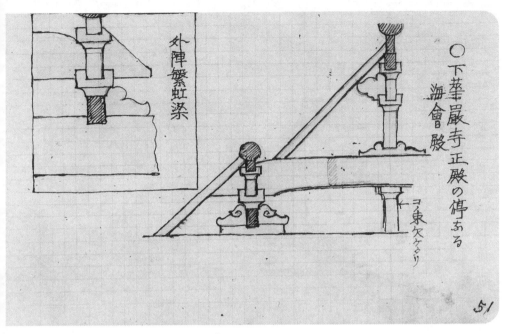

51 大同府（10）大华严寺（7）（6月17日）

海会殿位于正殿的东北，是面阔五间、进深三间的单层建筑，其山墙处供奉有观音像。建筑手法极其古老，伊东推测这依然保留了金代初建时期的样式。文中"繁虹梁"为误记，应为"系虹梁"[11]，意为"拉梁"。

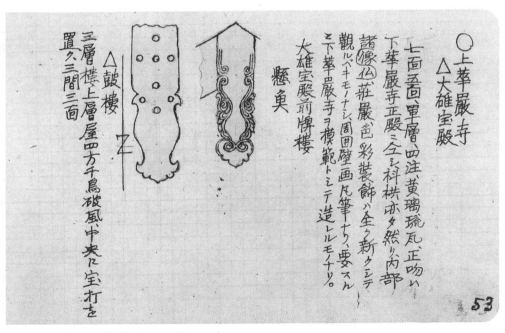

53 大同府（12）大华严寺（9）（6月17日）

上华严寺的大雄宝殿中供奉着五方佛[13]，其左右立有二十诸天[14]，均为明代的制品。壁画为清代所作。

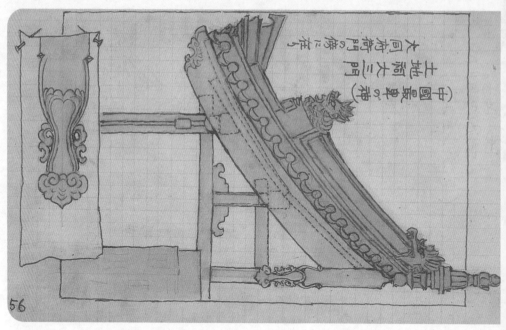

56 大同府（15）土地祠大三门（6月17日）

58 云冈石窟（石佛寺）（2）（6月18日）

云冈石窟于北魏明元帝神瑞年间（414—416年）开始修建，直到光明帝正光年间（520—525年）完成，历经七个皇帝，百余年时间。伊东在日记中记载："我确信此处的建筑形式是日本推古式[16]建筑形式的祖先，也是继承于健驮逻国[17]的风格。"（图为现在的第五窟）

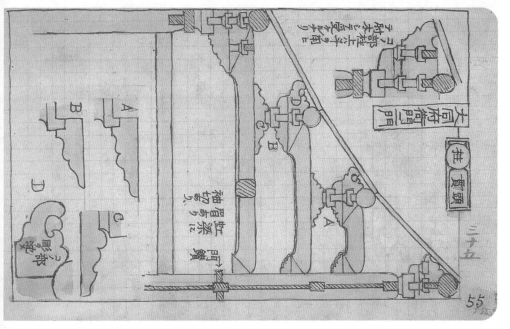

55 大同府（14）大同府衙门二门（6 月 17 日）

"衙门"类似于如今的市政府。文中的"眉"指虹梁下方水平雕刻的纹路。

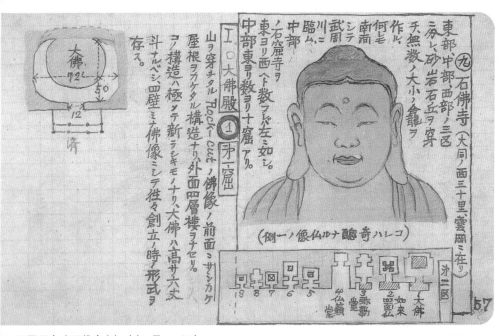

57 云冈石窟（石佛寺）（1）（6 月 18 日）

大同往西三十里，有一处荒凉的小村庄，这便是有着石窟寺的云冈。云冈石窟是北魏拓跋氏时期的遗迹。伊东对第二区的九个石窟进行了调研。[15] 这里在伊东眼中是"法源寺的起源地"，日记记载他当时"无比欢欣"。

《 笔记记载从东开始的四个石窟以其名称来标记，第五窟开始用序号来标记。时间关系，伊东没有前往第一区和第三区调研 》

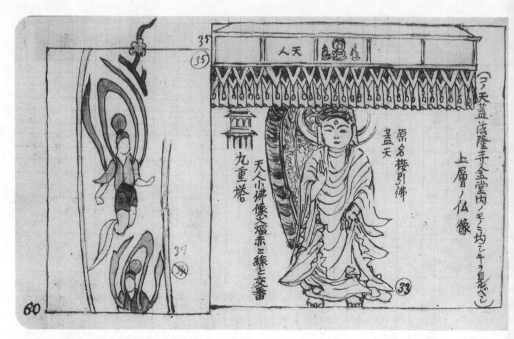

60 云冈石窟（石佛寺）（4）（6月18日）

图右半部分的天盖指的是佛像上层的华盖。其鳞状的装饰、末端挂有小铃，以及鳞状折叠的下垂布条表现的建筑手法与法隆寺金堂内的装饰完全一致。

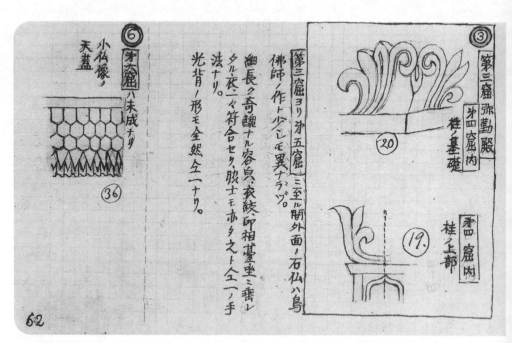

62 云冈石窟（石佛寺）（6）（6月18日）

第三窟弥勒殿整体为四层框架结构，内部完整地保存了佛像等雕刻，几乎没有任何后世修补过的痕迹。（第三窟、第四窟为如今的第七窟、第八窟）

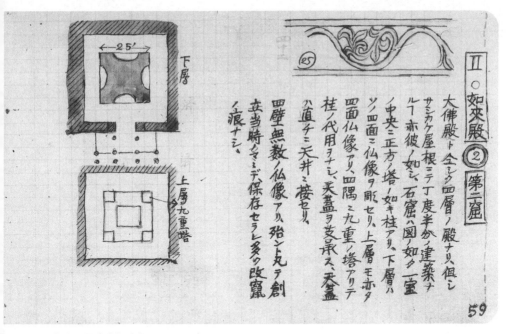

59 云冈石窟（石佛寺）（3）（6月18日）

伊东还记载道，如来殿中的佛像大多与日本法隆寺金堂内的佛像和壁画酷似。佛像的衣纹与鸟佛师[18]所作的佛像样式相同，其上的花纹也与日本所谓"推古式"或者"法隆寺式"完全吻合。（如来殿为如今的第六窟）

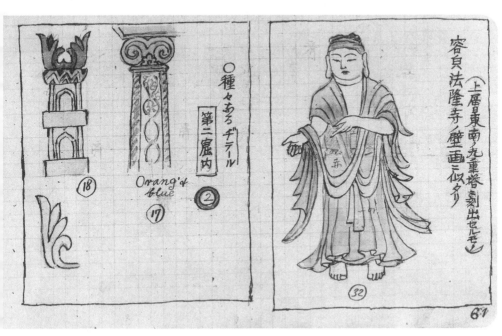

61 云冈石窟（石佛寺）（5）（6月18日）

图右佛像与法隆寺金堂的药师佛和释迦牟尼佛的胁侍菩萨[19]的衣纹及风格完全一样，而且图60左边部分是其图右佛像的光背部分[20]，其姿态、曲线、色彩与法隆寺中光背如出一辙。（第二窟即如来殿，如今的第六窟）

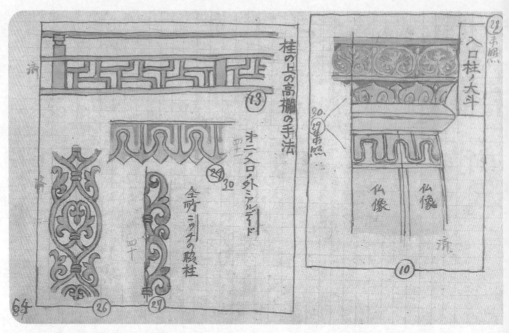

64 云冈石窟（石佛寺）（8）（6 月 18 日）

图右部分为第五窟立柱的上部，栌斗的侧面有着兼带有希腊和亚述风格的花纹，栌头为莲花纹，其下为皿板。
立柱是削有卷杀 [21] 的八角形，柱面上均雕刻着佛像。文中的 "ニッチ" 为 "niche"，意为 "壁龛"； "桂の上"
为误记，应为 "柱の上"。

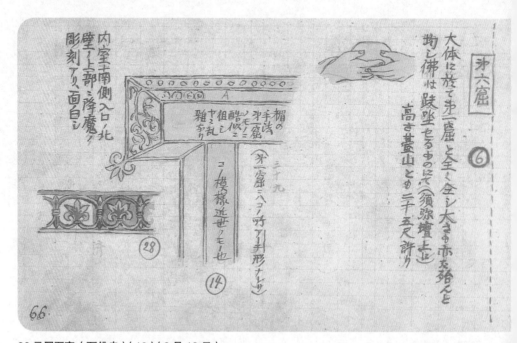

66 云冈石窟（石佛寺）（10）（6 月 18 日）

图上部为第六窟入口上部的门楣。左下部分为亚述风格的花纹。柱子上可以看到来源于伊奥尼亚的旋涡式花
纹，而且作为科林斯风格的一种变体的老鼠籁式花纹的运用也十分常见。

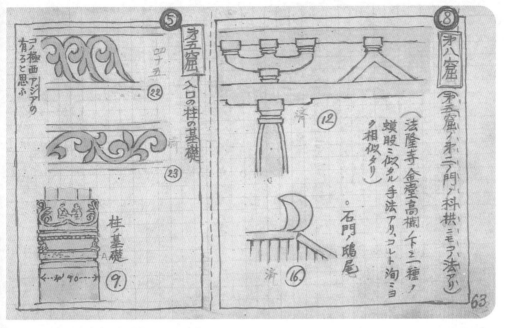

63 云冈石窟（石佛寺）（7）（6月18日）

第五窟内的佛像和装饰的工艺手法都完好地保存着古代风格。图中一斗三升斗拱以及斗之间的人形驼峰、图64 中的高栏杆以及其他花纹等，全部与法隆寺金堂极其相似。（第八窟、第五窟为如今的第十二窟、第九窟）

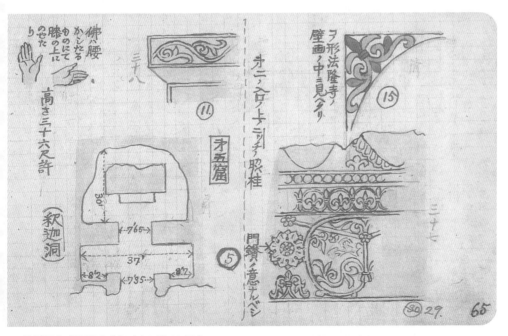

65 云冈石窟（石佛寺）（9）（6月18日）

图右上为第二门的门拱，右下为入口的门楣（正门上方的横梁）上部的设计，其中与法隆寺式相同的花纹不胜枚举。文中的"脇桂"为误记，应为"脇柱"，意为"边柱"；"腰かしたる"为误记，应为"腰かけたる"，意为"坐下"。

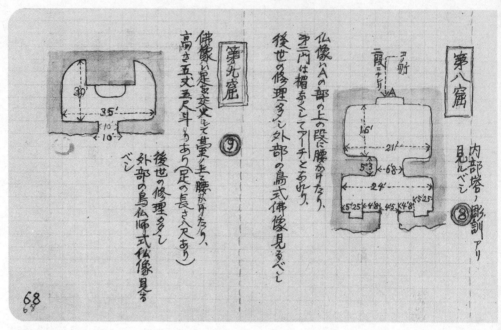

68 云冈石窟（石佛寺）（12）（6月18日）

第八窟与第五窟比较相似，但规模较小。第九窟类似缩小版的大佛殿，其内部很多都在后世进行了重修，外部则保留了大量鸟佛师式的佛像。文中的"雕训"为误记，应为"雕刻"。（第八窟、第九窟为如今的第十二窟、第十三窟）

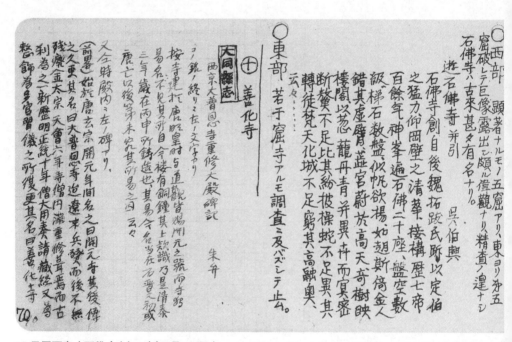

70 云冈石窟（石佛寺）（14）（6月18日）

伊东的调研对象是云冈石窟的中央区域（第二区）。除此之外，还有东部第一区的四个石窟、西部（第三区）的第五窟（如今的第二十窟）的露天大佛等。图左半部分是县志中关于之后探访的慈化寺部分摘抄。

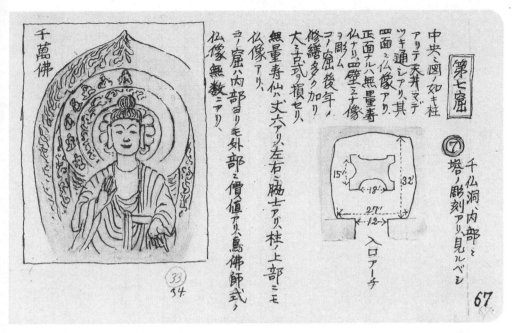

67 云冈石窟（石佛寺）(11)（6月18日）

第七窟和如来殿比较类似，只是规模较小。石窟外部雕刻着无数尊佛像，其容貌、衣纹、光背等都和鸟佛师式完全一样。图左是其中的一例，伊东在日记中表达了当他发现两者如此相似时的惊喜。（第七窟为如今的第十一窟）

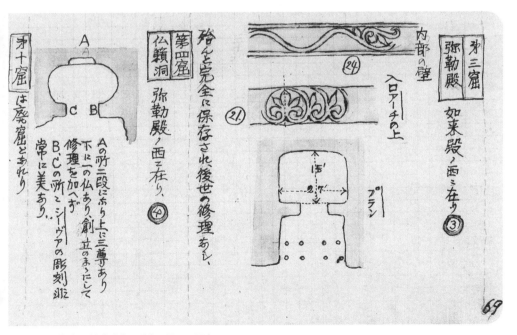

69 云冈石窟（石佛寺）(13)（6月18日）

弥勒殿、佛籁洞都保存得相当完好，第十窟现已经荒废。（第三窟为如今的第七窟）

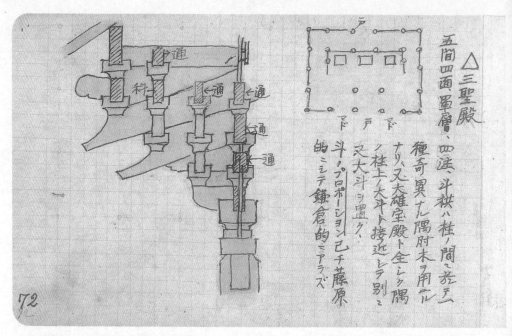

72 大同府（17）善化寺（2）（6月19日）

三圣殿采用了减柱法修建，所以殿内的空间非常开阔。殿内供奉着华严三圣[22]，并立有四座石碑，上面刻有南宋朱弁所作的《大金西京大普恩寺重修大殿记》。"大普恩寺"为善化寺的旧名，又名"开元寺"。

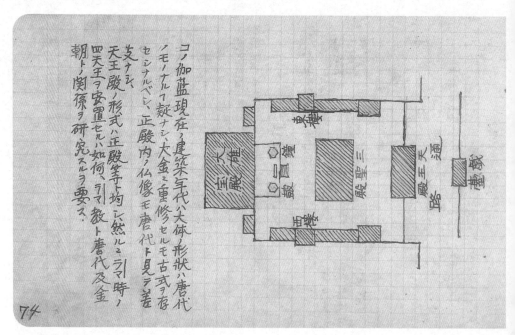

74 大同府（19）善化寺（4）（6月19日）

善化寺始建于唐朝开元年间（713—742年），辽末时在战火中焚毁，金代再次重建。此寺是现存最大的金代建筑物。

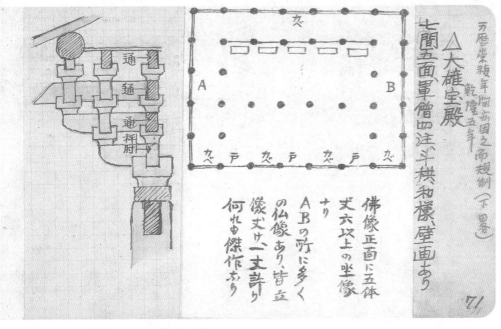

佛像正面に五体

丈六以上の坐像

なり

ＡＢの処に多く

の仏像あり、皆立

像丈け一丈許り

何れも傑作あり

七間五面單僧四注斗栱和樣、壁画あり

△大雄宝殿

万暦未禎年間五回之…規制（下巻）

乾隆五年

71 大同府（16）善化寺（1）（6月19日）

善化寺位于大同市以南，所以也被称为"南寺"。伊东日记中记载："此寺的现存建筑是金天会六年（1128）时重修时所造。大雄宝殿中的斗拱为出两跳，跳之间的距离并不相同。殿内供奉着五尊如来佛像，壁画也是佳作。"文中的"单僧"为误记，应为"单层"。

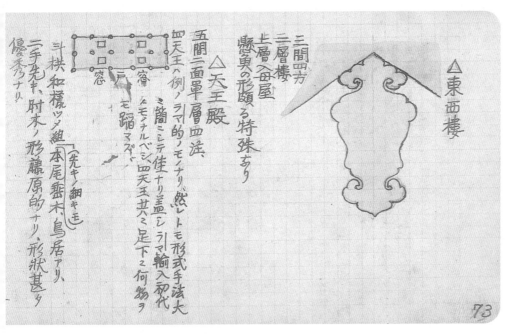

斗栱和樣ツメ組「本尾甜木、鳥居アリ、

二千先キ、肘木ノ形藤原的ナリ、形状甚タ

優秀ナリ

（先キ／細キモ）

五間二面單層四注、

四天王ハ例／ラマ的ノモノナリ、然ルトモ形式手法大

ニ簡ミシテ佳十リ、蓋シラマ的輸入初代

ノモノナルベシ、四天王共々足下ニ何物ヲ

モ蹈マズ

△天王殿

三間四方

二層楼

上層ハ每屋

懸奥ノ形頗ル特殊あり

△東西楼

73 大同府（18）善化寺（3）（6月19日）

天王殿与三圣殿、大雄宝殿一样，均为单层四柱的建筑。寺中的所有殿堂均为"庑殿顶"，比较罕见。唐代时庑殿顶建筑较多，所以此寺中的建筑应该是继承了此种风格。

155

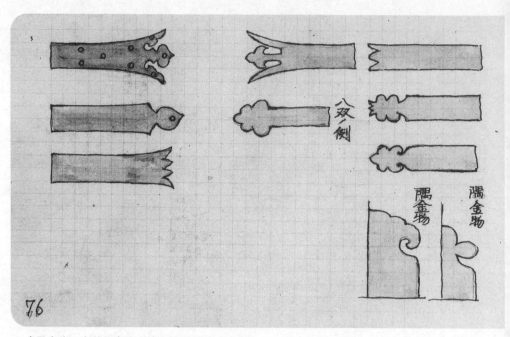

76 大同府（20）善化寺（5）（6 月 19 日）

"八双"是"八双金物"的缩写，意为"角叶，门上起装饰作用的金属条"。水平安装的门轴插入箱型的门枕中。
角叶（隅金物）固定在门的四个角上，起到保护和装饰的作用。

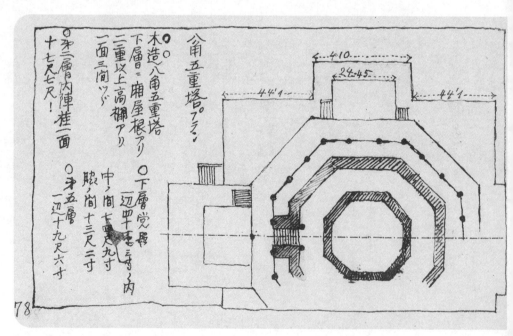

78 应州（2）佛宫寺（2）（6 月 20 日）

塔的第一层屋顶建有飞檐，每一层均面阔一间，进深三间。第一层的檐柱和中柱都用砖块包裹，其他的柱子
为纯木造。每层的柱子都立在连接于下层的檐柱和中柱的横梁之上，并没有采用中心柱。

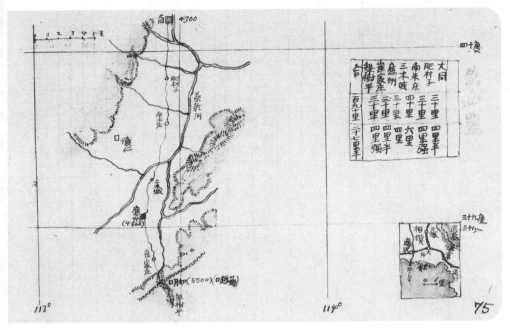

75 地图第四号（大同—梨树平）

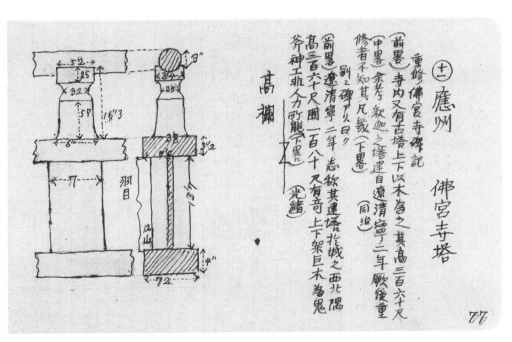

77 应州（1）佛宫寺（1）（6月20日）

佛宫寺位于大同以南三十里的应州，寺内有一座八角五层木造巨塔。根据碑文记载，此塔建立于辽清宁二年（1056），是中国现存最古老的木塔。伊东在日记中记载，"当时几乎是在半癫狂的状态下拍摄照片和研究"，他在对这里的考察中得到了日本建筑"辽代起源"问题的重大启发。

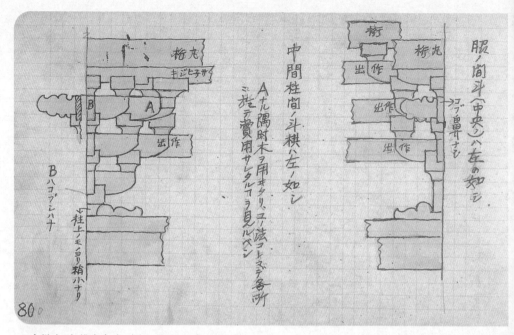

80 应州（4）佛宫寺（4）（6月20日）

明间上方的斗拱如图左部分所示，栌斗比柱头稍小，左右两边有鱼鳍状装饰。图中"A"部分使用了转角拱（隅肘木）。次间中央斗拱与华严寺海会殿类似，使用了图右部分所示的柁墩和驼峰结合的手法。

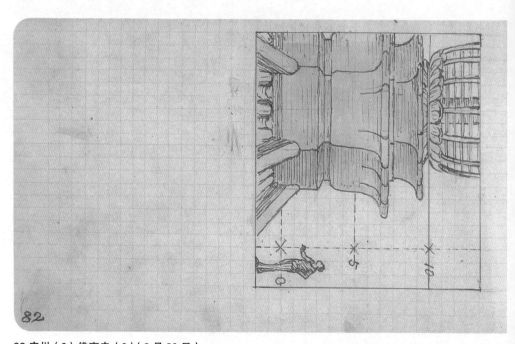

82 应州（6）佛宫寺（6）（6月20日）

佛宫寺塔、大华严寺、善化寺并称大同附近的"辽金三大遗珠"，是中国建筑史中的瑰宝。

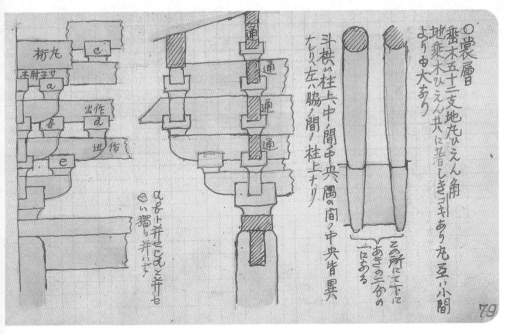

79 应州（3）佛宫寺（3）（6月20日）

图中的斗拱位于明间和次间分界线的柱子上。图右为其横截面图示。这种斗拱样式与善化寺大雄宝殿中斗拱样式类似，建成年代应该比较接近。

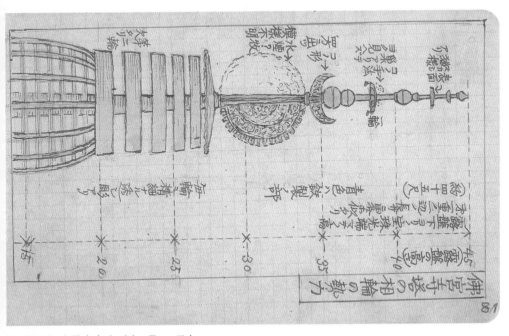

81 应州（5）佛宫寺（5）（6月20日）

中国的木造塔本身就非常稀少，而此塔是一座高达二百数十尺[23]的木造巨塔，更从辽清宁二年（1056）建立之初就将其风格流传至今。伊东在日记中评价道："此塔的工艺构造自如，设计精美，比例协调，令人震惊。"

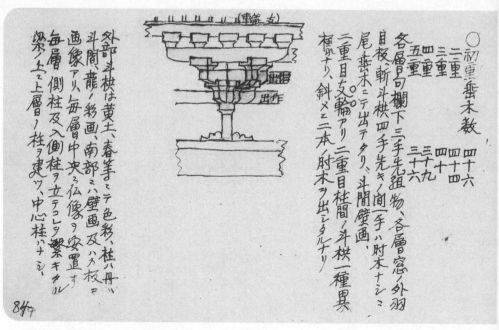

84 应州（8）佛宫寺（8）（6月20日）

佛宫寺塔的椽数依照层数的增加而减少的数量如图右表中所示，递减的程度相对较小，所以外表给人非常稳重的感觉。文中的"繁キタル"为误记，应为"系キタル"，意为"连接着的"。

86 铁吉岭以北的道路（6月22日）

穿越长城如越口的关门，道路变成了缓缓向上、卵石密布的河滩。身边河流传来的潺潺流水声是伊东来到清国以后难得听到的清越之音。

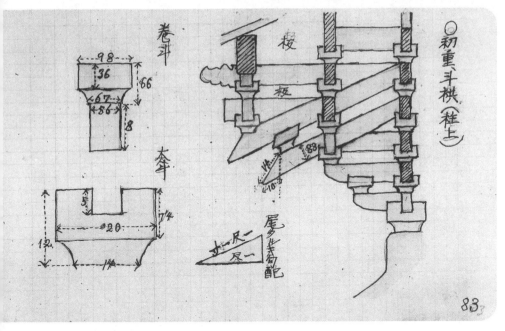

83 应州（7）佛宫寺（7）（6月20日）

图为塔第一层的斗拱。据伊东称，斗拱的整体形状与日本南都药师寺[24]的塔中斗拱非常类似，尤其是其两重昂的手法。栌斗和升（卷斗）等各部件的比例与日本藤原时代[25]的斗拱有着些许区别。

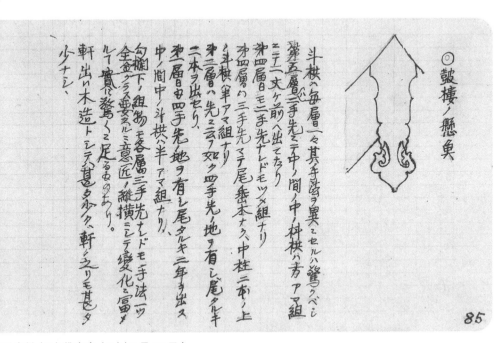

85 应州（9）佛宫寺（9）（6月20日）

文中的"アマ組"，中国称为"以蜀柱和人字拱组成的补间铺作"，指的是斗拱的一种形式。文末的"軒ノ之リ"应为"軒ノソリ"，意为"翼角"[26]。

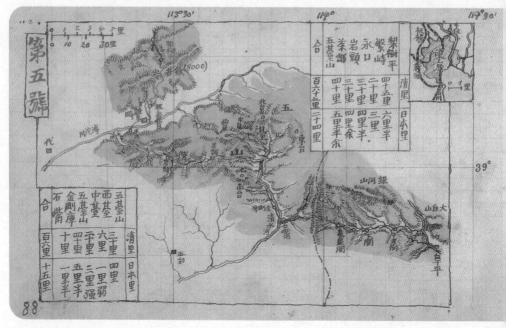

88 地图第五号（梨树平—阜平）

90 五台山（1）巡查（6月23日）

五台山又称"清凉山"，自古就是佛教圣地。"五台"指"东西南北中"五座山峰，海拔均超过3000米，又因山顶平坦宽阔如台状，故得名。五台山中据传有寺庙六十四座（明代《清凉山志》）。图左部分为从繁峙派来的护卫中的巡查。

87 铁吉岭以南的道路（6月22日）

登上河滩之后，眼前是险峻山道。下马牵行，步行爬上山顶就到达了铁吉岭。北望是大同附近一望无际的大平原，南眺则可见五台山的耸立重峦。往岭下的道路则更加峻险，让人胆战。

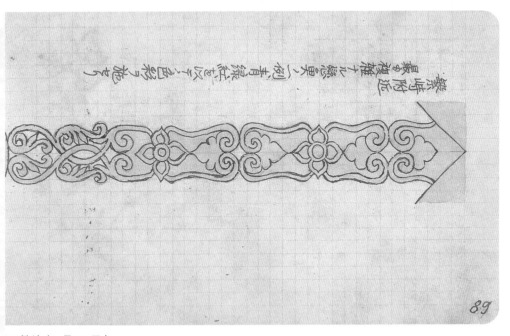

89 繁峙（6月22日）

下得铁吉岭则到达了繁峙，周遭的景观突然变得清水潺潺，鱼跃鸢飞，连畴接陇。北魏立都大同之时，皇帝多次巡游至此，也怪不得此处一片丰饶的景象。

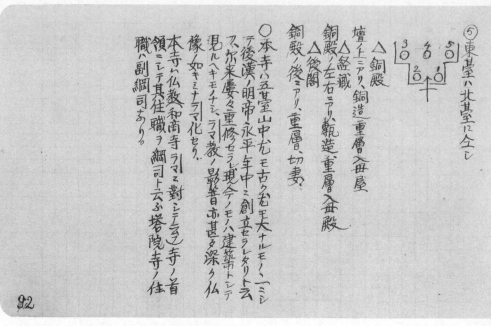

△銅殿

壇ノ上ニアリ、銅造ニ重層入母屋

銅殿ノ左右ニアリ、甎造、重層入母殿

△経蔵

銅殿ノ後ニアリ、重層、切妻。

△後閣

○本寺ノ五堂堂中古ク尤モ古々尤モ大ナルモノハ一ミシテ後漢ノ明帝永平年中ニ創立セラレタリト云フ尓来慶々重修セラレ現今ノモノハ建築也トテ見ルヘキモノナシ、ラマ教ノ影響甚タ深ク仏像ノ如キミナラマ化セリ。

本寺ハ仏教ノ和尚寺ラマニ對シニ之ヲ寺ノ首領ニシテ其住職ヲ綱司ト云フ塔院寺ノ住職ハ副綱司あり。

92
92 五台山（3）大显通寺（2）（6月25日）

大显通寺中现存的建筑都是明清时期所建。铜殿内四壁上有小佛万尊，中央供奉着一尊大铜佛。藏经殿的"入母殿"为误记，应为"入母屋"，意为"歇山顶"。

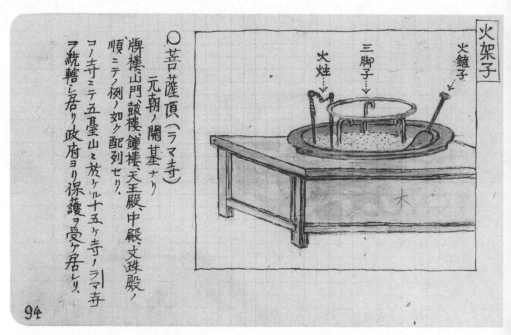

火架子

火鏟子

三脚子

火炷

木

○菩薩頂（ラマ寺）

元朝ノ開基ナリ

牌樓、山門、鼓樓、鐘樓、天王殿、中殿、文殊殿ノ順ニテ倒ノ如ク配列セリ。

コノ寺ニテ五臺山ニ於ケル十五ヶ寺ノラマ寺ヲ統轄シ居リ政府ヨリ保護ヲ受ケ居レリ。

94
94 五台山（5）菩萨顶（1）（6月25日）

"菩萨顶"被认为是文殊菩萨的居所，所以又称作"文殊寺"。明代时藏传佛教徒来到这里，大喇嘛以此处为居所统领了山中所有的藏传佛寺。清代康熙、乾隆两位皇帝都来过此地，对此寺颇有恩泽。

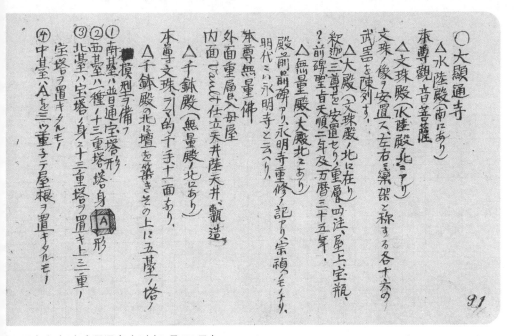

显通寺建造于东汉时期，北魏孝文帝时扩建。唐太宗时重修，易名"大华严寺"，清代时依清太宗的敕命而重建寺庙，复名"大显通寺"。[27]文中"宗祯"为误记，应为"崇祯"。

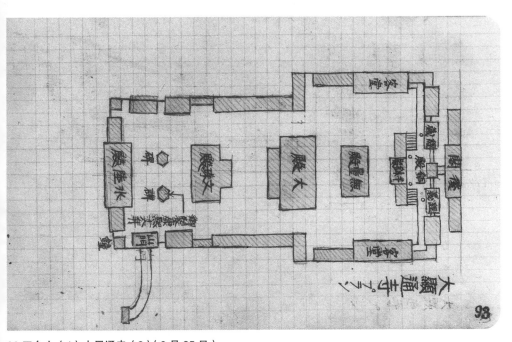

传说显通寺建立之初，因其地形与印度灵鹫峰极为相似，所以又被称作"灵鹫寺"。

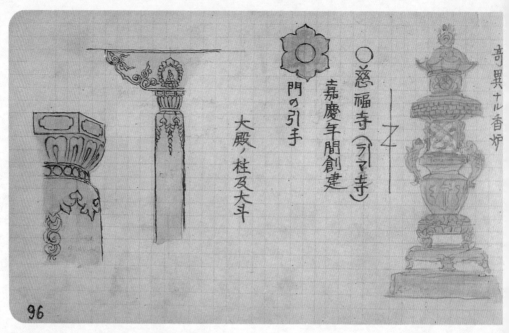

96 五台山（7）慈福寺（1）（6月25日）

慈福寺大殿的柱子可以看到其融入了藏传佛教的风格，这里有与菩萨顶相同的锡杖，内殿中有一尊工艺极为精湛的长寿佛像。

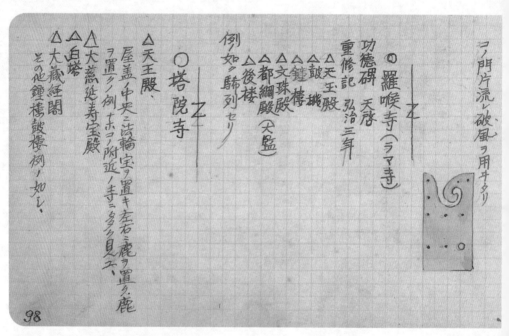

98 五台山（9）罗睺寺（6月25日）

罗睺寺是五台山的五大禅寺之一。始建于唐，明弘治三年（1401）重建。正殿处有一座带机关的莲花台，其莲花的花瓣可以打开，显露出其中的佛像，被称作"开花见佛"，寺庙也因此而闻名。文中的"天王殿"为误记，应为"大王殿"；"骄列"为误记，应为"骈列"，意为"并列"。

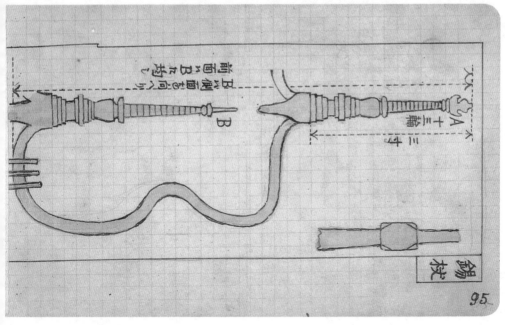

95 五台山（6）菩萨顶（2）（6月25日）

伊东在日记中记载，虽然五台山并不如传说中的山明水秀，建筑中出类拔萃者也较少，更未曾访得学德兼备的名僧，但火盆、西藏锡杖等日常佛具别有一番风味。

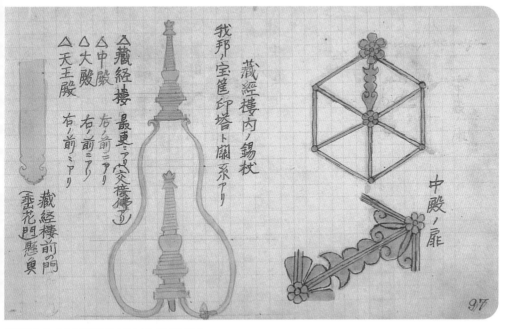

97 五台山（8）慈福寺（2）（6月25日）

慈福寺的塔装饰以锡杖，塔基和塔刹体积很大，相对塔身显得较小。伊东在此见到了这种宝箧印式塔的过渡形式。文中藏经楼的"最更"为误记，应为"最奥"，意为"最深处"。

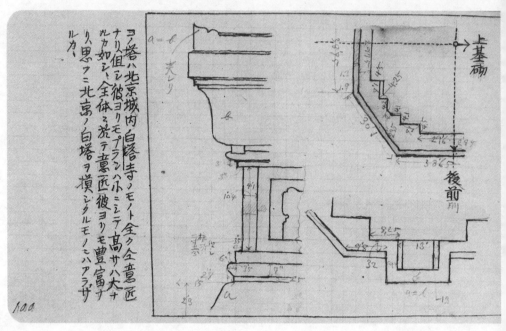

ヨリ塔ハ北京城内白塔寺ノモノト全ク全ク意匠ナリ但シ彼ヨリモプランハ小ニシテ高サ八大十ルカ如シ全体ニ於テ意匠彼ヨリモ豊富ナリ人思フニ北京ノ白塔ヲ摸シタルモノニハアラザルカ。

100 五台山（11）塔院寺白塔（2）（6月26日）

此塔的塔基并不是正八角形，原因不得而知。整体看来，塔基、塔身（球形）、塔刹三部分区隔并不明显，塔顶的宝珠体积也非常小。伊东评价道，这座塔让人感觉似乎是模仿了北京白塔寺的白塔，又刻意加以润饰。

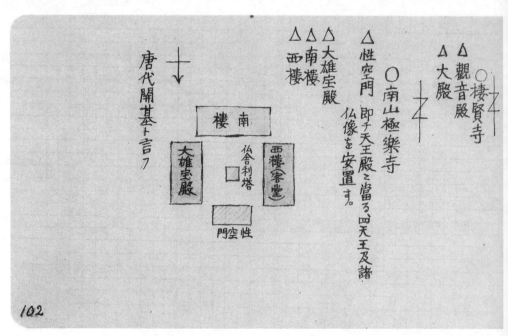

唐代開基ト言フ

南山極樂寺

性空門即チ天王殿ニ當ル四天王及諸仏像を安置す。

102 五台山（13）南山寺（6月26日）

南山寺为佑国寺、极乐寺、善德院的总称。据称建造于元元贞年间，明嘉靖二十年（1591）重修。伊东一行受到了寺庙中僧人的热情款待，并品尝了此处的精致料理。

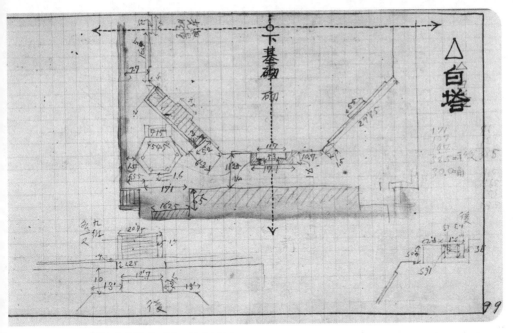

99 五台山（10）塔院寺白塔（1）（6月26日）

塔院寺的名字来源于寺中一座高大雄伟的白塔[28]。传说古印度阿育王将三十个舍利散于各地建塔供奉，塔院寺白塔就是其中之一。寺庙于明万历七年（1580）动工，万历十年（1583）竣工。

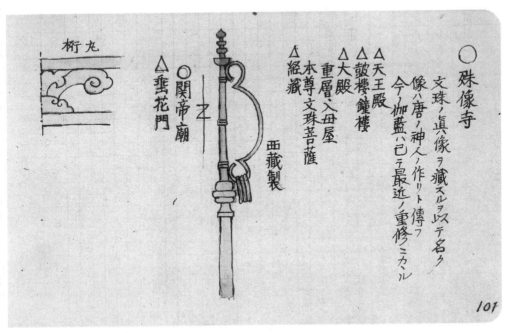

101 五台山（12）殊像寺（6月26日）

殊像寺是五台山的五大禅寺之一，始建于唐，明成化二十三年（1487）重建。大殿（文殊阁）中供奉着巨大的文殊菩萨骑狮像，其身后供奉着释迦三尊，殿内还有五百罗汉像，均为明时期的塑像。但伊东的日记中没有关于这尊文殊菩萨像的记录。

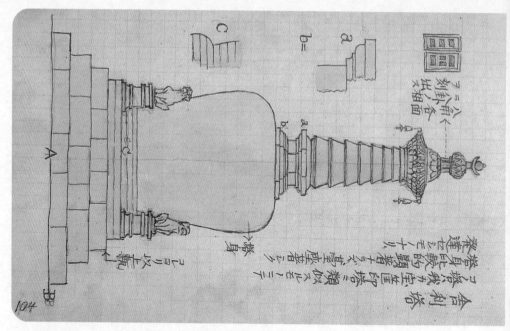

104 五台山（15）南山寺舍利塔（1）（6月26日）

这座舍利塔的建造年代不明，伊东根据其造型风格推断其为清朝中期所建。塔建造在石制的三层高塔基上，特征尤为明显：塔刹部分特别粗大，显得塔身很小。

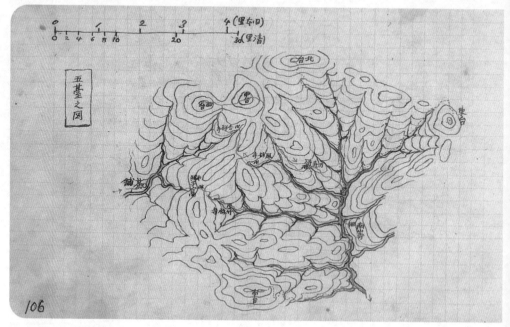

106 五台山（17）五台图

此图描绘了被群山环绕的五台山地形。伊东一行当时经由茶铺进入五台中心的台怀镇，现在更常见的路线是由南而入。

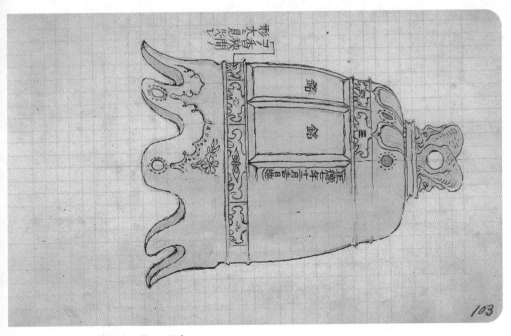

103 五台山（14）钟图（6 月 26 日）

图为南山寺中的大钟，造型优美，伊东将其绘制下来。正德七年为 1512 年。

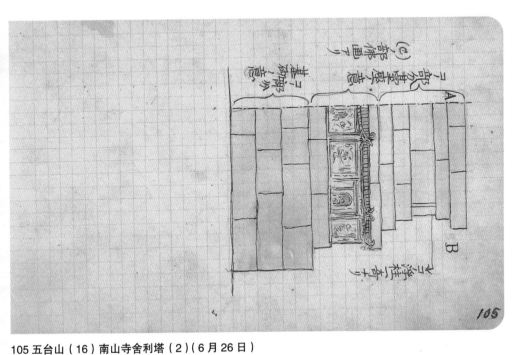

105 五台山（16）南山寺舍利塔（2）（6 月 26 日）

根据伊东记载，虽然此塔的形状尺寸显得相对失衡，但是三层的塔基高大耸立，其上四角设有石狮像，整体上给人感觉设计精妙，调和之感丝毫无损。

108 五台山（19）从中台眺望北台（6 月 28 日）

中台顶比西台更为宽阔，远眺之景也更上一层。此处可以望见为东、西、南、北四台所环绕山谷中的一座座庙宇，伊东一行为这壮丽的景色所陶醉。此处残留着一座塔。

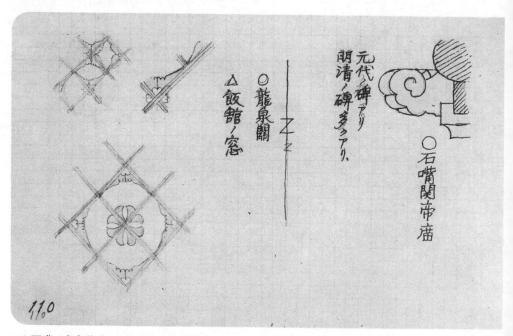

110 石嘴／龙泉关（6 月 29 日—30 日）

伊东离开五台山之后，来到了石嘴。此处有一座关帝庙，庙里有一只长约六尺的豹子标本，伊东打听得知这只豹子在十年前被射杀，而附近应该还有很多豹子。

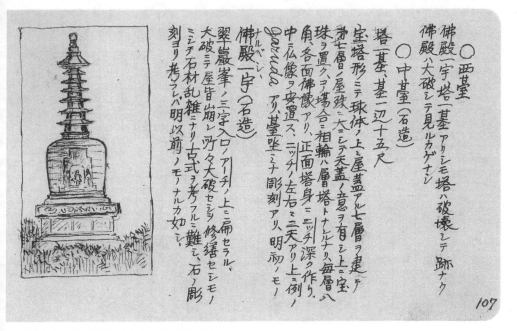

107 五台山（18）西台／中台（6月28日）

根据日记记载，西台的顶部平坦宽阔，花团锦簇，芳草萋萋，宛如一张大绒毯。山顶之处的庙宇寺塔均已崩坏，佛像四散于地，仅留有一处明朝洪武年间所立石碑。伊东一行就在此处打开了午餐便当，品尝随从所带的野葱。

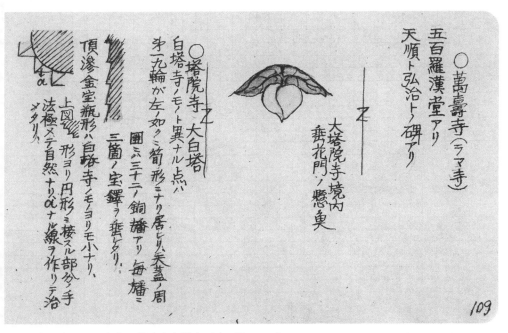

109 五台山（20）万寿寺／塔院寺白塔（3）（6月26日）

五台山原本被认为是文殊菩萨显灵之地，建有很多庙宇，但伊东访问时，庙宇数量已大幅减少，且多数的庙宇都是藏传佛寺，僧人对提问的回答也不得要领。但五台山毕竟是五台山，伊东一行人最终满怀得偿所愿的喜悦前往下一个目的地。文中所提的"白塔寺"参见第一卷图46。

（十三）曲陽　純陽宮（北嶽廟）

唐代ノ闕基ヲ以テ北嶽恒山ノ神社ヲ祭ルモノナリ。其正殿ヲ徳寧殿ト云フ、九間六面重層四注ナリ、内ニ大元国大徳六年ノ鐘アリ、碑ニ宋、代ノモノアリ多クハ明ノモノナリ。宋ノ碑ノ模様ハ明代ノモノト全ク意匠ナリ、建築ハ斗栱多ク斗栱ノプロポーションモ古式ニ合ヘ人恐クハ元代ノ遺物ヲ近年修繕セシモノナルベシ、柱ハ七間三具ヲ備フルニ、尾垂木ハ斜ニ用ヰラレ鳥舌モアリ、モノ如ク細ナラズ、十二叉ノ橀ヨリ鐘ノ形ハ明代ノモノト大抵ニ於テ全ク均シ、只ガ龍頭ノ形奇異ナリ、龍頭ノ頂ニ宝珠アリ上帯ノ周囲ニ乳アリ、饅頭形ノ例ハ蓮瓣ト穴トナリ、下部ハ八葉ミナリ居ル、倒レノ如シ。徳寧殿九間六面ノ周囲一間通リ遊離セル柱ナリ、コノ軸間ハ化粧屋根裏ニテ尾垂木斜ミニ露出シ、例ノ禅的ノ手法（円覚寺舎利殿ノ如き）ニヨレリ、

112 曲阳（1）纯阳宫（6月30日）（下接图115）

曲阳城西有一处历代帝王祭祀北岳恒山神仙的场所。从汉天汉三年（公元前98）汉武帝在此祭祀北岳恒山开始，历代帝王都会重修此处[29]。德宁殿悬有元代忽必烈亲笔题书的"德宁之殿"匾额。文中第八列"鸟舌"，日语中又称作"乌有"，中文为"华头子"，指的是昂和下部拱材连接处的三角形部分。文中的"莽ル"为误记，应为"祭ル"，意为"祭祀"。

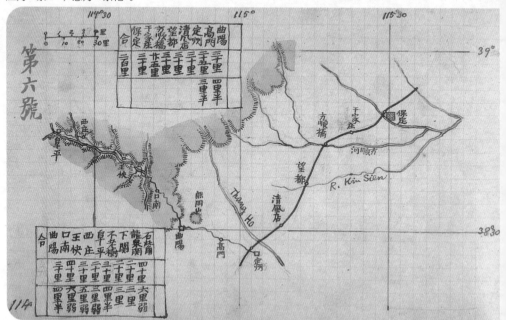

114 地图第六号（阜平—保定）

174

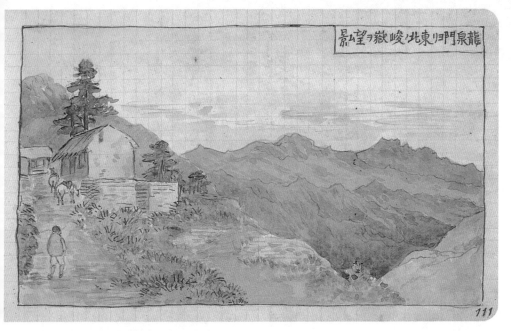

111 从龙泉关眺望东北方峻岭（6月30日）

龙泉关是长城上的一座关隘，位于山西省和直隶省交界处。伊东日记中记载："穿过龙泉关之后，立刻映入眼帘的是脚下深不见底的峡谷。据说此关高五六千尺，而五台山更是高达万尺以上。"

113 从下关眺望银河山（6月30日）

伊东一行在下关小憩，北方是银河山，山顶的轮廓如同锯齿。这里的地理环境若是用日本地形类比，则是五台山的高峰如同浅间山，龙泉关如同轻井泽，银河山如同妙义山，只不过此处规模要庞大许多。

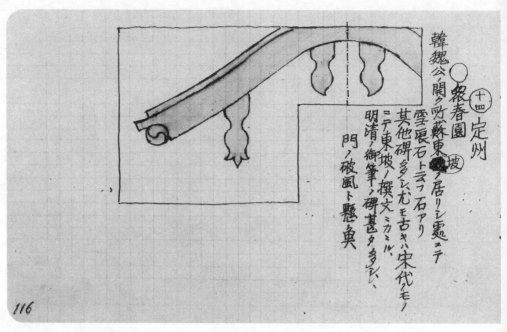

116 定州（1）众春图（7月4日）

定州是古时中山国的都城，如今的定县[30]。城郭面积很大，民家却很少。此处还有一所名为"定武书院"的学校，横川省三的同好松崎保一在此担任过教官。

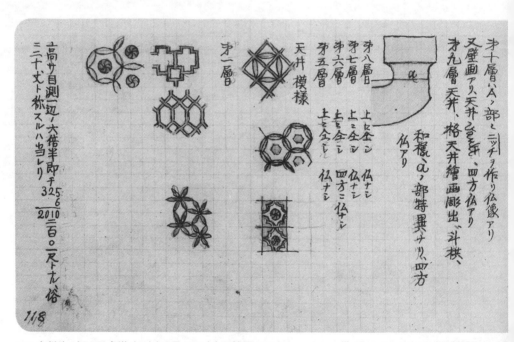

118 定州（3）开元寺塔（2）（7月4日）（下接图121）

塔内采用了穿心式，沿着中央的楼梯可以一直登上最顶层。楼梯顶上的方格天花板绘有精美的图案，而高层的构造又不尽相同。此塔应该是遗存了宋代的建筑风格。

176

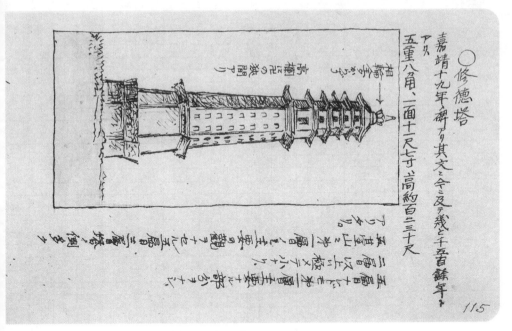

115 曲阳（2）修德塔（6月30日）（上承图112）

这是一座现存的六层八角形宝塔，图中的素描多画了一层。嘉靖十九年为1540年。

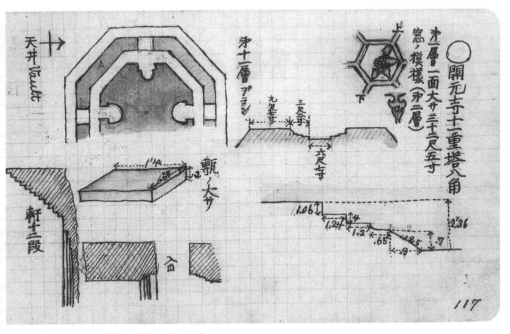

117 定州（2）开元寺塔（1）（7月4日）

定州城内有一座料敌塔（开元寺塔）。此塔建造于宋代，定州位于与契丹交界处，占据重要的军事地位，这座塔也被用来监视敌情，所以被称为料敌塔。塔的上部急剧缩小，整体轮廓呈现出曲线形。每一层塔顶都盖有未经雕琢的带状塔檐。

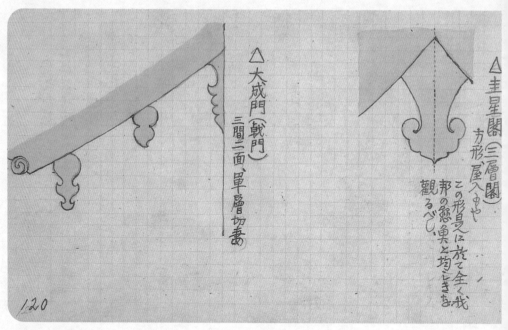

△圭星閣（三層閣）方形屋入母や

この形見に於て全く我

邦の懸魚と均しきを

観るべし。

△大成門（戟門）

三間二面、單層切妻

120

120 定州（5）孔庙（2）（7月4日）

奎星阁的悬鱼如图所示，和日本的形式完全相同。图左部分为大成门上的构件，此处的"梁端悬鱼"实际上是一种用于覆盖遮挡梁末端的设计。

直隷地方警察本部 正中営 前兵営

122

122 定州（7）护卫的士兵（7月4日）

伊东在日记中记载："担任护卫的士兵中有人抱怨一天的俸禄只有四百文，除此以外，没有任何的补贴，所以士兵格外期待能够获得小费。"

178

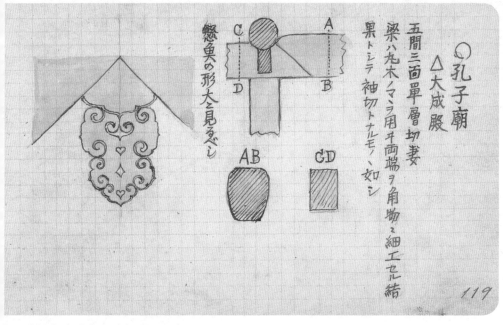

119 定州（4）孔庙（1）（7月4日）

孔庙（文庙）是定州非常重要的建筑，梁的制作工艺如图所示独具特色。图左为悬鱼，相对日本的"三花悬鱼"，此处可以被称作"五花悬鱼"。

121 定州（6）开元寺塔（3）（上承图118）

文中的"sikra"应为"sikkra"，指的是印度建筑中的一种高塔。

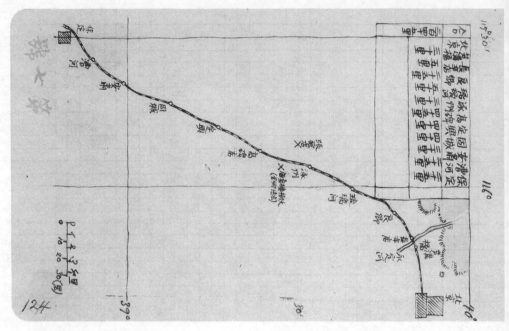

124 地图第七号（保定—北京）

地图描绘的区域内不但包含《三国志》中刘备、关羽、张飞桃园结义所在地涿州，还有着很多连日本人都非常熟悉的春秋战国古迹。

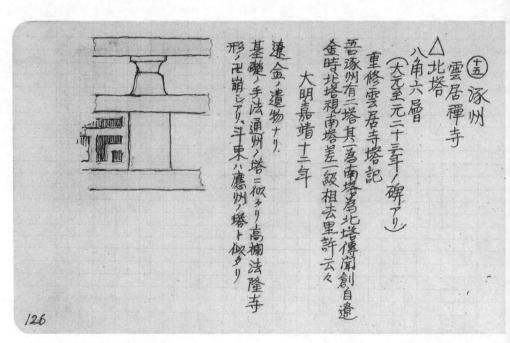

126 涿州（1）云居寺（1）（8月5日）

云居寺中立有南北双塔。文中的至元二十三年为 1284 年，大明嘉靖十二年为 1533 年。《重修云居寺塔记》中详细记载了塔的现状。

123 定州（8）山西旅行一行肖像

山西旅行一行人的画像，分别是横川省三、伊东忠太、宇都宫五郎和岩原大三。如同人的品行各不相同，各人骑乘的马也各有各的习性，这让他们吃了不少苦头。伴随着喜悦和艰辛，四人结伴进行的清国内陆之行最终收获了珍贵的经验和满满的自信。（岩原的画像可参照第一卷图 185）

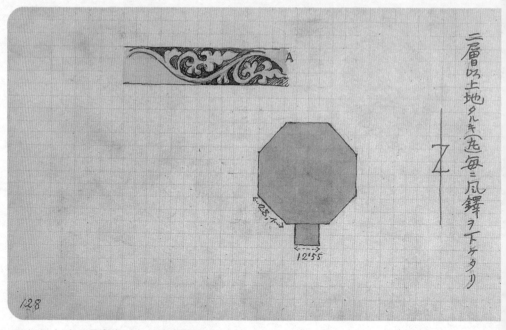

二層以上地タルキ尤毎ニ風鐸ヲ下ケタリ

128 涿州（3）云居寺（3）（8月5日）

图右下部分是北塔的平面图。图左上部分是标记出位于图中 "A" 部分的花纹。[31]

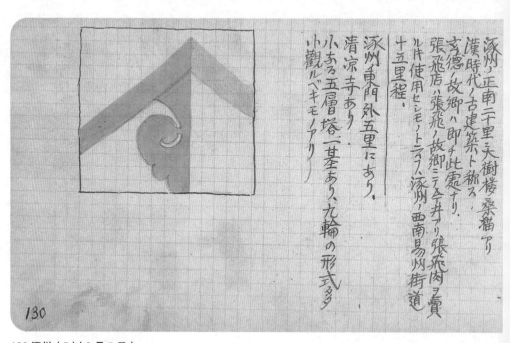

涿州ノ正南二十里ニ天衢楼ノ桑樹アリ

漢時代ノ古建築卜称ス

玄德ノ故郷ハ即チ此處ナリ

張飛店ハ張飛ノ故郷ニテ今井アリ張飛肉ヲ賣

ル片使用セシモノトラフ涿州ノ西南易州街道

十五里程

涿州東門外五里ニあり

清凉寺あり

小さる五層塔一基あり、九輪の形式多

小観ルベキモノアリ

130 涿州（5）（8月5日）

涿州是刘备和张飞的故乡。附近还有很多三国时期的古迹。

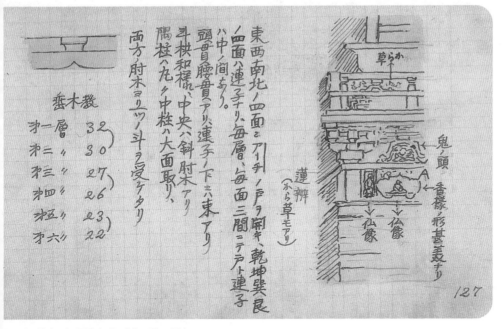

両方ノ肘木ヨリ一ツ斗ヲ受ケタリ、
隅柱ハ九々中柱ハ大面取リ、
斗栱ハ和様、中央ハ斜肘木アリ、
頭貫腰貫アリ、連子ノ下ニハ束アリ、
ハ中ノ間アリ。
ノ四面ハ連子ナリ、毎層、毎面三間ニテ戸ト連子
ノ四面ニアリ引戸ヲ開キ、乾坤巽艮
東西南北ノ四面ニアリ引戸ヲ開キ、乾坤巽艮

椽木数
第一層　32
第二〃　30
第三〃　27
第四〃　26
第五〃　23
第六〃　22

草らか
蓮弁
（カラ草モアリ）
鬼ノ頭ハ香様ノ形甚ダ美ナリ
A
仏像
仏像
127

127 涿州（2）云居寺（2）（8月5日）

每一层的椽数量如图中所记，由此可以看出，塔的轮廓比例非常有趣。以南塔为例，其第一层格外粗大，而第五层又非常细小。文中的"香样"又称作"格狭间"，是一种装饰类型。

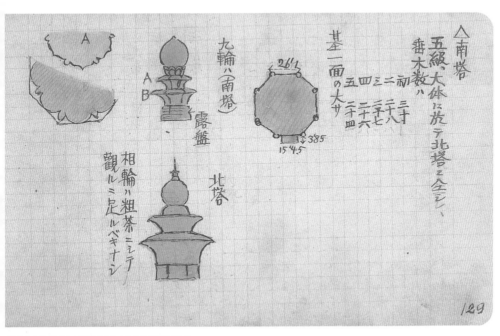

△南塔
五級、大体ニ於テ北塔ニ全シ、
椽木数ハ
初　三十四
二　三十八
三　三十七
四　三十六
五　三十二
基一面の大サ
五四三二初
九輪ハ（南塔）
A
B
露盤
261
385
15 45
相輪ハ粗茶ニシテ
観ルニ足ルベキナシ
北塔

129 涿州（4）云居寺（4）（8月5日）

两塔的九轮部分如图所示，因为原建筑样式均于后世被改建而变样，伊东在日记中称对此"并无兴趣"。文中的"粗茶"为误记，应为"粗笨"。

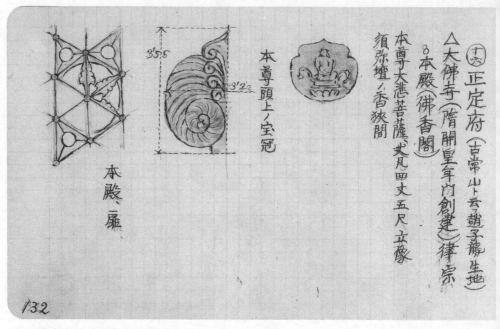

132 正定府（1）大佛寺（1）（8月7日）

大佛寺最初名为龙藏寺，宋朝初年改名为龙兴寺，清朝康熙年间又改称隆兴寺。寺内供奉着一尊现存最大的铜佛像，所以一般也被称为大佛寺。大佛寺的占地面积可以说和北京雍和宫不分伯仲，是一座规模非常宏大的寺院。

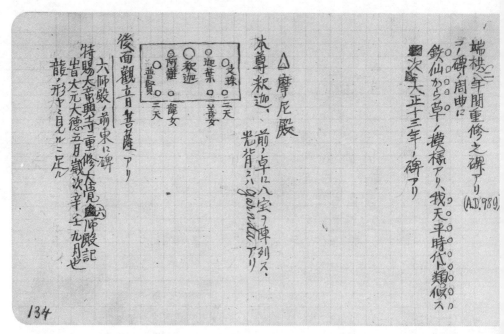

134 正定府（3）大佛寺（3）（8月8日）

寺内的建筑中，最古老的当数北宋皇祐四年（1052）建造的摩尼殿。此殿是一个东西向稍长的方形建筑，各面都设有抱厦。殿除去抱厦处设有出入口，其他均为厚墙。殿内极具盛名的观音像制作于明代。文中的"コノ碑ノ周曲に"为误记，应为"コノ碑ノ周囲に"，意为"此碑的周围"；"大正十三年"记述意义不明，疑为误记。

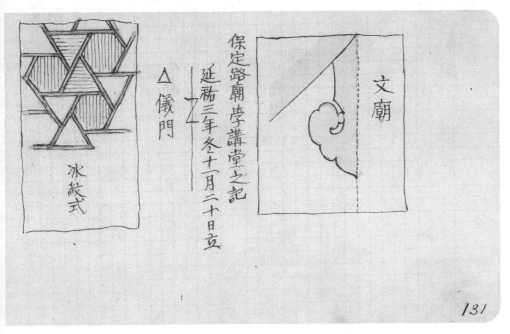

保定路廟学講堂之記
延祐三年冬十月二十日立
△儀門
冰紋式
文廟

131 保定府（8月6日）

保定有一座引人注目的孔庙。图为仪门上的榫卯细木窗格，由三角形和六角形组合成几何图案，类似于"冰纹"。

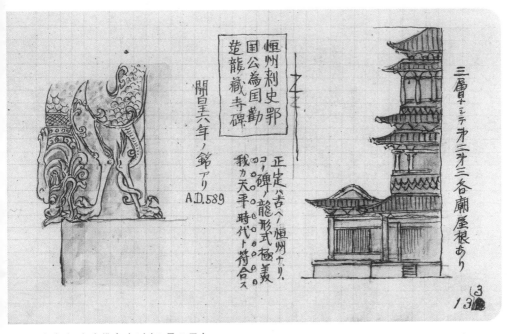

恒州刺史郭国公為国勤造龍藏寺碑
開皇六年ノ銘アリ
A.D.589
正定ハ古ヘノ恒州ナリ。コノ碑ノ龍形式極メテ美シ。我カ天平時代ト符合ス
三層ニシテ第二第三各廟屋根あり

133 正定府（2）大佛寺（2）（8月8日）

正殿[32] 为三层建筑，第二层和第三层都有飞檐。这种建筑风格和在日本被称作"二重二阁"的药师寺金堂的样式非常类似。大悲阁旁边立有一块著名的隋代石碑[33]，碑文标题周围刻有龙型浮雕，美轮美奂。

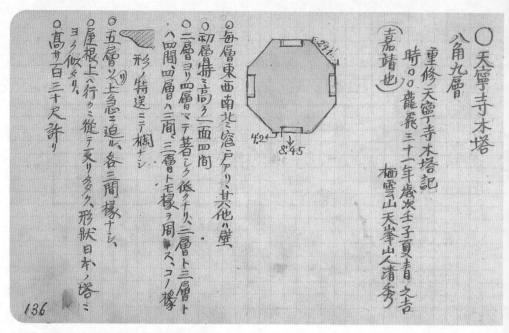

○天寧寺木塔
八角九層
時○○龍飛三十一年歳次壬子夏青之吉
重修天寧寺木塔記
（嘉靖也）
栖雲山天峯山人清秀

○每層東西南北窓ニ戸アリ、其他ハ壁
○初層特ニ高ク、二面四間
○二層ヨリ四層マテ著シク低クナリ、三層ト三層ト
八四間、四層ハ三間、三層ハモ様ヲ周ス、コノ様ト
形特送ニテ棚ナシ
○五層ハ土急ニ迫ル、各三間緣ナシ
○屋根上ニ行ク急ニ縋シテ又リ多ク、形狀日本ノ塔ニ
ヨク似タリ
○高サ百三十尺許リ

136

136 正定府（5）天宁寺塔（1）（8月9日）

天宁寺据传建立于唐代，目前只残留下小佛殿和一座宝塔。天宁寺塔从样式来看，应该是辽金式塔的变种，所以推断其建造年代是元代。[34] 虽然是一座砖塔，但是其各层的屋檐以及四层以上的斗拱均为木制，所以又被称作"木塔"。文中的"特送ニテ"为误记，应为"持チ送ニテ"，意为"牛腿"。

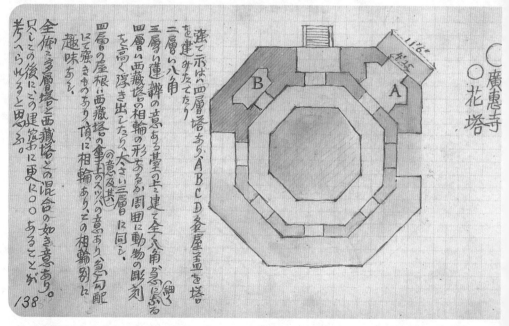

○廣惠寺
○花塔

遠ニ示スハ四層塔ナリ、ABCD各屋ニ並ヒヲ塔
二層ハ八角
三層ハ八角
四層ハ西藏塔ノ相輪ノ形アルモノ周圍ニ動物ノ彫刻
ヲ高ク浮キ出シタリ、大キニ三層ニ同シ
四層ノ屋根ハ西藏塔ノ寶珠ノスパイ意アリ急ニ約アリ配
ニテ強キモノアリ、頂ニ相輪アリ、その相輪別ニ
趣味アル。

全体ニ多層塔ト西藏塔トノ混合ノ如キ意アリ。
只シこの後ニこの建築ニ更ニ○○あることが
考へられると思ふ。

138

138 正定府（7）广惠寺（1）（8月9日）

广惠寺仅残留宝塔一座，但是此塔的样式独一无二。广惠寺花塔是普通的多层塔与藏式塔结合的样式，层数也难以区分。八角形的塔身中，四面建有与塔相连的六角形扁平套室，其上载有小塔，整体呈现出五塔的形式。

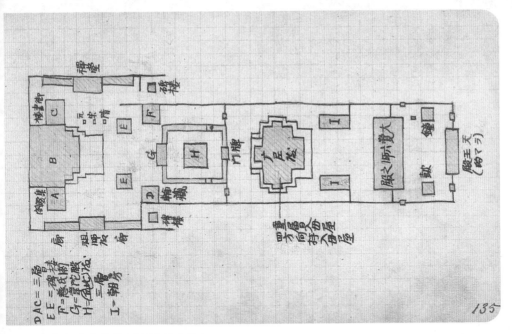

135 正定府（4）大佛寺（4）（8月8日）

大佛寺的建筑布局图。图中的"B"为佛香阁（大悲阁）。平面图中央为"摩尼殿"的略记。

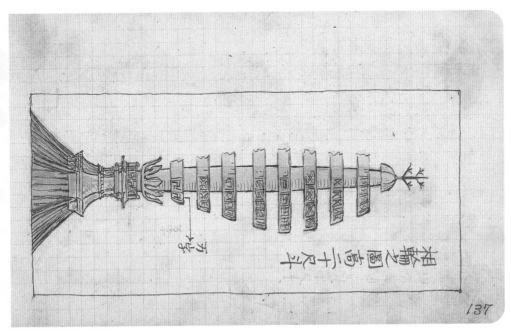

137 正定府（6）天宁寺塔（2）（8月9日）

塔四层以下屋檐的缩进度较小，四层以上缩进度骤然变大，这应该是重修时比较随意所致。伊东对塔刹的相轮评论道："相轮的九轮中第五轮尺寸很大，上下轮都较小，这种设计却并未让人感觉到和塔身有违和之感。"

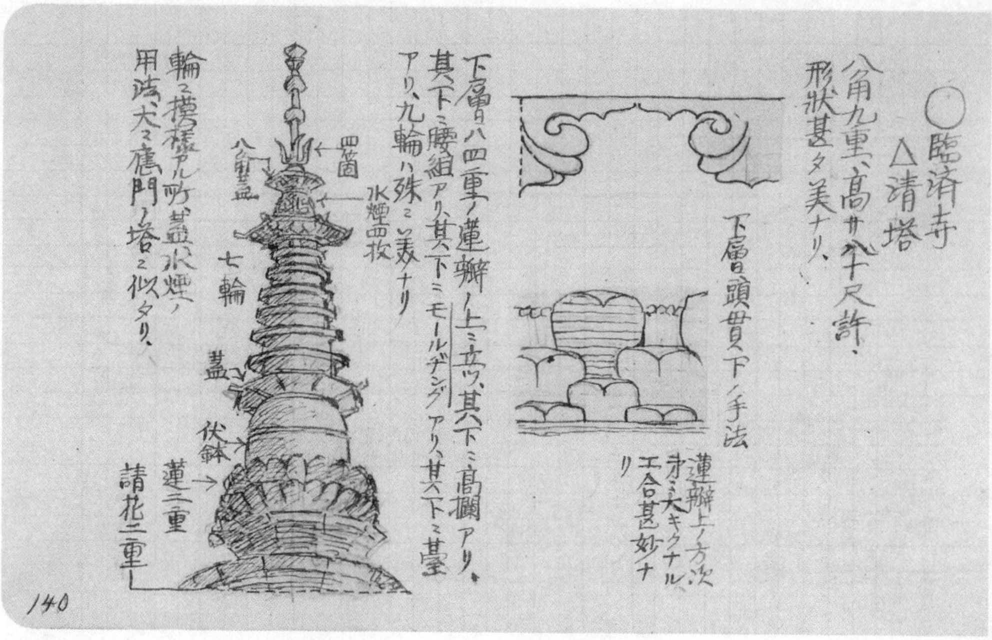

140 正定府（9）临济寺（1）（8 月 9 日）

正定是唐代临济禅师[35]的故地。据说咸通七年（866）为收藏禅师的衣钵而建塔于此。此塔形态严整，细节优美，是一座清晰秀丽的宝塔，但是欠缺了一些辽金式塔的大气，所以建成年代有待进一步研究。文中的“应门”为误记，应为“应州”。

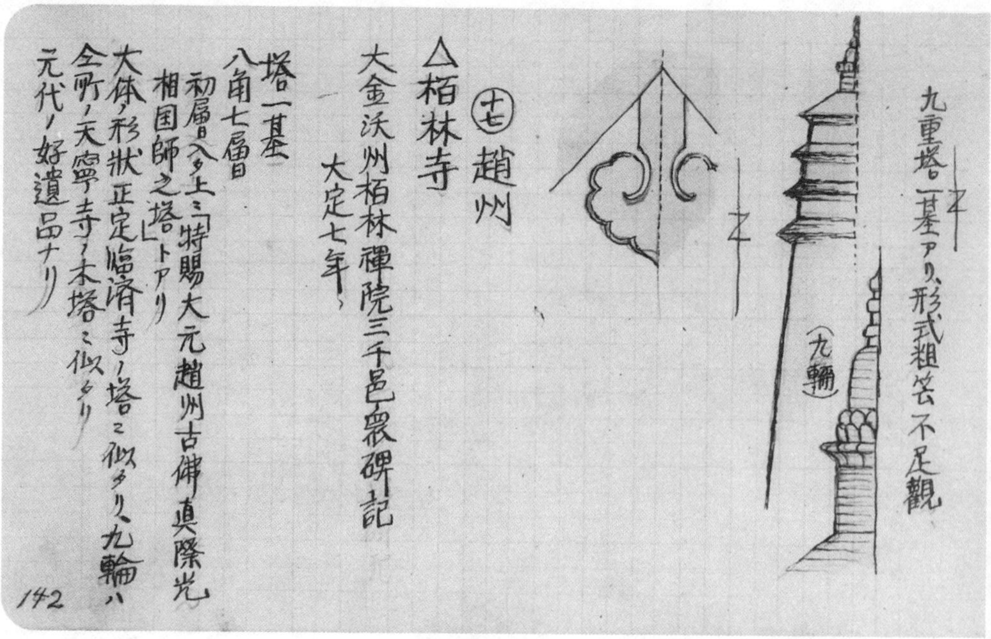

142 赵州（1）柏林寺（1）（8 月 12 日）（下接图 145）

赵州（今赵县）有一座名为柏林寺的古寺。金代所立的石碑上所记载的大定七年为 1167 年，所以可以推断此寺为金代建造。寺内的一座塔的入口处刻有元代铭文[36]，所以推测此塔为元代时所建。文中的“粗笠”为误记，应为“粗笨”；“初層入夕上”为误记，应为“初层入口上”。

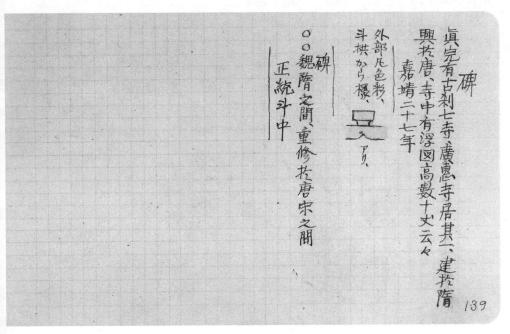

139 正定府（8）广惠寺（2）（8月9日）

塔身第四层表面密密麻麻地雕刻着小佛龛和动物，远远看上去像一颗裂开的松果。此塔看上去像是花束，被当地人称为"花塔"。

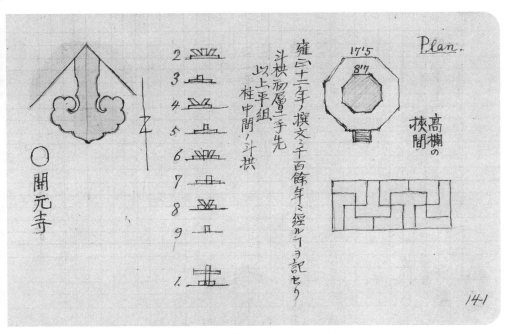

141 正定府（10）临济寺（2）（8月9日）（下接图163）

雍正十二年（1734）所立的石碑距离寺庙初建已经过去一千多年。虽然上面记载了寺庙建造的故事，但应该是雍正时期重修寺庙时所立。每一层的飞檐翼角的风格不尽相同。

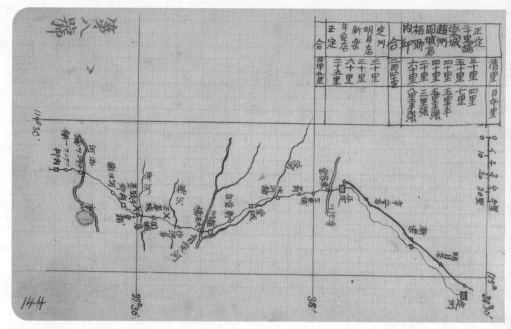

144 地图第八号（定州—内邱）

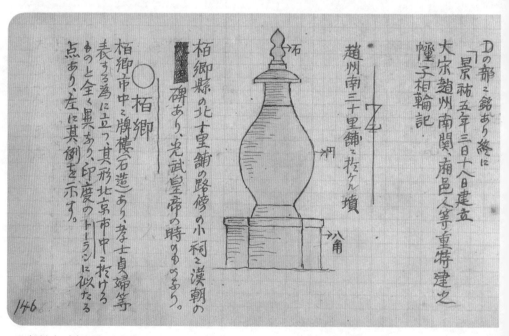

146 赵州（3）（8月12日）

三十里铺处，伊东注意到了一座坟墓。八角形的台基上立有中部明显鼓出的瓶装小塔。柏乡县以北十里铺处有一处小祠堂，其内有一座汉碑，碑上记载此为汉光武帝即位之处千秋台的旧址。[37] 文中第二列的"三日"为误记，应为"三月"。

190

143 正定二十里铺（8 月 11 日）

如题所示，此处为距离正定二十里的小村庄，但根据地图所示，这里的实际距离为清朝的三十里（日本的约四里）。图为一行人离开正定后，在此处吃早餐时的情景。

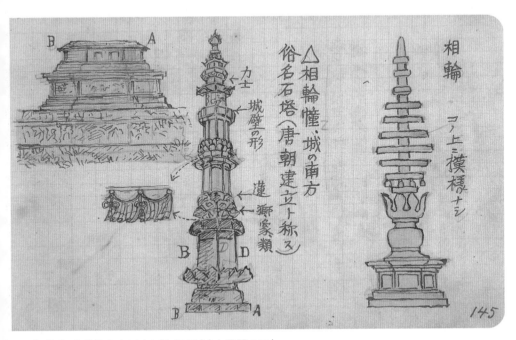

145 赵州（2）柏林寺（2）（8 月 12 日）（上承图 142）

图右部分为柏林寺塔的塔刹。露盘，扁平球体，请花，七轮，其上载有三只小轮，这些都和正定天宁寺木塔属于同一类型，但是其上部的工艺手法让人略感粗糙。

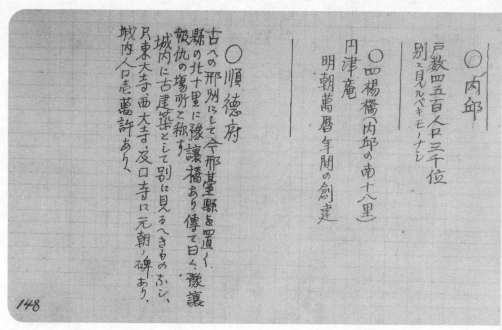

148 内邱／顺德府（1）（8月13日）

顺德府古称邢州，今为邢台市。城内有开元寺（东大寺）、天宁寺（西大寺）两处大寺院。东大寺的塔称作"大圣塔"，为七层八角砖塔；西大寺的塔为三层八角结构，两者为同时代的建筑。文中的"豫让"为战国时期著名的刺客。

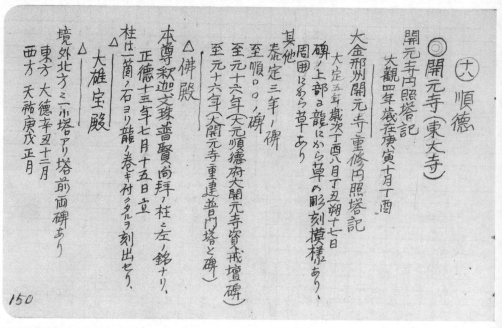

150 顺德府（2）开元寺（1）（8月15日）

开元寺内有诸多佛堂和佛塔，还有非常引人注目的石碑。佛殿的柱子上刻有"正德十三年"的铭文，为1518年。小塔西边的石碑上刻有"天祐庚戌正月"的字样，但是天祐年间并无庚戌年，疑为误记，应为"乾祐"[38]。

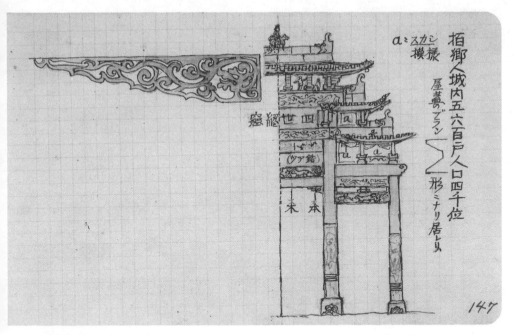

147 柏乡的牌楼（8 月 13 日）

此图为图 146 左半部分所介绍的牌楼素描图，文中的"トーラン"为梵语"torana"，中文为"托拉纳"，意为"围绕在塔周围的石墙上的门"。

149 从顺德眺望西山（8 月 13 日）

通往顺德的道路是一片大平原，往西眺望可见奇峻的山脉，伊东日记中记载，"这座山为鹤度山"。图为伊东当时所作的写生。

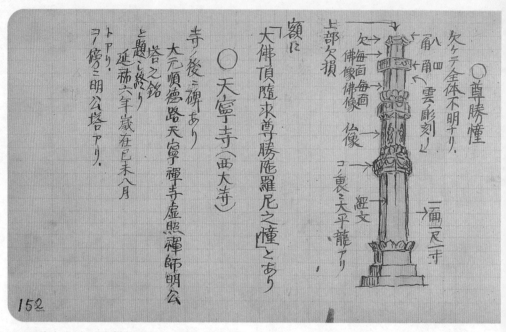

152 顺德府（4）开元寺（3）/天宁寺（1）（8月15日）

关于天宁寺的建造时期并没有传说留存，寺庙只残存了一座砖塔。塔的碑文上记载为元延祐六年（1319）。图右部分为开元寺的尊胜幢[39]。

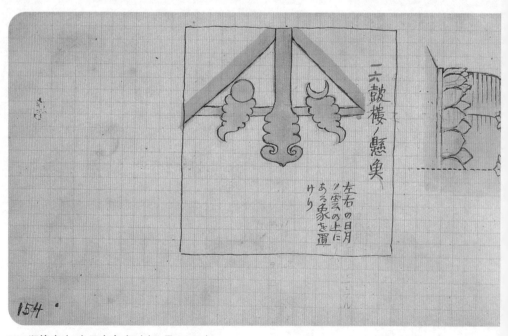

154 顺德府（6）天宁寺（3）（8月15日）

图为天宁寺鼓楼上的悬鱼，形为日月浮云，十分罕见。

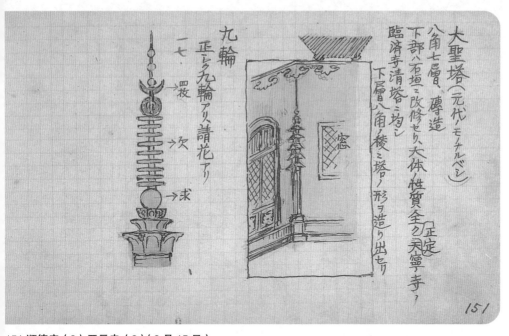

151 顺德府（3）开元寺（2）（8月15日）

大圣塔建于元代，为七层八角建筑。塔刹的九轮如图所示为正九轮形，和日本的九轮相类似。

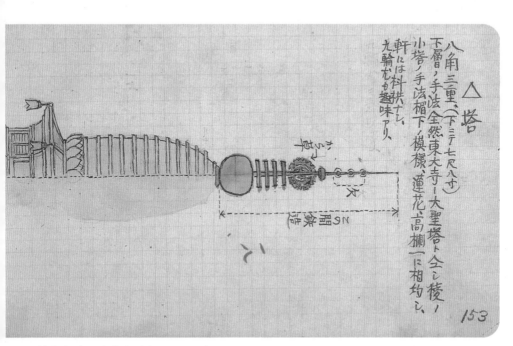

153 顺德府（5）天宁寺（2）（8月15日）

天宁寺塔[40] 的三重檐上建有大型的覆钵，其上立着请花和笋状的相轮，顶上则为铁质的小轮。根据伊东记载，"这些都是鲜明的藏式塔风格"，所以可以推测其确为元代所建。

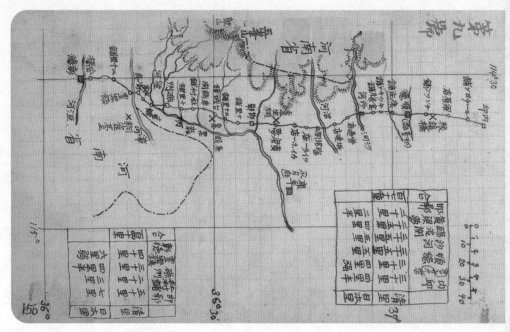

156 地图第九号（内邱—邯郸—彰德）

158 磁州（1）（8月17日）

从邯郸南下来到杜村铺附近，此处道路平坦，清溪淙淙，水中莲花、萍蓬、菱角娇嫩新鲜，鱼群穿梭游戈。
对于刚刚还在和沙尘、泥泞"搏斗"的伊东来说，这一切宛如梦境。文中的"州衙内内"为误记，应为"州
衙门内"。

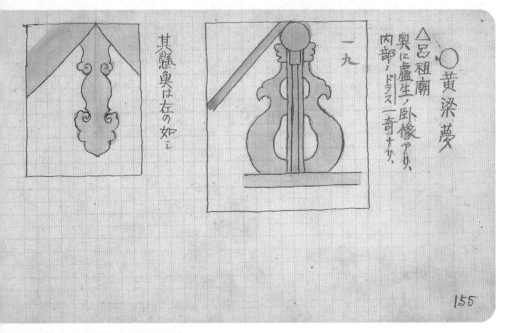

其懸奧は左の如し

一九

○黄梁夢
△呂祖廟
奧に盧生ノ卧像アリ、
内部、ドラス一奇ナリ。

155 黄粱梦（1）吕祖庙（8 月 16 日）

黄粱梦是卢生"五十年荣华一梦"传说的所在地，这个故事记载于中国唐代小说《枕中记》中。城中有吕祖庙，内殿中有卢生卧像。图为庙内建筑工艺手法样例。

黄梁夢ノ宿舍

157 黄粱梦（2）宿舍（8 月 16 日）

日记中记载："从前一晚投宿的地方出发继续南行，由于连日大雨，道路被水淹成了小河。马车行驶其中，连车轴都被淹没，就好像乘船一样，十分有趣。"伊东一行在此用了早餐，图为同行的岩原大三饭后饮茶的场景。

160 磁州（3）漳河码头图（8 月 18 日）

从磁州出发继续往南约三十里就来到了漳河边。此处是直隶（今河北）与河南的省界，伊东一行乘船渡过
了漳河。图为码头上八九名赤裸的壮汉正在装卸马车辎重。日记中写道："他们吵吵嚷嚷大声叫骂的样子格
外滑稽。"

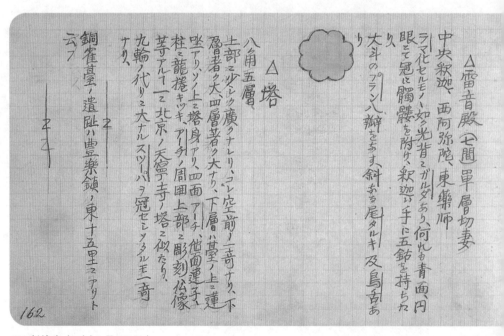

162 彰德府（2）（8 月 18 日）

塔的建造手法和北京天宁寺非常类似。因为时间关系，并没有前往曹操所建的铜雀台遗迹参观。

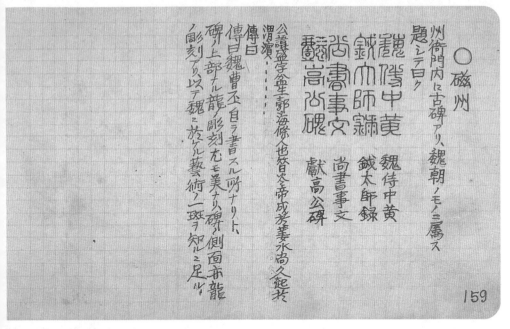

159 磁州（2）（8月17日）

磁州（今河北磁县）因产磁石而得名。衙门内所立魏朝古碑如图所示，碑文稀疏平常，但石碑上部雕刻的龙以及侧面细刻花纹十分有趣。

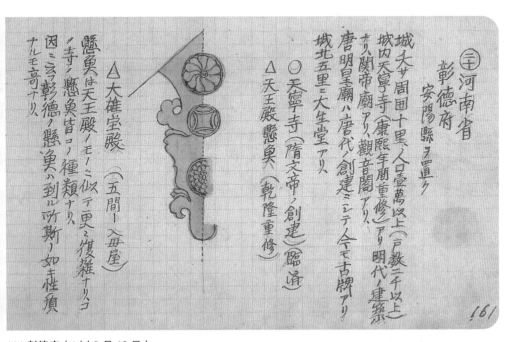

161 彰德府（1）（8月18日）

三国时期，魏国的枭雄曹操在彰德府（安阳县）定都，北齐时此处再次被立为都城。今隶属河南省安阳市。伊东在此处参观了天宁寺的寺院。

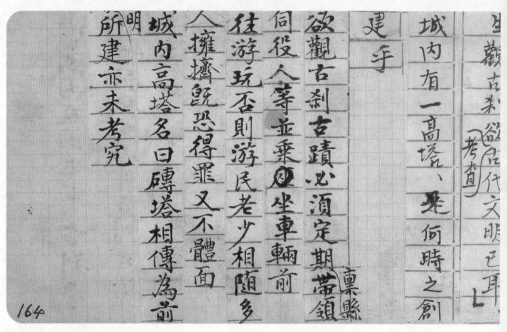

164 正定府（12）与知府笔谈（2）

知府先是误以为伊东想要借宿于古寺中，之后又提出需要有差人陪同才能前往调查。

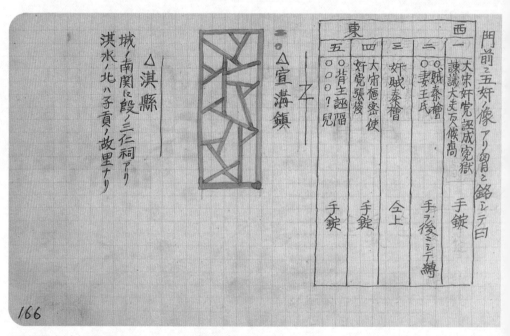

166 汤阴（2）（8月19日）

图为宜满县某户人家的榫卯细木窗格，看似没有规则但蕴含着某种规律，这种手法被称为"冰纹"。城中岳飞庙前有秦桧夫妻等五人的跪像。这五个奸臣在死后也受着人们的唾弃。

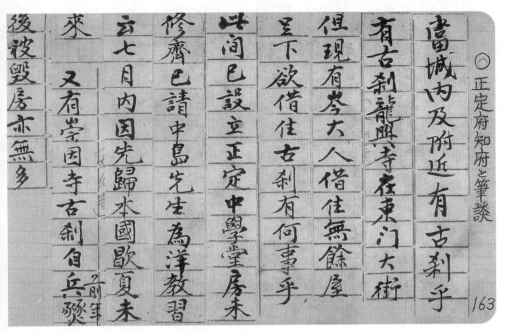

〇正定府知府と筆談

當城内及附近有古刹乎

有古刹龍興寺在東門大街

但現有峯大人借住無餘屋

呈下欲借住古刹有何事乎

興間已設立正定中學堂房未

修齋已請中島先生為洋教習

云七月内因先歸本國歇夏未

來　又有崇因寺古刹自兵燹

後被毀房亦無多

163 正定府（11）与知府笔谈（1）（上承图141）

在正定府与知府进行笔谈的记录，此处的笔记是后期粘贴到伊东日记上的。笔记内容是他想要调研古寺而向知府进行的一些咨询。

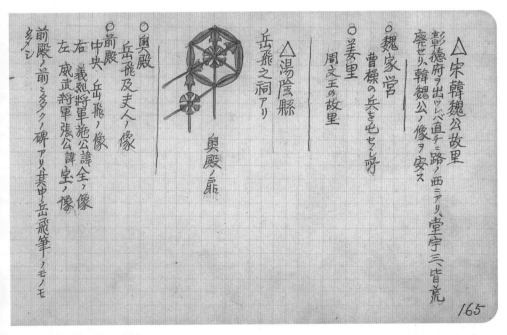

△宋韓魏公故里
彰徳府ヲ出ツレバ直チニ路ノ西ニアリ、堂宇三、皆荒廃セリ、韓魏公ノ像ヲ安ス

〇姜里
周文王の故里

〇魏家営
曹操の兵を屯セシ所

△湯陰縣
岳飛之祠アリ
奥殿ノ扁

〇奥殿
岳飛及支人ノ像

〇前殿
中央　岳飛ノ像
右　義烈將軍施公諱全ノ像
左　威武將軍張公諱堂ノ像

前殿ノ前ニ多クノ碑アリ、其中岳飛ノ筆ヲモノモ多シ

165 汤阴（1）（8月19日）

汤阴县的县令（县长）邀请伊东一行前往行台。此处设施完备，官员纷纷前来迎接，并设宴款待了他们。

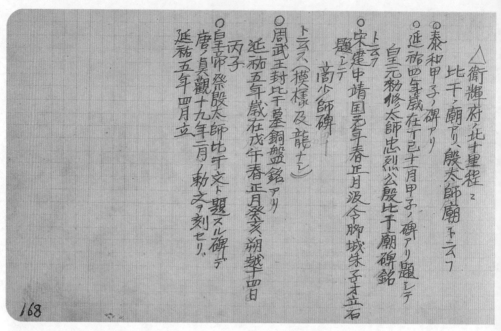

△衛輝府ノ比干墓程ニ
比干ノ廟アリ、殷太師ノ廟トス○

○泰和甲子ノ碑アリ

○延祐四年歳在丁巳十二月甲子ノ碑アリ題シテ
皇元粉修太師忠烈公殷比干廟碑銘
トス

○宋建中靖国元年春正月汲令脚城朱子才立石
題シテ
高少師碑
トス、（模様及龍ナシ）
丙子

○周武王封比干墓銅盤銘アリ
延祐五年歳在戊午春正月癸亥朔越十四日

○皇帝祭殷太師比干文ト題スル碑ニデ
唐ノ貞観十九年三月ノ勅文ヲ刻セリ
延祐五年四月立

168 卫辉府（1）（8月21日）

殷商时的纣王是历史上有名的暴君，司马迁《史记》中"酒池肉林"的故事几乎无人不知、无人不晓。比干是纣王的伯父，因劝谏纣王停止他的残暴行径，被挖心而死。

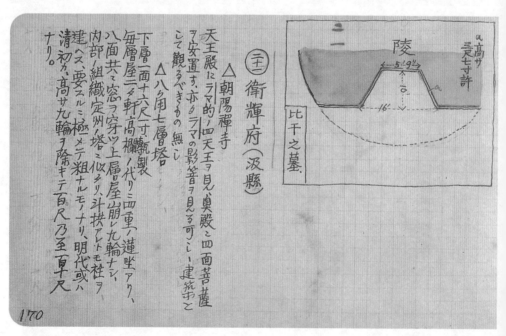

陵
a高サ三尺七寸許
比干之墓

（三十）衛輝府（汲縣）

△朝陽禅寺
天王殿ニラマ的ノ四天王ヲ見ハ奥殿ニ四面菩薩ヲ安置ス、亦タラマノ影響ヲ見ルヘシ、建築ニシテ観ルヘキモノ無シ

△八ヶ用七層塔
下層一面十六尺一寸、甎製、毎層屋二タ軒ノ高欄ヲ代リ三重、蓮坐アリ、八面共ニ窓ヲ穿ツ上扇ノ屋崩レ九輪ナシ、内部ノ組織定州ノ塔ニ似タリ、斗拱アレトモ粗ナルモノナリ、明代或ハ清初カ、高サ九輪ヲ除キテ百尺乃至百尺ナリ。

170 卫辉府（3）（8月21日）

比干墓周围古碑林立，根据日记记载，"有些据传甚至是孔子亲笔所题的碑文"。文中的"建ヘス"为误记，应为"建テズ"，意为"没有建造"。

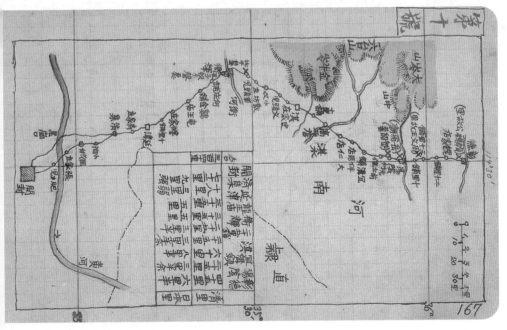

167 地图第十号（彰德—开封）

169 卫辉府（2）（8月21日）

后人为了纪念比干而建比干墓来拜祭他。这座墓应该是在比干死后很多年才建造[41]。图170为比干墓的平面图。

比干在民间又以"文财神"为人们所熟知。

172 卫辉府（5）（8月22日）

罪犯戴着二尺见方、厚约三寸的头枷，并用粗大的铁链锁在石狮的脚上。此人的情绪却很稳定，或吃着看客给的食物，或与围观的闲人谈笑。

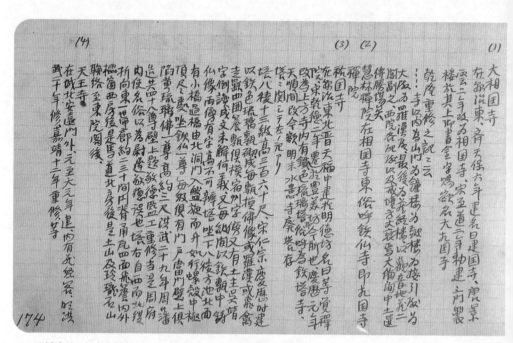

174 开封府（1）府志摘抄（1）（8月24日）（下接图179）

开封（祥符县）早从战国时魏国在此定都开始，就有很多古代王朝以此作为都城。特别是作为北宋都城时，并且在古籍中多有着墨的繁华富丽。

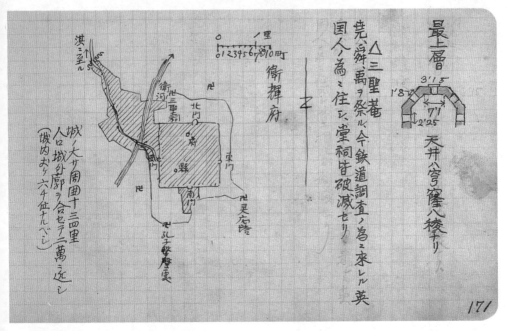

171 卫辉府（4）（8月22日）

汲县是卫辉府的中心，曾经是商朝纣王时期的首都，也是所谓"朝歌夜弦"的发生地。城中繁华热闹，有很多英法传教士，也有很多从事铁路建设的英国工程师往来于此。

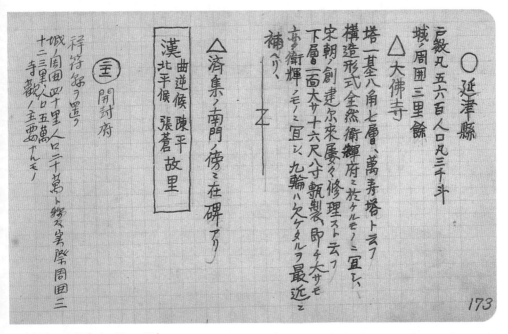

173 延津　大佛寺（8月23日）

日记中记载："途中并没有什么可看的东西，困意又不断袭来，于是唱起了《朝颜日记》中宿舍中的桥段……"
参观过大佛寺的塔之后，还参观了其他两个地方。陈平和张苍都是汉代初期的政治家。

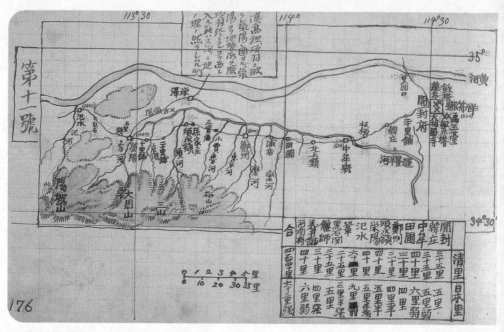

176 地图第十一号（开封—汜水）

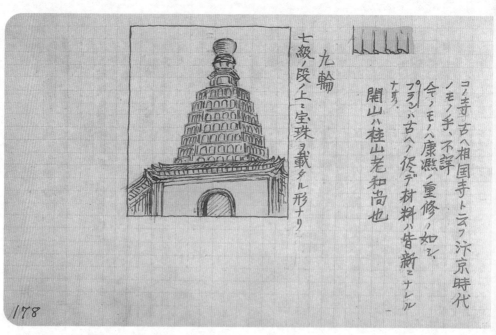

178 开封府（4）繁塔寺（2）（8月26日）

繁塔虽为塔，但是从外表来看更像是一座三层的阁楼。从塔外观察，外壁上镶嵌着很多佛像雕砖。塔刹部分建成九层小塔的样式。

黄河渡津

175 开封府（2）黄河码头

黄河是一条"大浊水"，河水颜色为黄色甚至近乎于红色。三四艘渡船来往于河面上，顺流而下直至远方。目测水路大约十里，需要航行四十分钟。

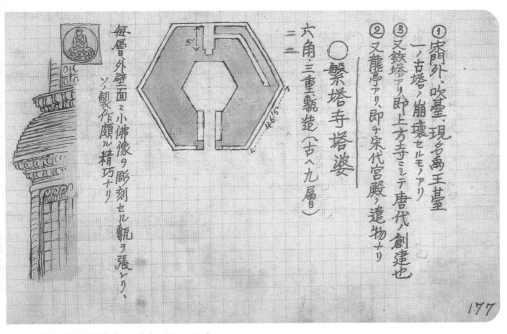

177 开封府（3）繁塔寺（1）（8月26日）

城外东南方有繁塔寺，寺中繁塔建造于宋太宗太平兴国二年（977），是一座六角九层的大塔，明太祖时铲去了上面六层。伊东根据高约九丈三尺的三层繁塔来推测当初建成时的高度。

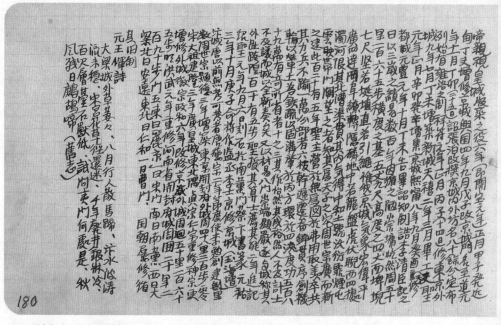

180 开封府（6）府志摘抄（3）

开封是著名的古都，战国时魏国就曾在此定都，五代十国时期，也曾是梁、晋、汉、周等国的都城。到了宋代，作为都城汴京极盛一时。

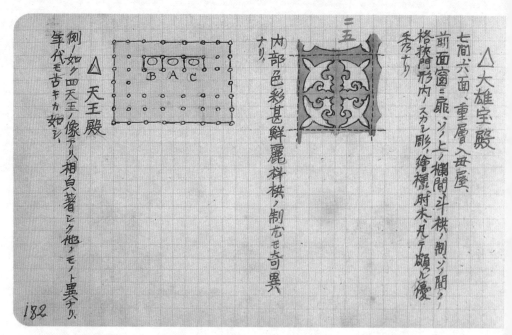

182 开封府（8）相国寺（2）（8月27日）

罗汉殿又称"八角殿"，殿中央供奉的千手千眼观音像为乾隆时期所造，用一棵完整的银杏树雕刻而成，是一尊非常珍贵稀有的四面佛像。

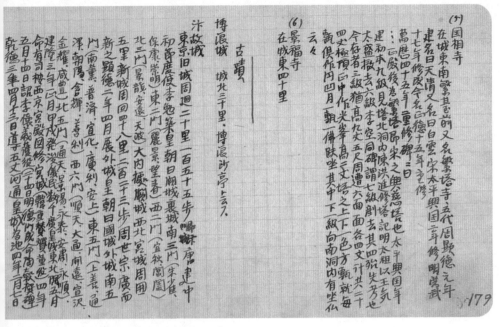

179 开封府（5）府志摘抄（2）（上承图174）

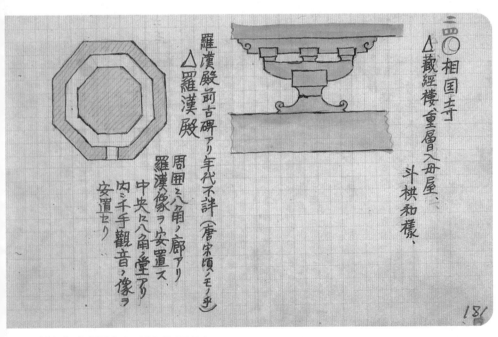

181 开封府（7）相国寺（1）（8月27日）

相国寺建造于北齐天保六年（555），最初名为建国寺，唐景云二年（711）更名为相国寺。其宏大的伽蓝和精美的建筑都称得上出类拔萃。

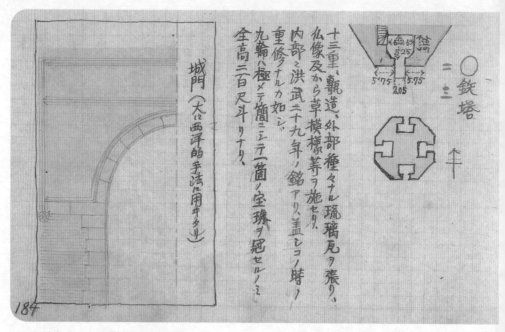

184 开封府（10）铁塔（8月27日）

佑国寺（开宝寺）的塔俗称铁塔，是一座十三层八角琉璃塔。因为塔身为铁锈色，所以得名"铁塔"。塔外壁覆盖的琉璃砖雕有佛龛、飞天等各种纹样，据说有五十种以上。

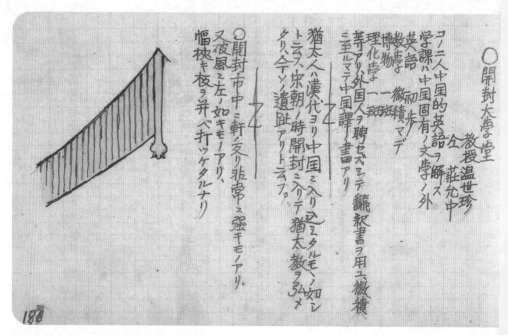

186 开封府（12）开封大学堂（8月28日）

开封城中曾有犹太教堂，现在的遗迹只剩下孤碑一块。伊东在日记中记载道："听说碑上刻有希伯来文，然而前往探访却没有发现所谓希伯来文。"当日还访问了开封大学堂。

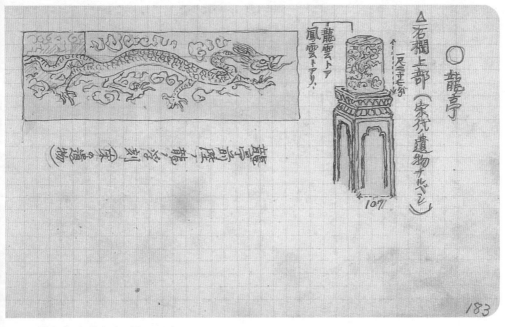

183 开封府（9）龙亭（8 月 27 日）

龙亭是宋朝宫殿的遗迹。当年的宋代古皇宫如今已经成为一片荒野和池塘，只有龙亭保留了下来。图为宋朝时的文物。

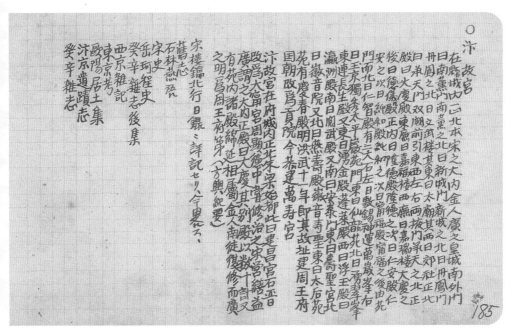

185 开封府（11）府志摘抄（4）（上承图 180，下接图 187）

宋代汴京的繁华景象如今记录在《清明上河图》上，以及《东京梦华录》等书中。[42]

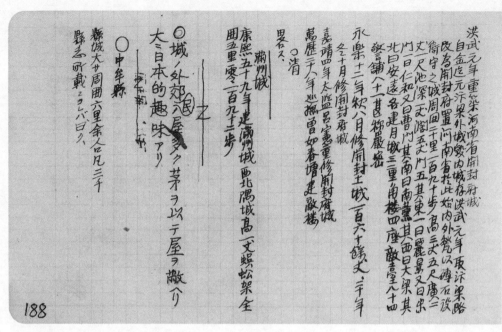

188 开封府（14）府志摘抄（6）

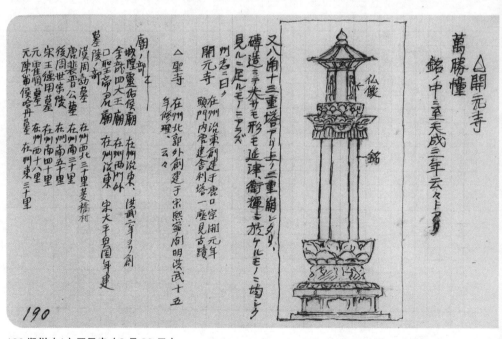

190 郑州（1）开元寺（8月30日）

郑州有一座名为开元寺的古寺，寺内有一座十三层八角塔。图中的万胜幢据伊东记载可能为唐代的文物。

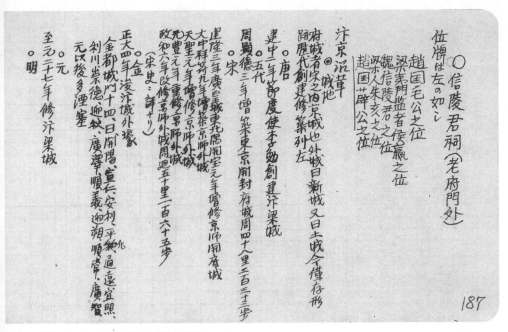

187 开封府（13）府志摘抄（5）（上承图185）
信陵君是战国四君子之一，魏昭王之子，传说其门下曾养有门客三千人。

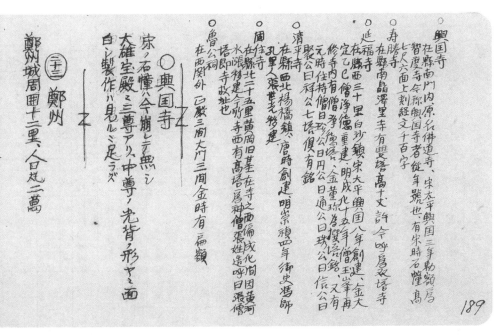

189 中牟　兴国寺（8 月 30 日）
虽然在中牟县城中参观到了兴国寺，但并没有见到县志中记载的石幢。城南有一座寿圣寺，其内建有两座高约十丈的宝塔，故又被称为"双塔寺"。虽然还有其他值得探访的有趣场所，但是伊东没有时间前往。

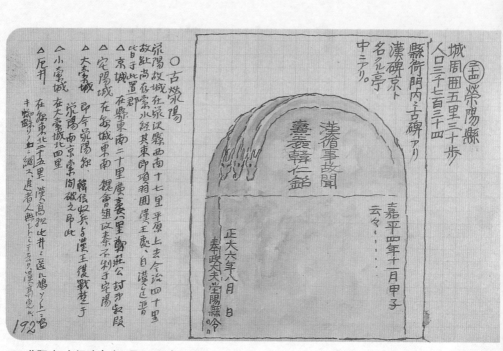

192 荥阳（1）汉碑亭（8月31日）

汉碑亭中的古碑上雕刻着一种造型古朴的石龙。碑文中"正大六年"为1229年。图左部分为县志内容的摘抄。

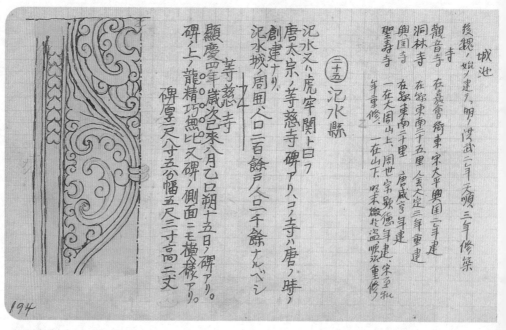

194 汜水（1）（9月1日）

汜水县位于汜水与黄河的交汇处。从此处往前都是山路。虎牢关是进入洛阳盆地的关口。伊东写道："站在城北的小山丘上四处眺望皆为胜景，眼前所见的就是所谓'地势雄伟'吧。"

191 郑州（2）附近的农家（8月30日）

从中牟到郑州的途中，种满了毛豆、高粱、甘薯。道路因为连日阴雨而积水成川，都漫到了马的腹部。

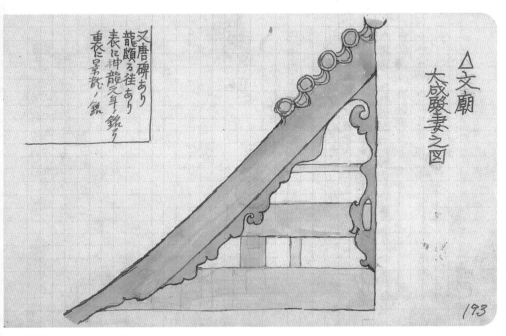

193 荥阳（2）文庙（8月31日）

荥阳城中的文庙（孔庙）内立有一块古碑，正面碑文刻着的神龙元年是705年，背面碑文中的景龙二年即708年，也就是日本的和铜元年。伊东评价道："碑上雕龙雄浑奇拔让人惊叹。"

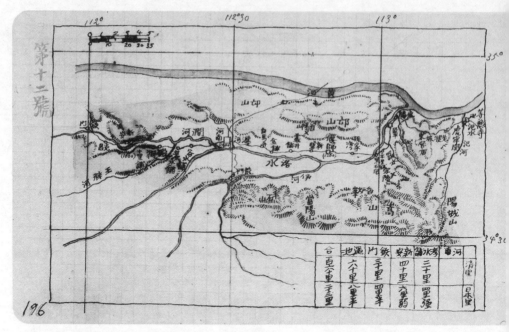

196 地图第十二号（汜水—河南—铁门）

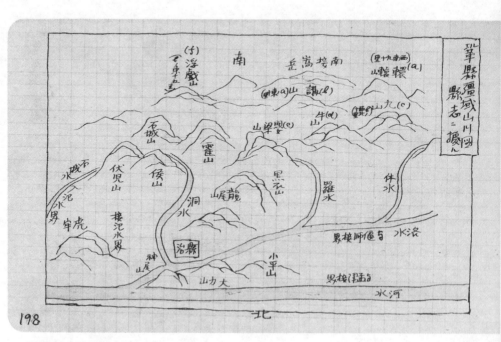

198 巩县（3）山川图（1）

虽然伊东在巩县中途落脚，但没有时间去探访如今有名的"巩县石窟"。

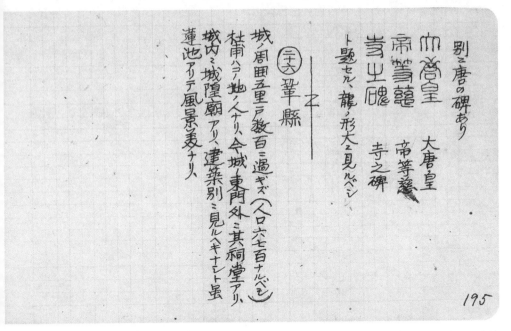

別ニ唐の碑あり

卜題セル、龍ノ形大ニ見ルベシ

大唐皇

帝等慈

寺之碑

〔三六〕鞏縣

城ノ周圍五里戸數百ニ過ギズ（人口六七百ナルベシ）
杜甫ハ此ノ地ノ人ナリ、今城ノ東門外ニ其祠堂アリ、
城内ニ城隍廟アリ、建築別ニ見ルベキナシト雖
蓮池アリテ風景美ナリ人

195

195 汜水（2）/巩县（1）（9月1日）

城外等慈寺有两座古碑。其中一座刻有显庆四年（659）的碑文，石碑上部有精巧无比的雕龙。另一座年代不明，上有如图所示的碑文，碑上的雕龙也称得上绝妙。

鞏縣城内蓮池

197

197 巩县（2）城内莲池（9月1日）

巩县的城隍庙虽然并不那么有趣，但附近有一座大莲花池。池塘以古城墙为背景，伊东对此评价道"水清华芳，荷叶之中还立有一座牌楼，真是颇有雅趣的景色"。

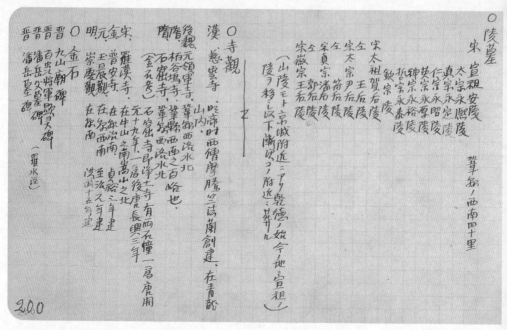

200 巩县（5）县志摘抄（9月2日）

伊东听说与巩县隔洛水相望之处有石窟寺，与洛阳的龙门属于同种形式，但是没能前往调查。

202 偃师（2）窑洞图 巩县附近（9月3日）

黄河与洛水交汇的洛口周围有很多窑洞。大多是在垂直的黄土层侧面挖孔而成，有一室、二室乃至三室。采光处设在洞口，也有的采用在高处开小窗的方式。

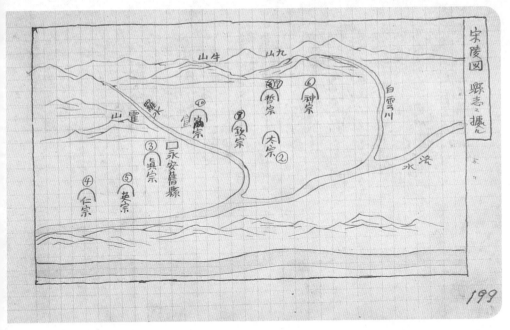

199 巩县（4）山川图（2）

巩县有宋代的陵墓群，埋葬着宋王朝的历代皇帝。图中编号表示了皇帝即位的顺序。

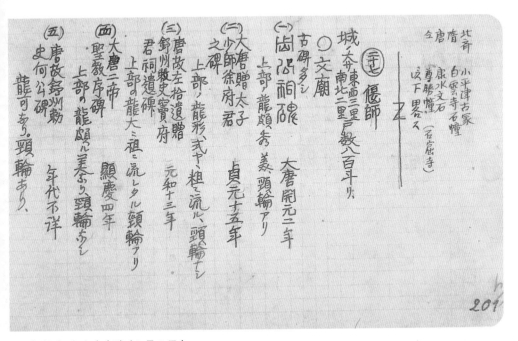

201 偃师（1）文庙古碑（9月3日）

偃师县是著名的古城，曾是商朝的都城，留存了很多古碑。县志中记载了很多陵墓、寺庙、金石等。偃师有很多座建造于魏、唐、宋时期的古寺，但因距离太远，伊东均未能前去探访。文中的"祖ニ流レタル"为误记，应为"粗ニ流レタリ"，意为"粗制的"。

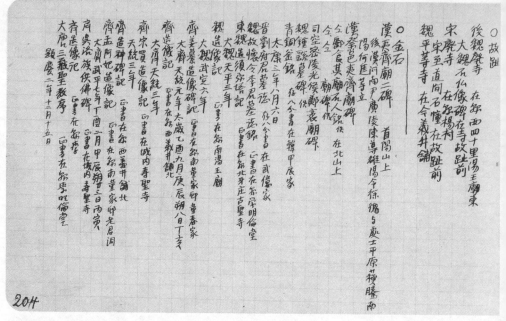

204 偃师（4）县志摘抄（2）（9月3日）

伊东在日记中记录了"今天去市集买食物时买到蒸甘薯，深夜时边工作边吃。我与此君相别甚久，今夜居然有缘再见面"如此幽默的话。

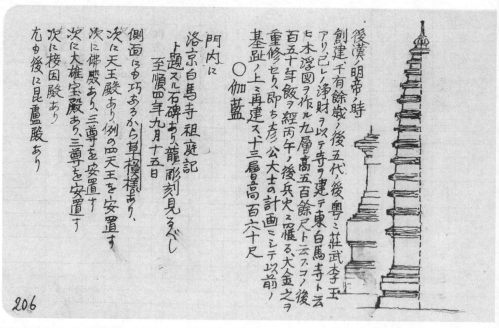

206 河南府（2）白马寺（2）（9月4日）

东白马寺的伽蓝已尽毁，其附近修建了一座藏传佛教的新寺。塔虽然古风犹存，但说不上多么精美，还可以看到多次修理的痕迹。文中"浮图"意为"塔"；"饭"为误记，应为"余"。

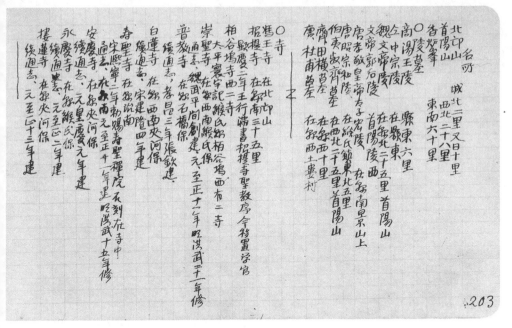

203 偃师（3）府志摘抄（1）（9月3日）

日记中记载："翻阅从衙门借来的县志得知，此处有首阳山、香炉峰等名胜古迹，引起了我很大的兴趣。我对这些内容进行摘抄、记录日记、整理笔记，处理杂事完毕之后便就寝了。"

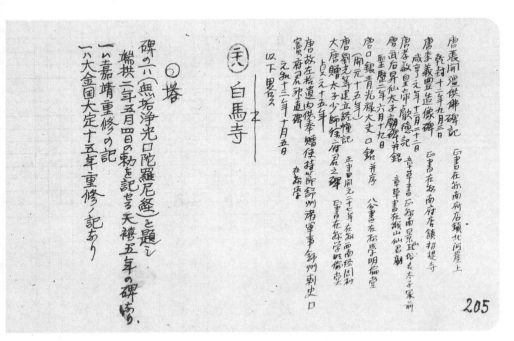

205 河南府（1）白马寺（1）（9月4日）（图右半县志下接图224）

白马寺位于河南府洛阳郊外，建于东汉明帝永平十年（67），是中国第一座佛教寺院。明使者前往大月氏国时，见到了两位印度僧人，与他们一同将佛经和佛像用白马驮回国内。两位印度僧人的坟墓也建在白马寺内。

208 河南府（4）从白马寺眺望嵩山（9月3日）

嵩山为五岳之中最高的一座山，被称为"中岳"。从洛河的码头往正南方眺望，可以看见其最高峰，高约七千尺。图的左部即是嵩山。

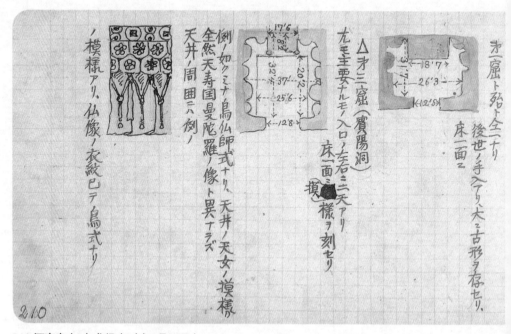

210 河南府（6）龙门（2）（9月6日）

当天的日记中记载："其形式、手法和法隆寺以及拓跋氏所建的大同石佛寺完全一样，所以我从中确切地得知了北魏时期的美术手法，一时欣喜得说不出话来，只顾埋头沉浸于调查和摄影，直到太阳渐渐西落才不得已停下来……"

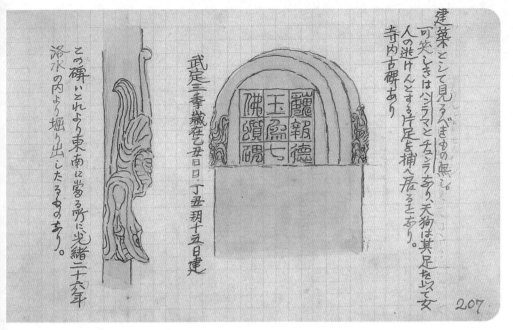

207 河南府（3）白马寺（3）（9月5日）

据说从洛河中挖掘出来的古碑，其题为"魏报德王为七佛颂碑"[43]。日期中的武定三年为545年。图左部分是图右石碑的细节放大。

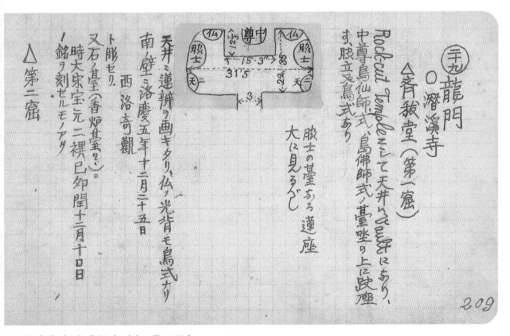

209 河南府（5）龙门（1）（9月6日）

洛阳附近的古迹中，最为重要的当数龙门。沿着伊河的西岸绝壁之上开凿着石窟，窟内雕刻有佛像，从北往南延伸约六町。[44]

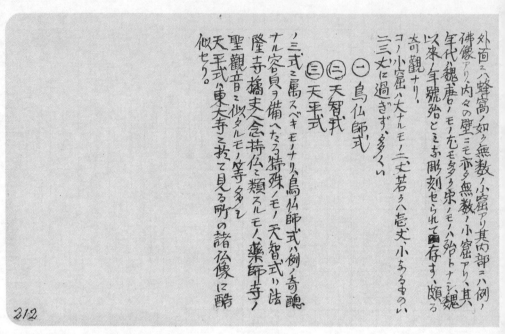

外面ニハ蜂窩ノ如ク無数ノ小窟アリ其内部ニハ例ノ
佛像アリ。内々ノ壁ニモ亦タ無数ノ小窟アリ。其ノ
年代ハ魏ヨリ唐ニ亘ルモノニシテ、宋ノモノハ始ンド之ナシ。魏
以来ノ年號殆ンドミナ彫刻セラレテ今ニ存ス。頗る
奇觀ナリ。
コノ小窟ハ大ナルモノ二丈若クハ壱丈、小ナルモノハ
三丈ニ過ギズ、多クハ

(一)鳥仏師式
(二)天智式
(三)天平式

ノ三式ニ属スベキモノナリ。鳥仏師式ハ例ノ奇醜
ナル容貌ヲ備ヘタリ。特殊ノモノ、天智式ハ法
隆寺橘夫人ノ念持仏ニ類スルモノ、薬師寺ノ
聖観音ニ似タルモノ等多ク、
天平式ハ東大寺ニ於テ見ル所ノ諸仏像に酷
似セリ。

212 河南府（8）龙门（4）（9月6日）

9月6日，伊东一行从龙门石窟返还，走到半路已日落西山。第二天抵达龙门镇之后，在一间简陋的旅店中席
地而睡。8日上午，调查活动暂告一段落。

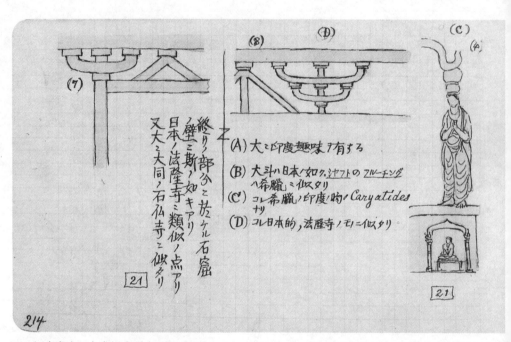

(7) (8) (D) (C)

(A)大ニ印度趣味ヲ有ずる
(B)大斗ハ日本ノ如ク、シャフトの フルーチング ハ希臘ニ似タリ
(C)コレ希臘ノ印度的ノ Caryatides ナリ
(D)コレ日本的ノ、法隆寺ノモニ似タリ

終リノ部分ニ於ケル石窟
ノ壁ニ斯ノ如キアリ。
日本ノ法隆寺ニ類似ノ点アリ
又大ニ大同ノ石仏寺ニ似タリ

214 河南府（10）龙门（6）（9月6日）

图右部分是第二十窟中的斗拱，图左部分是第二十一窟中的斗拱。伊东评价道："这些斗拱的建造手法都打破
常规，栌斗部分非常小，且出人意料地做成了图右的曲线形。"文中的"フルーチング"为"fluting"，指的是"石
柱上刻有纵向的凹槽"；"caryatid"意为"女像柱"。

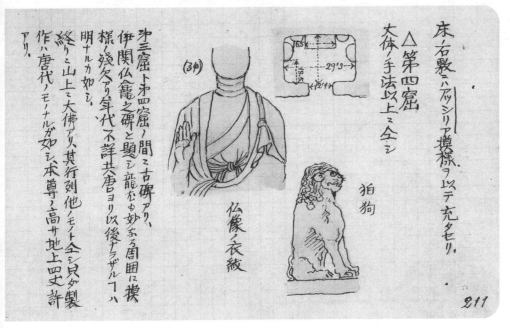

床ノ右敷ニハ必シリアノ模様ヲ以テ充タセリ。

△第四窟

大体ノ手法以上ニ今ニシ

仏像ノ衣紋

狛狗

第三窟ト第四窟ノ間ニ古碑アリ、

伊関仏龕之碑ト題シ龍モ中妙ヘ各周囲ニ摸

様ノ後ヶアリ年代不詳共唐ヨリ以後ナラザルコト

明ナルガ如シ。

終リニ山上ニ大佛アリ、其行列ニ他ノモノト全シ仏ガ製

作ハ唐代ノモノナルガ如シ本尊ノ高サ地上四丈許

アリ。

211

211 河南府（7）龙门（3）（9月6日）

在稍高的地方，有一尊半毁的大佛，其相貌之美空前绝后，这就是传说唐高宗为其父发愿所建的八丈高卢舍那大佛。实际的高度应该接近了五丈三尺[45]。伊东还评价道："两边的胁侍菩萨也如图中佛像一样是非常稀有的艺术珍品。"

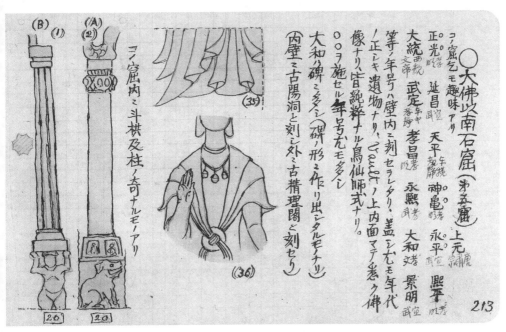

(B) (1)　(A) (2)

コノ窟内ニ斗栱及柱ノ奇ナルモノアリ

(35)

(36)

(20)　(20)

大佛以南石窟（第五窟）上元補虎

コノ窟気モ趣味アリ

正光ヲ浮　延昌ロア　天平ヲ撮

大統西魏　　　武定ヲ軒　孝昌ヲ軒　永熙ヲ軒

等ノ年号ハ壁内ニ刻セラレタリ。正シキ遺物ナリ。蓋シ尤モ年代ノ正シキ他ノモノト全シ仏ガ上内面マデ巻ク佛像ナリ。

大和ノ碑ニ多シ（碑ノ形ニ作リ出シタルモノナリ）

内壁ニ古陽洞と刻シ外ニ古精理閣と刻セリ

○○ヲ施セル年号九モ多シ

神亀ヲ撮　永平ヲ軒　熙平

大和ヲ撮　景明ヲ軒　熙平

213

213 河南府（9）龙门（5）（9月6日）

龙门第二十一窟名为古阳洞，又名老君洞。当时的皇室贵族多在此洞中发愿造像，佛龛上刻有铭文，多为当时一流书法家所作的佳品。老君是对老子的尊称。文中的"鸟仙师"为误记，应为"鸟佛师"。

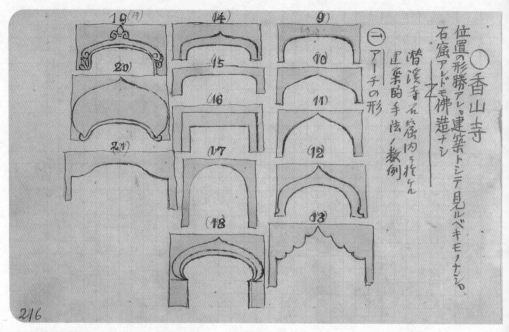

216 河南府（12）龙门（8）（9月6日）

图为各种门拱的样例，大多都是由印度传来的建筑风格。第（13）为向上卷起的帐子形。文中"佛造"为误记，应为"佛像"。

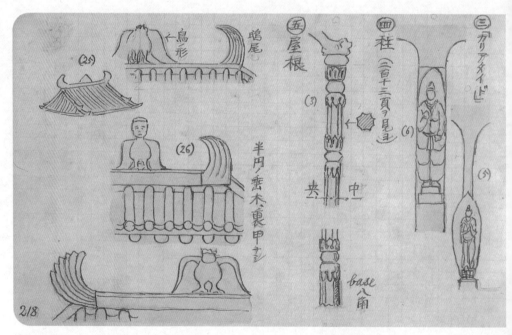

218 河南府（14）龙门（10）（9月6日）

图右部分为类似于女像柱的石柱，是一种起源于印度的建筑风格。图中所绘的柱子并不是中国的传统风格，而带有遥远西域的风味。

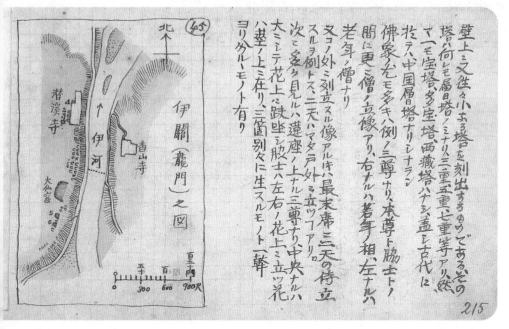

壁上ニ文徒々小ゐ塔を刻出すゐものである其の塔ハ何レモ屬目塔ノミナリ三重五重七重等アリ然マテ「モ宝塔多宝塔、西藏塔ハナシ蓋シ古代ニ於テハ中国屬層塔ナリシナラン佛象ゑモ多キハ倒ニ三尊ナり本尊ト脇士ト間ニ更ニ僧ノ立像アリ、右ナルハ若年ノ相、左ナルハ老年ノ僧ナり又ソノ外ニ刻立スル像アルキハ最末席ニ三天ノ侍立スルヲ倒トス、三天ハマタ戶外ニ立ツテアリ次ニ多ク見ルハ蓮座ノ上ニ三尊ナり中央ナルハ大ミニテ花上ニ跌坐シ脇士ハ左右ノ花ハ甚ノ上ニ在り、三箇別々に生スルモノト一幹ヨリ分ルーモノト有り

伊闕（龍門）之図

北

潜溪寺

伊河

香山寺

大仏窟

300 600 900R

215

215 河南府（11）龙门（7）（9月6日）

北魏时龙门有八座寺庙，其中以奉先寺和香山寺最为出众。香山寺位于伊河西岸的高处，虽然其中的建筑值得细看的不多，佛龛也很少，但是在此可以看到西岸石窟的杰作，也颇有趣味。

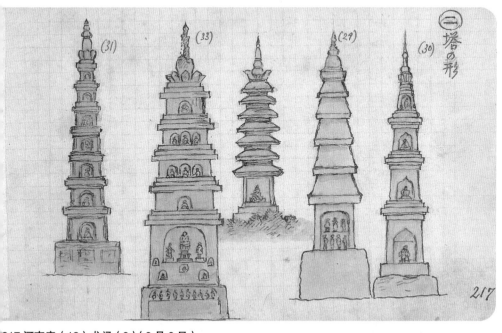

㈡塔の形

(31) (33) (29) (30)

217

217 河南府（13）龙门（9）（9月6日）

图为各种刻有浮雕的宝塔，均为四角形，高度三到十三层不等。龙门没有印度的窣堵坡式以及藏传佛教式塔。据伊东说，"中国的佛塔最初均为多层塔，窣堵坡式塔是后世伴随藏传佛教而一同传入的"。

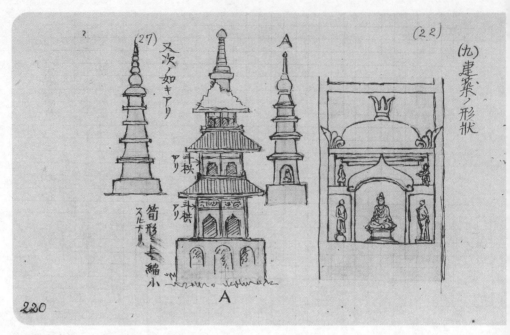

220 河南府（16）龙门（12）（9月6日）

（22）和图221中的（23）全部都是单层塔，屋顶的檐角之间是馒头形的覆钵，其上立着由三叉相轮变形而来的顶饰。

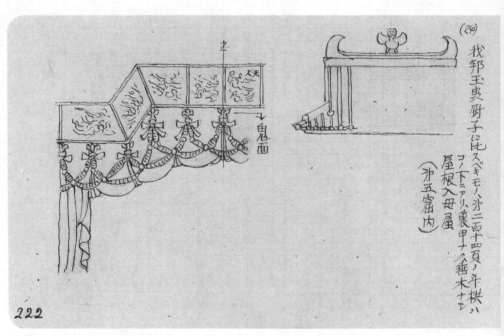

222 河南府（18）龙门（14）（9月6日）

屋顶上立有四条垂脊，盖以瓦片，屋脊两端安有鸱吻，虽然这是典型的中国风格[47]，但是十分罕见地在正脊中间摆放了一个人面鸟形装饰，造型类似于印度的迦楼罗，但是据伊东考证，这也可能是佛教传入中国之前就有的建筑手法。

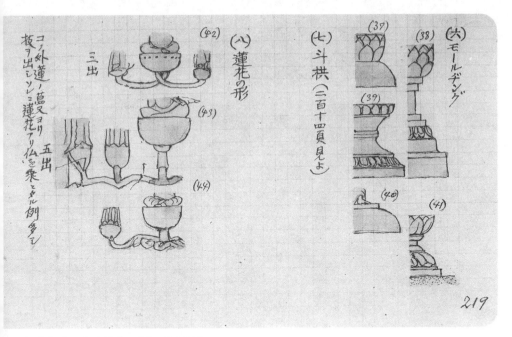

219 河南府（15）龙门（11）（9月6日）

图中（37）至（41）为莲花座和底座的样例。（42）开始为同一个莲花座，本尊和胁侍的底座通过莲花茎连接在一起。伊东称，从中看到了日本法隆寺的橘夫人念持佛所谓"凝然不动"的意境。[46]

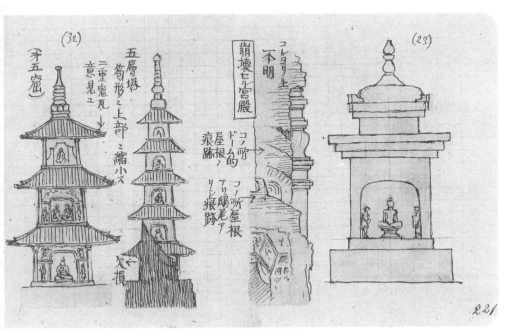

221 河南府（17）龙门（13）（9月6日）

（32）为第二十一窟内石壁上的三层塔。第一层和第二层都有印度式拱顶的佛龛，第三层为梯形拱顶佛龛，塔顶耸立着塔刹。此处的塔均与云冈石窟的塔风格相异。

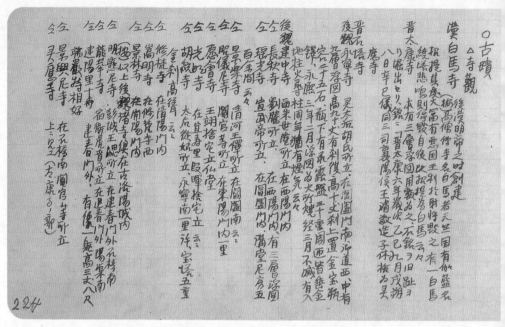

224 偃师（5）县志摘抄（3）（上承图205）

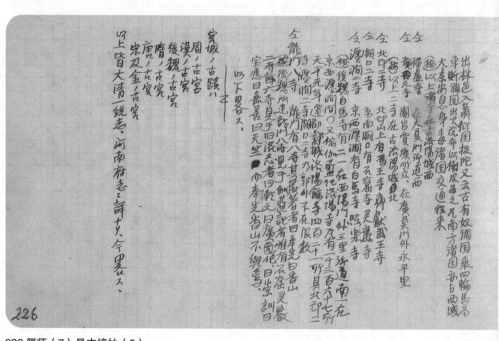

226 偃师（7）县志摘抄（5）

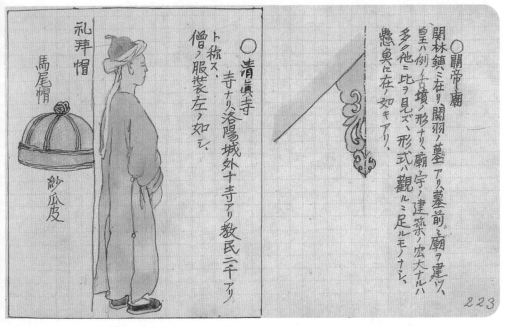

223 河南府（19）关帝庙／清真寺（9月8日）

清真寺是对伊斯兰教寺院的统称。虽然建筑的外观是中式风格，但是内部设施与阿拉伯的清真寺无二，还使用了阿拉伯文作为装饰。文中的"在ノ如キ"为误记，应为"左ノ如キ"，意为"如左边所示"。

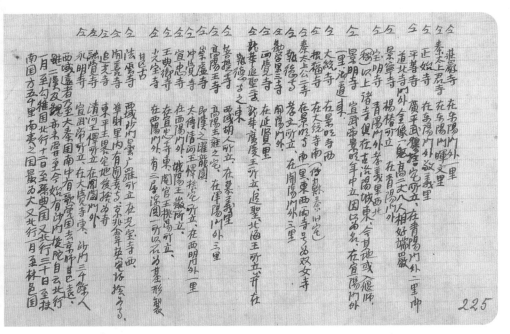

225 偃师（6）县志摘抄（4）

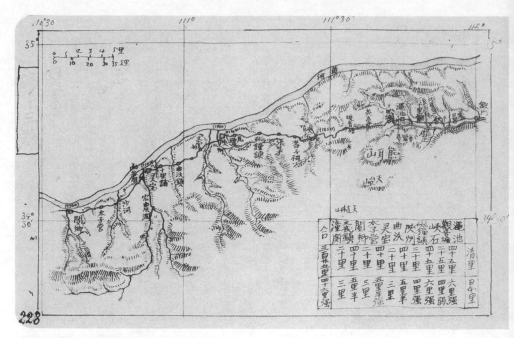

228 地图第十三号（铁门—阌乡）

230 陕州（2）（9月12日）

离开陕州之后，道路被很多河流切断，水面都在脚下数十尺。道路如同矿道，好像被虫子啃食而成一般。上方的平地上分布着农田。

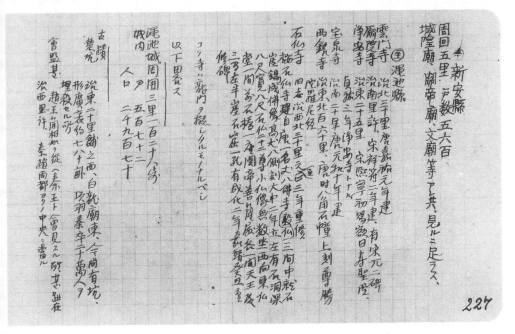

227 渑池（9月10日）

渑池城内没有值得调查的场所，附近却有著名的石佛寺。伊东推测可能与龙门一样是唐代的建筑样式，但是因为时间关系并没有前往。

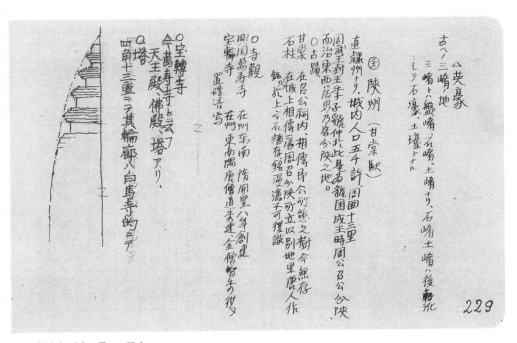

229 陕州（1）（9月12日）

关于陕州的地名，相传周成王时周公与召公分陕而治，以此地为分界点，故而得名。

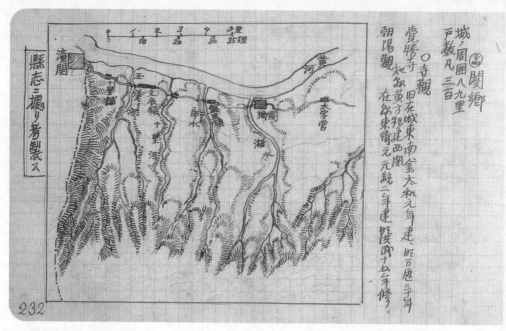

232 阌乡（1）（9月14日）

阌乡是一个人口约为一千五百人的小山村，紧邻着黄河南岸。伊东一行投宿于黄河边大王庙内的公馆。

234 陕州（4）附近的窑洞图（1）（9月12日）

途中让伊东感觉比较新奇的是窑洞。图中的样例采用了哥特风格尖顶的门拱，并开有类似哥特建筑中叶形饰的通风用小洞。伊东评论道："这些相似体现了世界各地人们在建筑风格上可能会有些契合点。"

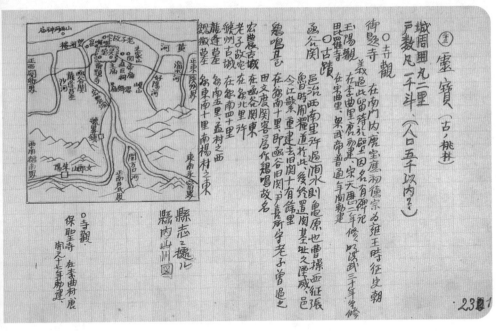

231 灵宝（9 月 13 日）

灵宝隶属汉代所置的弘农郡，距离黄河南岸只有二里。附近的古迹分布如图中所示，伊东评价说其中相对有名的要算是御题寺，但现状也不值得前去探访了。

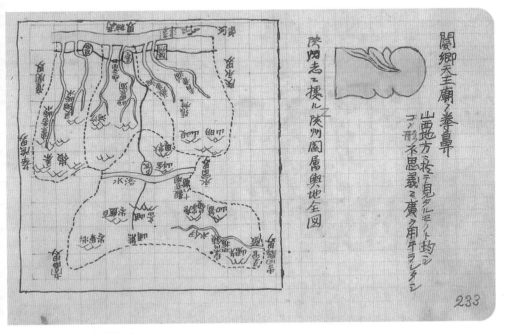

233 阌乡（2）／陕州（3）

北魏时期的陕州包括如今的河南三门峡、陕县、洛宁县、山西平陆、芮城以及运城东北部，清朝初年缩减其管辖区域，1913 年陕州被废除。文中的"用イラレタシ"为误记，应为"用レラレタリ"，意为"使用了"。

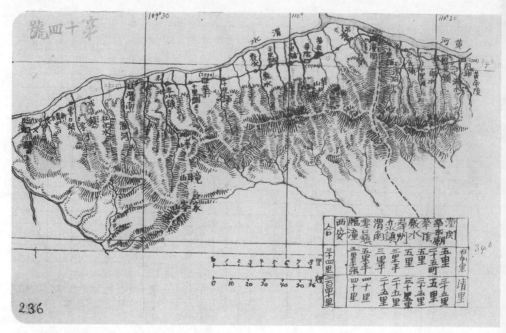

236 地图第十四号（阌乡—临潼）

从阌乡往西行便渐渐接近秦岭。一直沿着秦岭支脉的山麓而行，便抵达一处关门，上面悬挂着"第一关"的匾额。此处是河南与陕西的省界。

238 阌乡（4）阌乡边的黄河（9月14日）

在阌乡时，伊东于黄昏时分前往河畔欣赏夜景。他在日记中描述了眺望壮美黄河时的光景："黄河水在此处都如镜子一般，天色渐暗，映在河中宛如紫檀，转瞬又消失在黑暗中。"

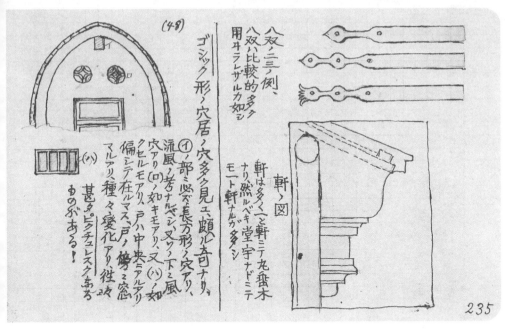

235 陕州（5）附近的窑洞图（2）（9月12日）

文中的"偏シテ在ルマス"为误记，应为"偏シテ在ルアリ"，意为"偏向一边"；"窓マルアリ"为误记，应为"窓アルアリ"，意为"开有窗户"。

237 阌乡（3）函谷关（9月14日）

图中的函谷关是新关，西汉武帝元鼎三年（公元前14）移到此处，并不是战国时"鸡鸣狗盗"故事中的函谷关。关门设置在开凿于小山丘的街道中央，并不是特别要害的地势。伊东日记中记载了他想要前往旧关参观而未能成行。

240 吊桥以西眺望华山（9月16日）

出得潼关，一行人沿着河的南岸往西而行。前方分布着密密麻麻的秦岭山脉，群峰林立，争奇斗怪。其中有一座山峰仿佛侧面削平的大石柱，直上云霄，这就是五岳中的西岳华山。

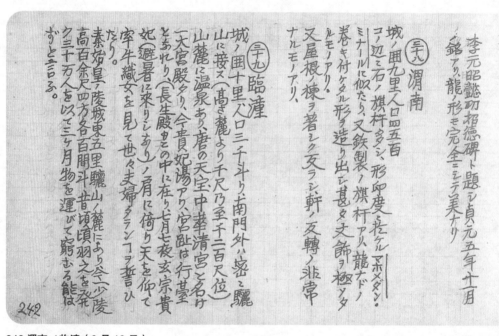

242 渭南／临潼（9月19日）

临潼县的行台是唐代华清宫的故地。虽然唐代时的美景已不再，但长廊高殿，有亭有池，也颇有些风味。杨贵妃用过的浴池依然保存，一行人还在此处沐浴。据说八国联军侵华之时，西太后从北京逃难曾在此地停留，所以有过修缮。文中的"ミナール"为误记，应为"ミナレット"，意为"minaret，清真寺的光塔"。

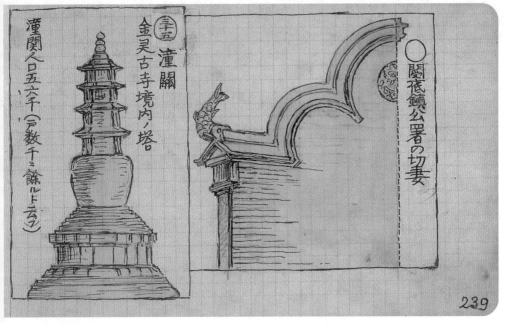

潼關　潼關人口五六千（戸数千二餘ルト云フ）

三十五　潼關　金灵古寺境内ノ塔

○閿底鎭公署の切妻

239 潼关（9 月 15 日）

潼关是洛阳以西最为繁华的城市，在此之前，伊东所经过的州县城都非常僻静荒凉，此地的活力让他耳目一新。虽然没有很古老的建筑，但是城隍庙、文庙、关帝庙、金陵古寺都值得一看。

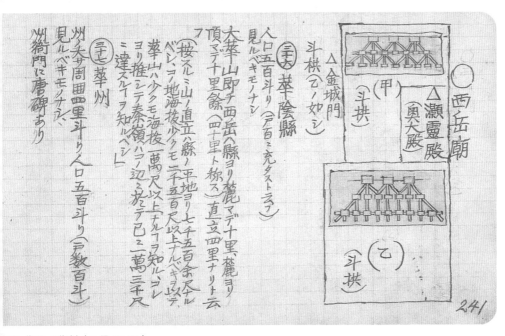

○西岳廟　△瀬靈殿（奥大殿）　△金城門　斗栱（乙ノ如シ）

（甲）斗栱　（乙）斗栱

三七　華州　州ノ大サ周囲四里斗リ人口五百斗リ（戸数百斗）州ノ衙門に唐碑あり

三六　華陰縣　人口五百斗リ（戸百ニ充タストイフ）斗栱（乙ノ如シ）見ルベキモノナシ

大華山即チ西岳ハ縣ノ平地ヨリ七千五百尺斗リ頂マデ十里餘（四十里ト称ス）直立四里ナリト云フ〔按スルニ山ノ直立八縣ノ平地ヨリ麓マデ十里、麓ヨリ頂マデ十里餘（四十里ト称ス）直立四里ナリト云フ。大華山ノ少クモ海抜一萬尺以上ナルコヲ知ルコレヨリ推シテ秦嶺ハ少クモ辺ヲ抜二萬三千尺ニ達スルヲ知ルベシ〕

241 华阴／华州（9 月 16 日）

伊东在华阴投宿的公馆的卧室非常豪华，在华州所吃的食物也很丰盛，但这些地方都是贫穷的小山村，特别是华州的公馆已经荒废如同鬼屋。他在日记中写道："这想必就是所谓'百姓皆瘦，知州独肥'。"

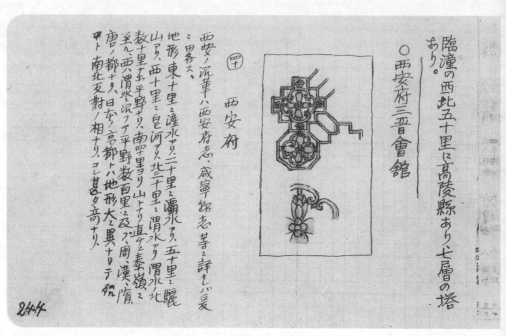

臨潼の西北五十里に高陵縣あり、七層の塔あり。

○西安府三晋會館

（罕）

西安府

西安ノ沿革ハ西安府志、咸寧縣志等ニ詳ナリ。茲ニ界ス、

地形、東十里ニ滻水アリ二十里ニ灞水アリ、五十里ニ驪山ヨリ、西十里ニ皂河アリ、卅十里ニ渭水ニ渭水ハ北數十里ニ平野ナリ、南甲乙里ヨリ山ヨリ直乙ニ秦嶺ニ至ル西ニ渭水ニ沿フテ平野數百里ニ及ブ周、漢、隋、唐ノ都十ハ、日本ノ高都ハ八地形大ニ異ナリテ枕甲ト南北反對ノ相ナリ、コレ甚ダ高ナリ、

244 西安府（1）（9月23日）

西安是陕西省的省会，古时称为长安，是西汉开始直到唐朝的首都，也是中国西北地区的中心。

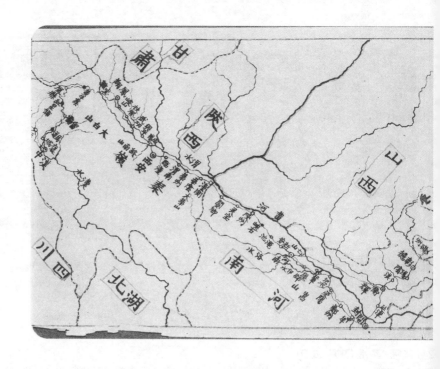

243 秦始皇陵（9 月 20 日）

秦始皇陵下部为方宽约二百间的基坛，上方是高约百尺的方锥形陵墓。日记中记载，临潼的知县居然认识伊东的友人宫岛大八，这等巧合也是让他大为惊讶。

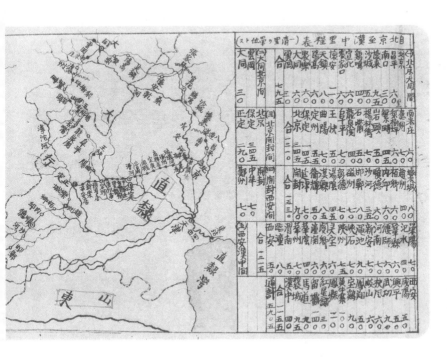

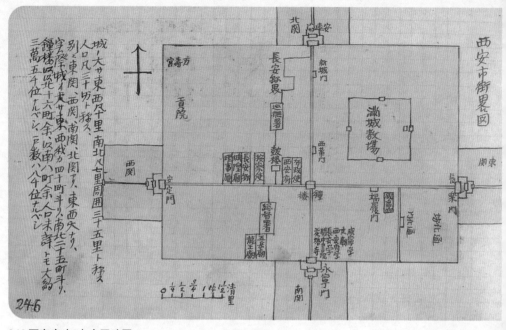

246 西安府（2）市区略图

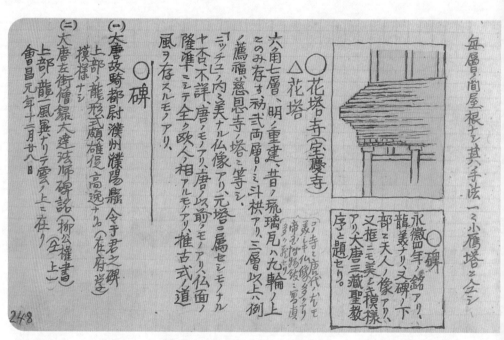

248 西安府（4）大雁塔（2）／花塔寺（9月25日）

慈恩寺是唐高宗为其母亲所建。寺内有玄奘法师根据印度精舍的式样建造，后由武则天重建的大雁塔。入口处门楣上有佛像等线刻，其中西门处的线刻是研究唐代建筑风格的宝贵资料。文中的"道风"为误记，应为"遗风"。

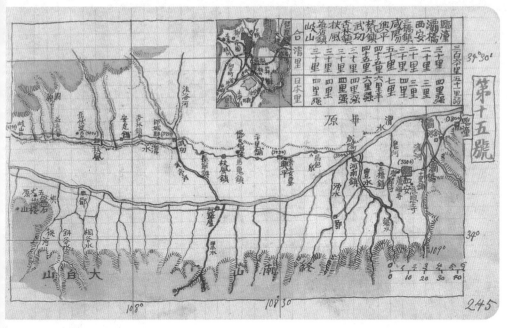

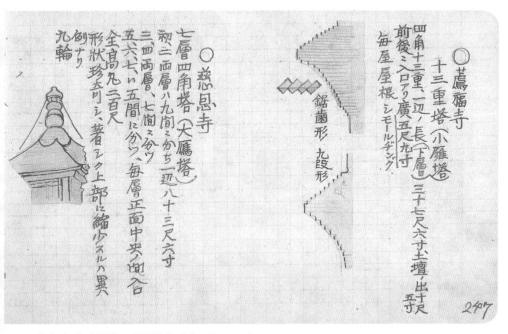

245 地图第十五号（临潼—岐山）

247 西安府（3）小雁塔／大雁塔（1）（9月25日）

荐福寺于唐朝景龙年间由武则天所建造。寺内的小雁塔高十五层，二层以上的塔壁较矮，越往上，塔身每一层的高度和宽度收分程度越大，使其外形呈现出圆滑的曲线。

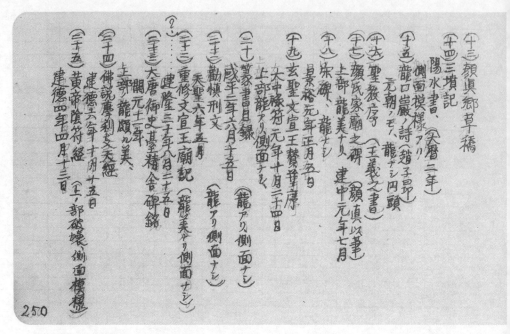

250 西安府（6）碑林（2）（9月25日）

碑林中有一条长廊陈列着唐宋之后的石碑。可惜的是，这些石碑并不是按照年代顺序排列而显得有些凌乱。图中列举了碑上的龙纹和卷草纹，这些优美的花纹足以成为艺术史研究样例。

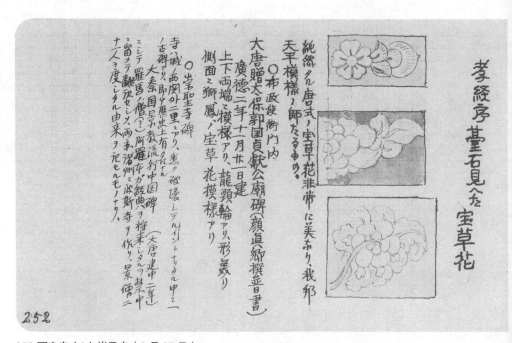

252 西安府（8）崇圣寺（9月27日）

颜真卿（709—785）是唐代著名的政治家，同时又以书法家在历史上留名。安史之乱时他曾举义兵而起，在书法上他则因确立了刚毅的楷书风格为人所推崇。

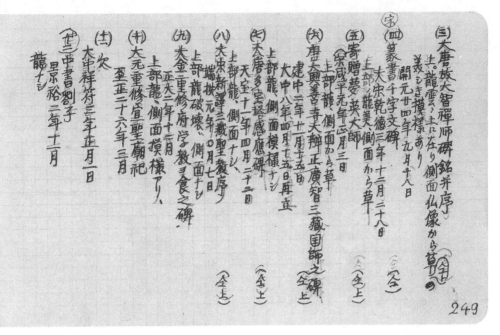

249 西安府（5）碑林（1）（9 月 25 日）

伊东发现西安最有兴趣的地方要数碑林了。碑林位于西安附近，是一处收集古碑的博物馆。现在属于陕西省博物馆的一部分。

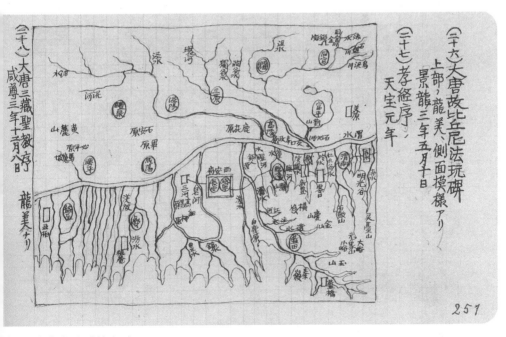

251 西安府（7）碑林（3）

图为府志摘抄。《大唐三藏圣教序》[48] 是书法界无人不知的精品。

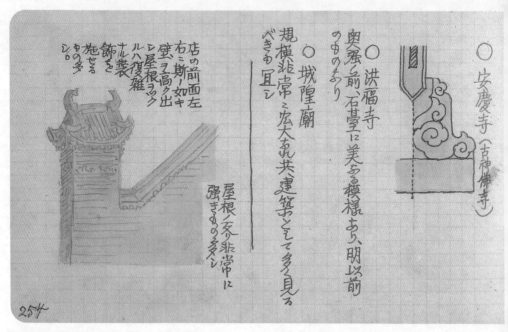

254 西安府（10）市内诸寺（9月27日）

西安及其周围是古迹、古寺、陵墓、金石的宝库，与西安隔渭水相望的山脉中，还建有唐朝历代皇帝的陵墓。
伊东一行因为时间关系，只在西安走马观花般停留了数天就离开了。

256 西安抵达图（9月）

唐朝时西安是一座国际大都市，日本也曾派遣遣唐使千里迢迢来到此地，伊东一行向着曾在此目睹故人故事的
一片明月寄托了对祖国友人和家人的思念。[51]

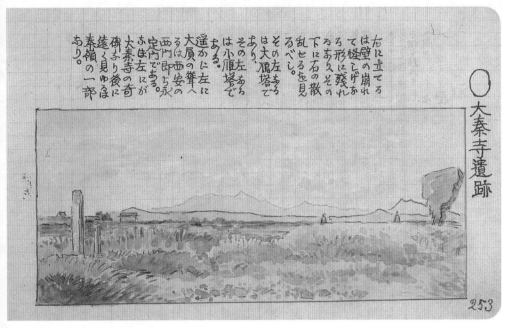

253 西安府（9）大秦寺遗迹（9 月 27 日）

崇圣寺位于西安城西三里处，立有一块"大秦景教流行中国碑"[49]。碑上日期为建中二年（781），上部刻有十字架，侧面有古叙利亚语的铭文。

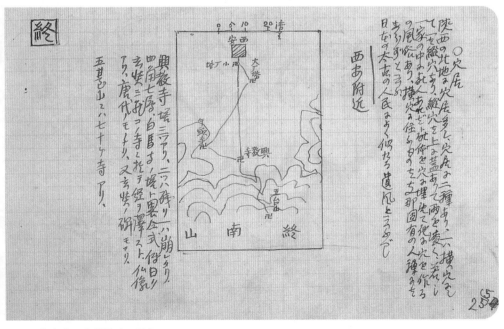

255 西安府（11）郊外（9 月）

兴教寺建在钟南山的斜坡上，寺内建有玄奘法师的墓塔，以及雕有其线刻画像的石碑。此处还有午头寺、香积寺、青龙寺等著名的寺庙，这里的五台山[50]据说还有七十多座寺庙，但是伊东一行没有时间前去探访。

译注

[1] 日本美术家，十六岁成为东京大学首批学生，毕业后创办东京美术学校，曾多次前往印度和中国游历。

[2] 日本汉学家、外交官。曾担任天津领事、北京公使馆书记等，后任东京大学汉学教授。

[3] 斗拱构建之一，位于斗之上，与拱成直角十字相交。

[4] 日文为ちまき，是梭柱两头变细的部分。

[5] 摄氏 65 度左右。

[6] 欣喜若狂加引号是因为摘自其日记原文。

[7] 薄伽为印度梵文的译音，佛的意思。薄伽教藏即藏经阁。

[8] 合掌露齿菩萨，非常有名。

[9] 妙哉莲花生。

[10] 辽兴宗耶律宗真的年号。

[11] 海会殿先已无存。

[12] 弘仁时代，公元 800 年前后。

[13] 五方佛，源自密宗金刚界思想，东南西北中五方，各有一佛主持。

[14] 二十诸天，佛教二十位护法神总称。

[15] 云冈石窟分为三区，石佛寺以东为第一区，第一至第四窟；以西为第二区，第五至第十三窟；第三区为第十四至第二十窟。

[16] 推古式是日本最古老的建筑风格，推古是日本第三十三代天皇名，根据伊东的考证，推古式正是起源于中国北魏。

[17] 健驮逻国是阿富汗东部和巴基斯坦西北部的一个古国，为希腊文明和古印度文明交汇点，其艺术独树一帜，称为健驮逻艺术。

[18] 鸟佛师，原名鞍作止利，日本古代艺术家，僧人。其父为从中国前来的渡来人。他也是圣德太子的老师。

[19] 侍立在佛、菩萨等的两侧，协助降妖伏魔或教化众生的辅佐者。

[20] 光背是雕刻或描绘在佛像背后代表其所发的光的部分。

[21] 卷杀指对柱等构件从底端起的某一比例起始砍削出缓和的曲线或折线至顶端。

[22] 大日如来，文殊菩萨，普贤菩萨。

[23] 约 67 米。

[24] 位于奈良，又名西京寺。

[25] 藤原时代为日本文化史上时代划分，为遣唐使废止的 894 年到平家灭亡的 1185 年。

[26] 古代建筑屋檐向上翘起的部分。

[27] 复名为康熙年间，清太宗是皇太极。

[28] 白塔原为显通寺塔院中塔，明代起建塔院寺，单独成寺。

[29] 北岳庙。

[30] 春秋晚期、战国初期中山国。

[31] A 部分见图 129。

[32] 大悲阁。

[33] 龙藏寺碑。

[34] 根据碑文其塔建于唐代，但是后世多次重修，样式已变。

[35] 唐代禅宗高僧，名义玄，因居临济院，世称临济义玄，为临济宗的开宗祖师。

[36] 特赐大元赵州古佛真际光祖国师之塔。

[37] 现千秋台遗址被认为在河北省高邑县。

[38] 天祐为唐昭宗时年号，且庚戍应为错误，干支纪年中只有庚戌，无庚戍；此处按照年代推算确应为乾祐，西夏年号。

[39] 尊胜幢全称佛顶尊胜陀罗尼经幢，是指刻着《佛顶尊胜陀罗尼经》咒的石柱。

[40] 虚照禅师塔。

[41] 始建于北魏。

[42]《东京梦华录》作者为北宋孟元老，描述了宋徽宗年间开封的景象。

[43] 原文记述错误，应为"魏报德寺玉像七佛颂碑"。

[44] 町为日本的长度单位，1 町约 109.09 米。

[45]《河洛上都龙门之阳大卢舍那像龛记》中记载佛身通光座高八十五尺，所以文中提到高八丈，而佛像实际高度约为五丈三尺。

[46] 日本光明皇后之母橘夫人所造之念持佛像，安置于法隆寺金堂内。

[47] 即歇山式屋顶。

[48] 唐太宗撰写。最早由唐初四大书法家之一褚遂良所书，后由沙门怀仁从王羲之书法中集字，刻制成碑文。

[49] 现藏于碑林博物馆。

[50] 此处五台山非山西五台山，位于西安，古称太乙山，又称南五台。

[51] 画中诗为"握得长安一片月，碎散光芒三千里"。

第三卷

从西安去往成都需要经过被李白称为"难于上青天"的蜀道。如今这条路线的宝鸡到成都段铺设了穿行于山间的铁路。

伊东忠太于9月29日从西安出发,西行至宝鸡。宝鸡至汉中一带有"周公庙""秋风五丈原"等很多春秋战国到三国时期的古迹。另外,西安作为唐朝都城,周围还有杨贵妃墓等引人思古的故地。汉中是历史名城,伊东特地绕道前去探访。

陕西省和四川省的交界处有一处名为七盘关的险地,穿过此关是朝天镇,伊东一行在此租乘两艘船沿着嘉陵江而下,抵达四川广元,并探访了广元附近的千佛崖石窟。千佛崖石窟是唐朝所开凿的石佛群,伊东忠太评价其为"小洛阳龙门石窟"。停留广元时,他还去探访了传说建于唐代的皇泽寺,此处传说是武则天的出生地。

离开广元就进入了四川盆地,此处空气湿润,绿树成荫,与华北特有的干燥气候不同。一路上海拔渐渐下降,抵达成都郊外的新都县宝光寺时已经是入秋后的10月31日。

成都是一座古城,以曾为三国时蜀国的都城而闻名。伊东在此停留了将近一周,探访了佛寺、杜甫草堂(杜公祠)、供奉诸葛孔明的武侯祠、青羊宫道观等建筑。之后一行人继续南下,于11月17日至23日间踏雪登上了佛教圣地峨眉山顶(标高3099米)。峨眉山从山麓至山顶分布着数十座寺庙和道观。伊东在继五台山之后,又得以访问了四大佛教名山之一,感到分外欣喜,并将在山上所目睹的壮丽风景用水彩画记录在笔记中。之后他们沿着长江前往重庆,途中还在南溪县用绘画的方式保存下了居民茅房、犯人处刑、轿子出迎等珍贵的风土人情。

繁华的重庆是长江上游的贸易中心,外国人很多。城中还有日本领事馆,有日本人在此居住。伊东从12月初开始,在此停留了十几天,详尽地调研了市内的寺院、民居,记录下与华北相异的、独具特色的中国南方建筑,还曾前往戏院观看了京剧。

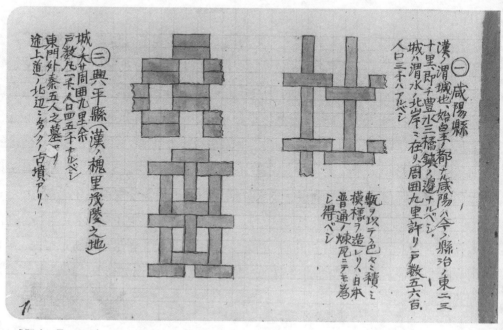

○附図目次

自岐山至洪星舖
自心紅舖至寧羌
漢中附近図
自寧羌至成都
自綿州至剣閣
自剣閣至剣州
自成都至嘉定
自綿竹至綿州
峨眉山之図
自敍州至叙州
自叙州至合江
自江津至重慶

叙州府
南溪縣
自江安縣
綱溪縣
瀘州
合江縣
江津縣
重慶府

（右側・数字列）
三五
三六五
五五
五五

一九頁
二一五
二三五
三三九
辛三
六〇九
百〇三
百二四
自二三五往
百二六往
百四〇四

百二七
百三七
百十七
百十四
百十二
百十二
百十二
百十三

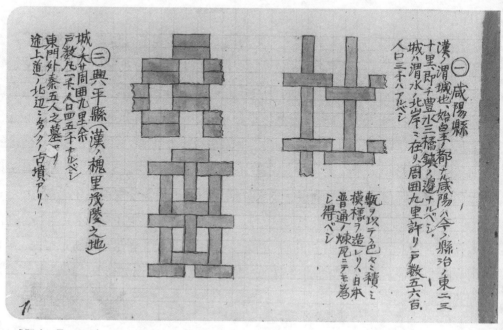

（一）咸陽縣
漢ノ渭城也、始皇ノ都ナル咸陽ハ今ノ縣治ヨリ東二三十里郡千豊水三橋鎮ノ邊ナルベシ。城ハ渭水ノ北岸ニ在リ、周囲九里許リ戸數五六百。人口三千八百アルベシ。

甎ヲ以テ色々積ミ模様ヲ造レリ、日本普通ノ煉瓦ニテモ爲シ得ベシ。

（三）興平縣（漢ノ槐里茂陵之地）
城ノ大サ周囲九里余、戸數ハ二千人、人口四五千ナルベシ。東門外ニ秦五人之墓マ〃途上道ノ北辺ニタクノ古墳アリ。

1 咸阳（9月29日）

将砖块拼接成各种花纹的样式称为"花砖"。墙壁的顶部和墙体都采用了花砖。茂陵是西汉武帝的陵墓，也是汉代规模最大的王陵，附近还有霍去病和李夫人的墓地。

○目次

3 马嵬坡　杨贵妃墓（10月1日）

深受唐玄宗宠爱的杨贵妃，在安史之乱爆发后不久就在此处香消玉殒。当时的绝代美女如今就埋在一抔黄土之下，坟高不过六尺，周围的拜殿和门均已崩塌，一片破败的景象。回廊处有访客所写的诗文，均是表达对这位美人的同情。

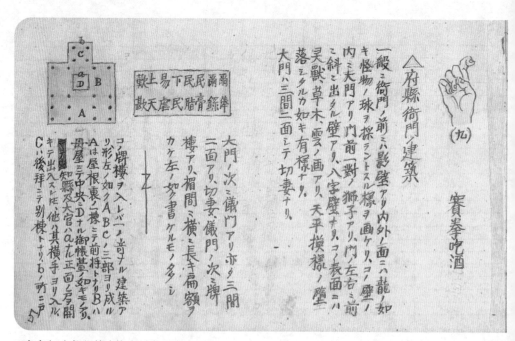

5 武功（2）衙门的建筑（1）（10月1日）

根据县志记载，武功县古时称为邰国，是古代后稷的封地。后稷是传说中的农业之神，周武王则是其十五代传人。

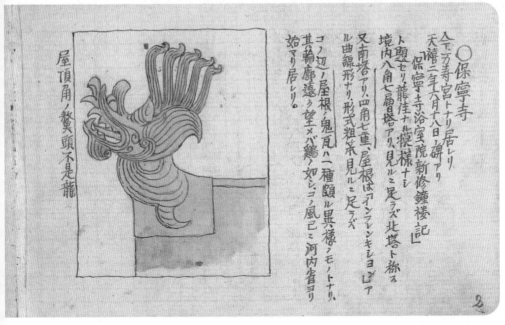

屋頂角ノ鬃頭不是龍

○保寧寺

今ノ方寺宮ト十リ居レリ
天禧二年六月十八日ノ碑アリ
「保寧寺浴室ノ院新修鐘樓記」
ト題セリ藤住十九摸樣十シ
境内ニ八角七層塔アリ見ルニ足ラズ北塔ト稱ス
又ニ南塔アリ、四角七重ナリ、屋根ハ「インフレンキレヨンゴ」ア
ル曲線形ナリ、形式粗末ニ見ルニ足ラズ
コノ辺ノ屋根ノ鬼瓦ハ一種頭ノル異樣ノモノトナリ
其ノ輪廓遠ク望メバ鶏ノ如シコノ風已ニ河内省ヨリ
始マリ居レリ。

2 兴平（9 月 30 日）

此处的兽面瓦上有类似"鬃毛"的装饰物。瓦头类似于龙又不同于龙，被称为"鳌头"。"鬃毛"的样子类似于印度神话中的大蛇那伽。文中的"河内省"为误记，应为"河南省"。

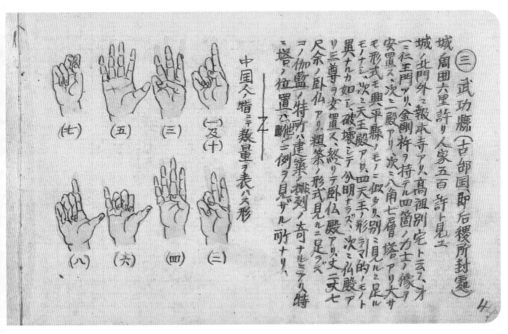

中国人指ニ数量ヲ表ハス形

（一及十）
（三）
（五）
（七）
（二）
（四）
（六）
（八）

（三）武功縣（古邠国即后稷所封處）

城周囲六里許リ人家五百許ト見ユ
城ノ北門外ニ報本寺アリ、高祖別宅ト云フ、寺
一仁王門アリ、金剛祥ヲ持テル四箇ノ力士ノ像ア
安置ス、次ニ天王殿アリ、四天王ヲ彫レル
モ形式モ興平縣ノモノニ似タリ、別ミルニ大サ
異ナカ如レ、破壊シテ分明ナラズ、次ニ仏殿ア
リ三尊ノ女置ス、終リテ卧仏殿アリ、丈二天七
尺余ノ卧仏アリ、粗茶ノ彫刻ノ奇ナヒニテ八特
コノ伽藍ノ特所ニ八建築ノ排列ノ形式見ルニ足ラズ
塔ノ位置ハ齟ニ三例ヲ見ザルニ特ナリ、

4 武功（1）报本寺（10 月 1 日）

报本寺位于武功县城外，内有一座七层八角塔和一尊身长约三丈的佛祖涅槃像。然而日记中记载，"此处没有特别值得一看的东西"。文中的"女置"为误记，应为"安置"。

255

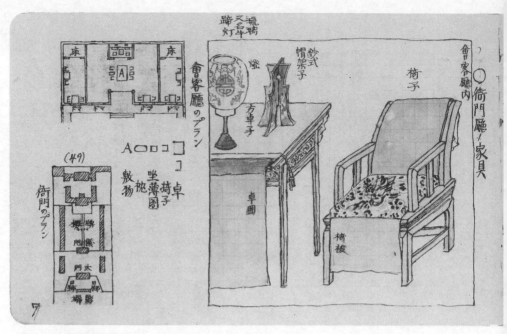

7 武功（4）衙门的建筑（3）（10月1日）

"帽架子"是用于挂帽子的器具。琉璃灯其实是用玻璃制成。"牛蹄灯"是一种使用胶质半透明皮膜罩住的灯。
"衙门"相当于市政府。

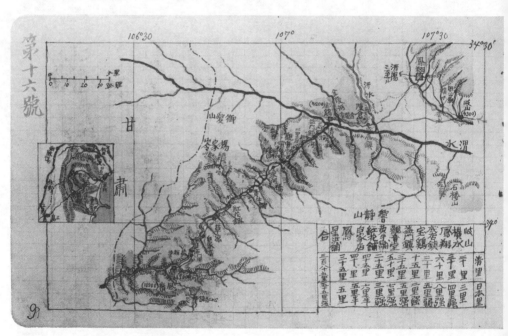

9 地图第十六号（岐山—心红铺）

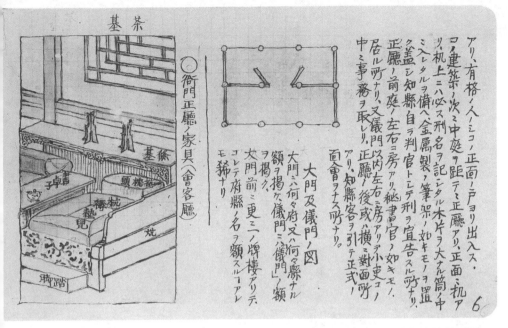

6 武功（2）衙门的建筑（2）（10月1日）

图左部分的"炕"是和朝鲜的"温突"类似的取暖装置（参考第一卷图14）。图中的"条基"指的是长条雕花桌子[11]。座位上设有"坐垫"和"枕头"。图中的"抗枕头""杭褥垫儿"中的"抗""杭"均为错字，应为"炕"。"枕头"在日语中为"枕"。

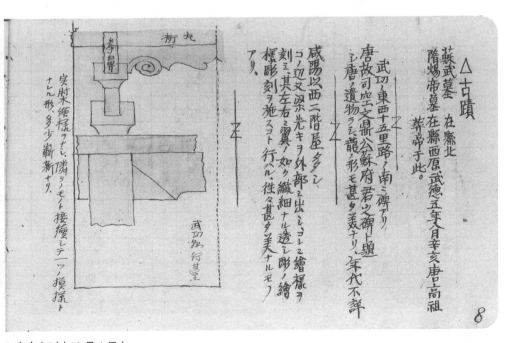

8 武功（5）（10月1日）

武功县城附近据说有一些很有趣的古迹，其中有一块疑似唐代所立的石碑，遗憾的是上面没有记明年代。

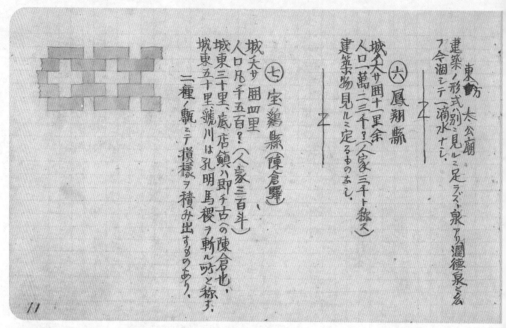

11 凤翔 / 宝鸡（10月5日）

从西安通往凤翔的道路也通往甘肃和新疆，前往成都则需要在凤翔再转往西南方向。底店镇古称陈仓，在这里可将汉中大平原尽收眼底，是据守险要之地。就连蜀国名将诸葛孔明也曾围攻此处而最终无功而返。

13 益门镇（2）（10月6日）

来到渭水以南，伊东发现这里的妇人发型较为特殊。日记中记载道："附近妇女的发髻和别处不同，形状分外有趣。而且这里的水车竟然是水平旋转，也是一大奇事。"

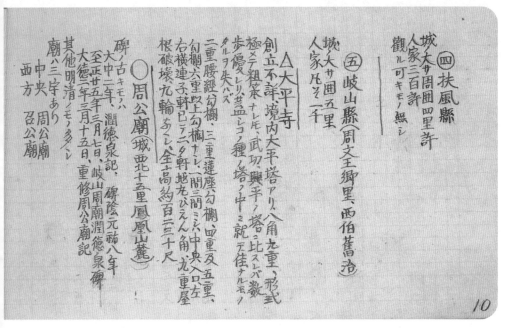

10 岐山（10月3日）

岐山县是古代名君周文王的故乡。周公庙位于凤凰山麓，其内绿树成荫，一尘不染。石碑的年代有大中二年（848）、至正二十五年（1298）以及大德二年（1365）。

12 益门镇（1）（10月6日）

渡过渭水遇到一条山路，沿着清涧河而上，道路渐渐变得陡峭。伊东在途中见到一种水平放置的水车，兴趣盎然地将其画在了笔记中。

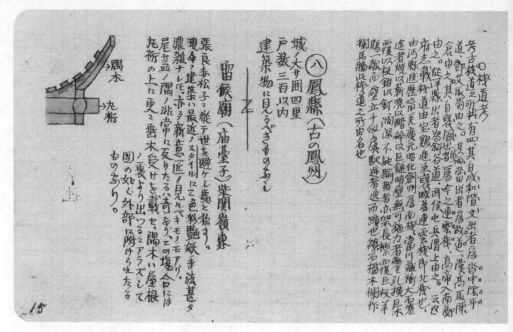

15 凤县（1）（10月8日）

留侯是曾经辅佐刘邦的张良。留侯庙是一座宏伟庙宇，和周边农田相得益彰。庙中庭院和花坛都得到了无微不至的照料。庙内有大量的私田，供养了道士五十人左右。图右部分为县志的节选。

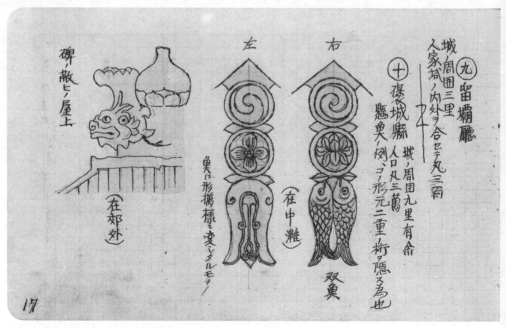

17 褒城（1）（10月12日）（下接图22）

传说褒城县是"烽火戏诸侯"典故中的周幽王爱姬褒姒出生的地方。县城中的建筑虽然值得参观的并不多，但是图中所画的悬鱼造型有别于华北地区，带有华中地区的风格。

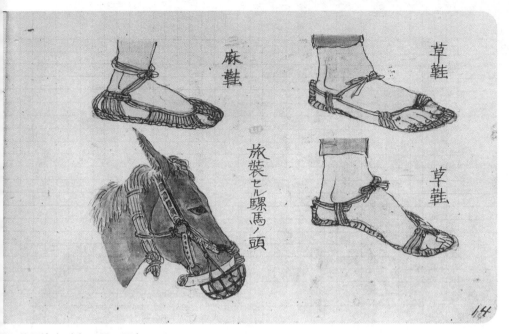

14 益门镇（3）（10月6日）

跨越秦岭时，必须动用骡子来驮运行李。一头骡子可以负担约二百四十斤的重物，而普通的马最多只能驮不过百斤。图为佩戴辔头的骡子以及脚夫所穿的草鞋和麻鞋。渭水位于宝鸡县城南一里处，渡过渭水则是山路。

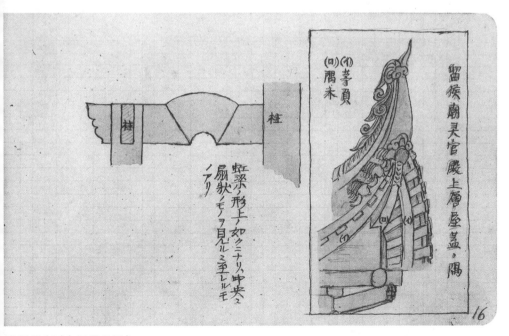

16 凤县（2）（10月8日）

翻过秦岭，华北单调的景色被抛在身后，四处山清水秀，仿佛来到了另一个世界。留侯庙与华北的庙建筑风格迥异，屋檐的翼角体现了典型的中国南方建筑风格。

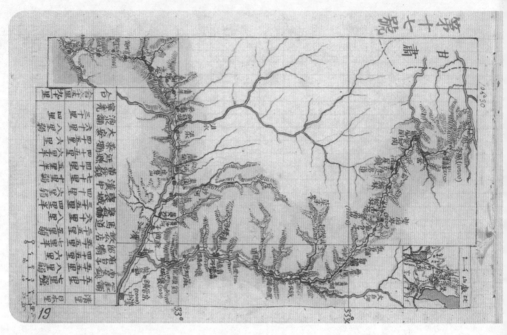

19 地图第十七号（心红铺—宁羌）

21 汉中（2）（10月14日）（下接图24）

从襃城前往汉中府南郑县的道路，在一片平原之上向东南方延伸。当天的日记中记载，"天气非常好，人马都精神饱满，状态正佳"。途中伊东花费了很多时间对所见的建筑等进行写生记录。

18 雁子边（10 月 11 日）

武曲铺往南数里有一条穿过乱石滩的小路。明治时期的汉学家竹添进一郎曾来此游历，并在其著作《栈云峡雨日记》中写道："奇岩怪石如蟠龙，如奔马。栈道一线，通于其间。行旅皆在图画中矣。"[2]

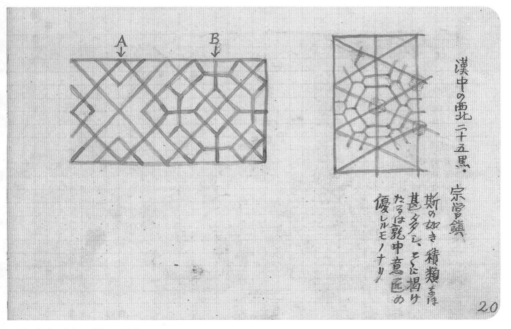

20 汉中（1）（10 月 13 日）

褒城至沔县[3] 的道路是去往成都道路中的一段，并不经过汉中（南郑县）。伊东实在不愿错过汉中，所以决定绕道前去。宗营镇就位于前往汉中的途中。文中的"积类"（積類）为误记，应为"种类"。

23 鸡头关（10 月 12 日）

沿着将军岩旁边的陡坡上行数里路登上顶峰，便来到了鸡头关。此处有一座关帝庙，庙门朝北一侧挂有"秦栈隘可要"的匾额，朝南一侧的匾额则写着"蜀道平"。

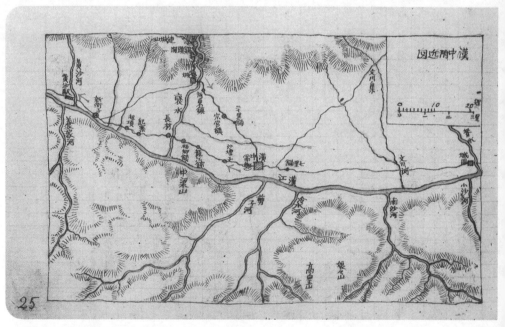

25 地图　汉中附近（城固—黄沙）（10 月 13 日）

伊东一行在汉中府停留了两天（13 日、14 日），并从东门外的净明寺开始探访城内的各种建筑，没有发现什么亮点，这让他十分失望。

22 褒城（2）（10月12日）（上承图17）

从传说是褒姒故乡的褒姒铺前往麻坪寺的途中，风景美不胜收。水中立有一块巨石，名为将军岩，高约六丈，形似头盔。伊东在日记中记载："河床上的白沙宛如白雪，只可惜一行人都在分秒必争地赶路，无暇驻足欣赏如此美景。"

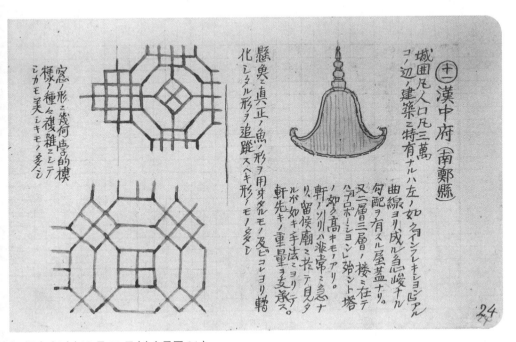

24 汉中（3）（10月13日）（上承图21）

南郑县位于汉中府，据说城方约九里，户口三万。文中的"城囲凡"后漏写了"九里余"。"インフレキション"是建筑术语，意为"转角点"。

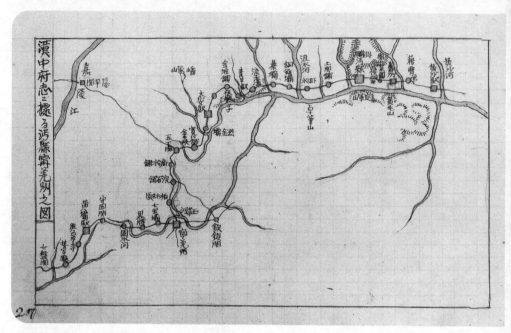

27 地图（黄沙—七盘关）

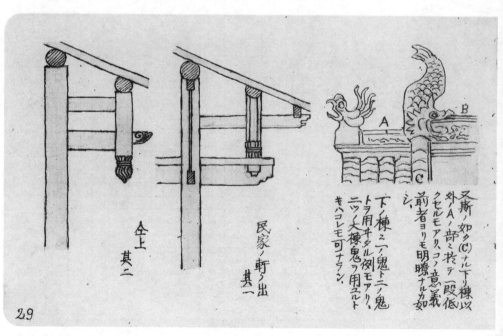

29 汉中（6）（10月14日）

图"其二"部分中，民家屋檐的檐柱类似于在北京多次见到的"垂花门"。

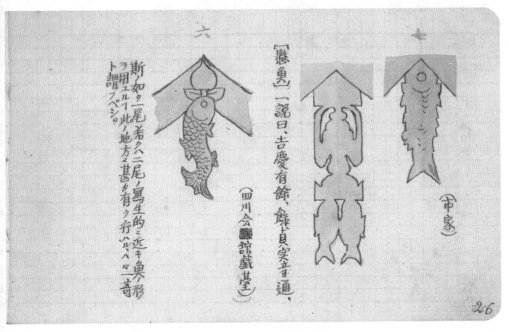

26 汉中（4）（10月13日）

悬鱼上的花纹多为鱼形，不仅是作为预防火灾的符咒，还蕴含了"吉庆有余"的意思。"余"和"鱼"同音，"有鱼"即为"有余"，代表了生活富足，有富裕的钱财或粮食。文中的"甚夕有ケ"为误记，应为"甚夕多ク"，意为"很多"。

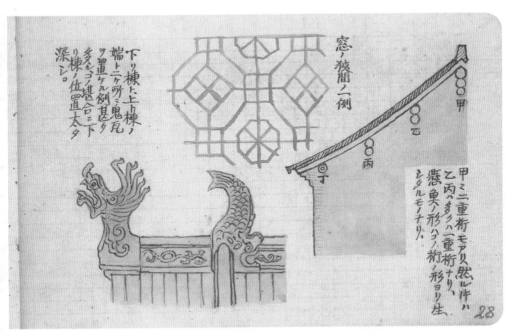

28 汉中（5）（10月14日）

此处的屋脊采用了一种非常奇特的建造手法。正脊顶端使用了两层的正吻，外面的像是鳌头（参考图2），内侧则是鸱吻形状。

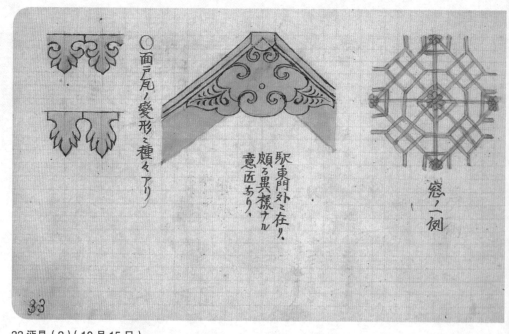

○面戸瓦ノ變形ニ種々アリ

駅東門外ニ在り、
頗ル異様ナル
意匠あり。

窓ノ一例

33 沔县（2）（10月15日）

沔县，现名勉县。新城区是沿着旧城往东扩建而成的。

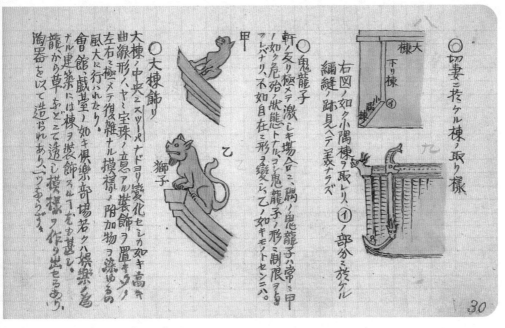

○切妻ニ於ケル棟ノ取り様

右図ノ如ク小隅棟ヲ取レリ。①ノ部分ニ於ケル編縫ノ跡見ヘテ美ナラズ

○鬼龍子
軒ノ反り極メテ激シキ場合ニ、胸ノ鬼龍子ハ常ニ甲ノ如ク危殆ノ状態トナルコトアリ鬼龍子ノ形ミ制限ヲ加フレバナリ、不如自在ニ形ヲ變ニ乙ノ如キモノトセンニハ。

甲

乙　獅子

○大棟飾リ
大棟ノ中央ニスツ〴〳ナどトリ變化セシムル如キ高キ曲線形ハ、ヤ〻宝珠ノ意アル裝飾ヲ置キ、ソノ左右ニ極メテ復雜ナル模樣ノ陶加物ヲ染ゆるの風大ニ行ハれたり。

會館、戲堂其ノ如キ俱樂部若クハ娛樂ノ為ナル建築ニハ棟ヲ裝飾スルニ甚シレ、龍カから草ラどこで透シ模樣ヲ作り出せらあり、〵つちゃうぶ。

陶器をヲ以て造られあり、

30 汉中（7）（10 月 14 日）
此地的建筑，屋檐的翼角上翘角度都大得出奇。因此，伊东针对图中"甲"处的鬼龙子[4]提出了如图"乙"处的修改提案。

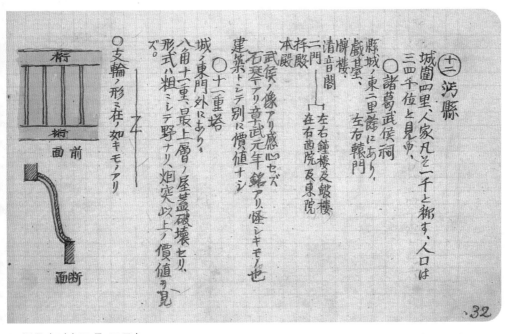

○支輪ノ形ミ在ノ如キモノアリ

前　面

断　面

（十二）沔縣
城圍四里、人家凡ぞ一千と稱す。人口は三四千位と見ゆ。

○諸葛武侯祠
縣城ノ東二里餘にあり、歳其室、左右轅門

牌樓、左右鐘樓

清音閣　左右西院及東院

二門　　本殿　拜殿

武侯ノ像アり感心セズ石琴アり章武元年銘アり。怪シキモノ也建築トシテ別に價値ナシ。

○十一重塔
城ノ東門外にあり、八角十一重、最上層ノ屋蓋破壞セリ、形式ハ粗ミレテ野ナリ、炮突以上ノ價値ヲ見ず。

32 沔县（1）（10 月 15 日）
伊东评价道："东门外的宝塔和周围地形十分协调，相得益彰。"文中的"十一重塔"[5]为现存的万寿塔。

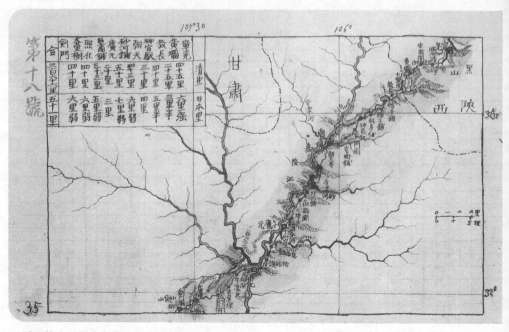

35 地图第十八号（宁羌—剑门阁）

37 七盘关（10月18日）

伊东搭乘三丁拐[6]翻越山崖到达了黄霸驿。四周遍布水田，可见此处的居民以大米为食。向前走上山道，沿着陡峭的石路登上山顶来到关门。七盘关是陕西省和四川省的省界，这里的景色宛如图画一般。

270

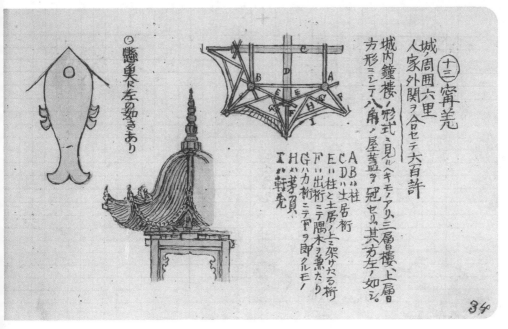

34 宁羌（10月17日）

四方形的平面上架设八角形的屋顶，这是在华北从未见过的手法。钟楼高三层，上层采用了所谓"卷棚形"向上翘起的盝顶。文中的"即クルモノ"为误记，应为"助クルモノ"，意为"支撑着"。

36 教长驿（1）（10月18日）（下接图38）

翻过七盘关就进入了四川省，伊东一行在教长驿住了一晚。四川省土地丰饶，矿藏丰富，但离海很远，交通也不方便。伊东推断道："可能也正因为如此，大智如孔明者都未能以此为据点而争得天下。"

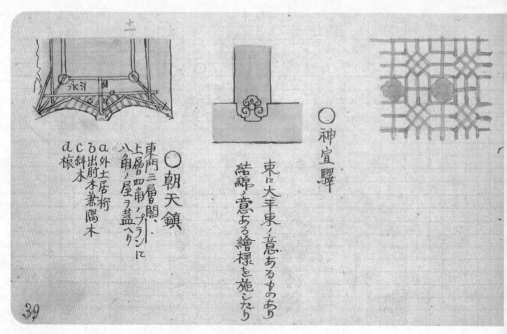

39 神宣驿／朝天镇（1）（10月19日）（下接图42）

从神宣驿前往龙洞背，一路上随处可见被雨水冲刷形成的奇形怪状的石灰岩。此处有一个名为龙洞的巨大天然溶洞，洞中出产一种贝类化石，当地人以两文钱一个的价格贩卖。

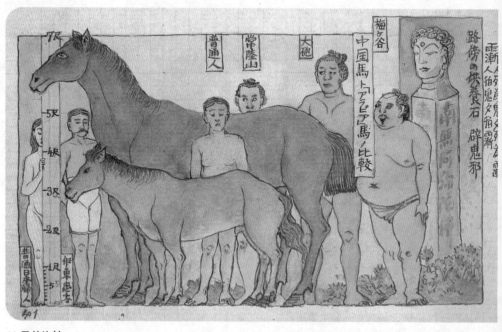

41 马的比较

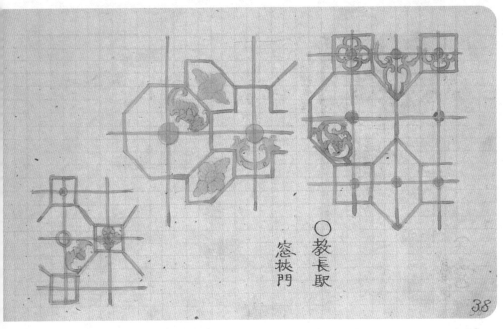

38 教长驿（2）（10月18日）（上承图36）

图中"窓狭門"为误记，应为"窓狭間"，意为"窗格"。

40 轿子　三丁拐（10月）

马匹已经精疲力竭，于是一行人改乘轿子。"三丁拐"指的是由三名轿夫所抬的轿子，前面两人，后面一人，又称为"鸭棚子"。轿子由竹子制成，弹力十足，每走一步都会轻轻地上下晃动，初乘时还难以适应。

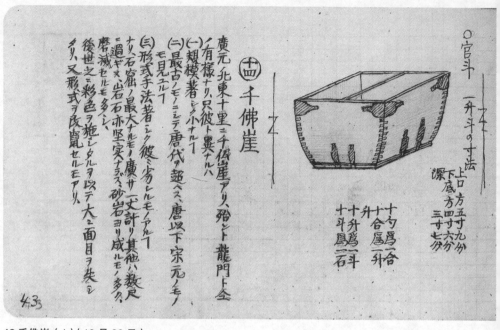

43 千佛崖（1）（10 月 20 日）

嘉陵江两岸的绝壁如刀削斧劈般，水面之上一两丈处的崖壁开有六七寸的小孔，相距一定间距排列开来，这是栈道的痕迹。船只到达广元以北十里处的千佛崖之后，伊东开始了调查活动。

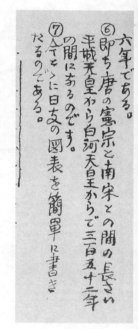

44-2（图 44 为附在笔记内页的贴纸，记录了对年号的考证结果）

42 朝天镇（2）（10月19日）（上承图39）

朝天镇位于嘉陵江东岸，多少有点儿城市的样子。从此出发，如果走陆路，必须翻越朝天岭。随行的士兵怨言不断，于是雇了两条船顺江而下。小船在江面上如箭矢一般行驶，甚是畅快。

44-1 千佛崖（2）（10月20日）

中央ニ仏、左右ニ僧、ソノ左右ニ菩薩、ソノ左右ニ
仁天、其ノ左ノ右ニ獅子、仏ハ獅子坐ノ上ニ跂坐ス、
他ハ皆待立ス、後ニ樹木アリ、三面六臂ノ神人
日月ヲ提ゲタリ、斯ノ如キ配合ハ龍門ニモ多ク見
タル処ナリ、

〇仏像
（甲）烏仏師式ノモノ

45 千佛崖（3）（10 月 20 日）
千佛崖的摩崖造像是四川省现存规模最大的石窟群。1935 年修筑陕西和四川之间的道路时，超过半数的造像被毁。文中的"待立"为误记，应为"侍立"。

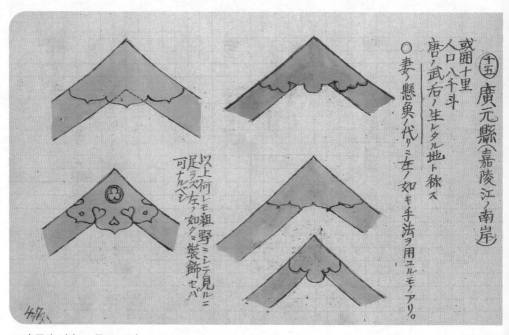

（十五）廣元縣（嘉陵江ノ南岸）

或囲十里
人口八千斗
唐ノ武右ノ生レタル地ト称ス
〇妻ヲ懸奥ノ代リニ左ノ如キ手法ヲ用ユルモノアリ。

以上何レモ粗野ニシテ見ルニ
足ラズ、左ノ如クニ装飾セバ
可ナルベシ

47 广元（1）（10 月 20 日）
离开千佛崖继续乘舟而行，并在广元县上岸改走陆路。文中的"或围"为误记，应为"城围"，意为"城池大小"。

276

	年號	時期	帝王	天皇	年號-時斯	年紀
1	元和	2－4	唐宣宗	平城	大同一2	1467
2	大中	13－一	唐宣宗	清和	貞觀一元	1519
3	廣明	2－6	唐喜宗	陽成	元慶一4	1540
4	咸平	3－4	宋真宗	一條	長保一3	1661
5	元祐	3－1	宋哲宗	堀河	寬治一2	1748
6	元豐	？－？	宋哲宗	〃	康和一2	1760
7	紹興	？－？	宋高宗	崇德	天治一？	1784
8				後白河	保元一？	1816

44-3（图44的背面）

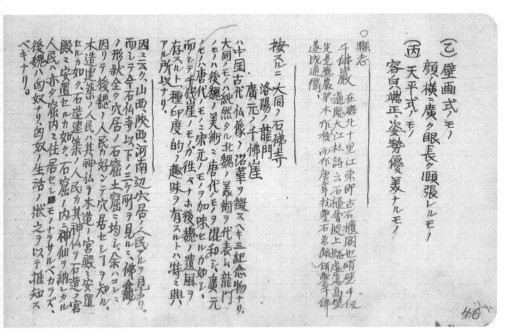

46 千佛崖（4）（10月20日）
佛龛的年代从南北朝到隋唐元明都有，其中以唐时期的造像最多。文中的"千仏崖ノモノが往々ナホ"为误记，应为"千仏崖ノモノが往々ナホ"，意为"千佛崖的造像多保存了（北魏的遗风）"。

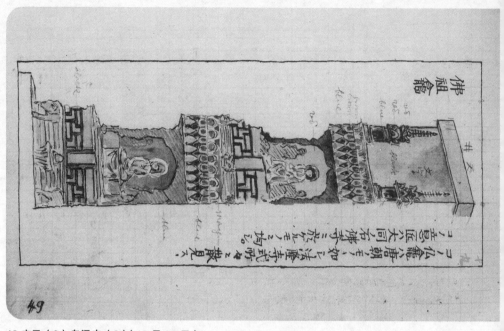

49 广元（3）皇泽寺（2）（10月20日）

佛祖龛中雕刻着北魏风格的佛像、高栏、华盖等。伊东认为此处的风格和日本法隆寺相同，非常有趣。

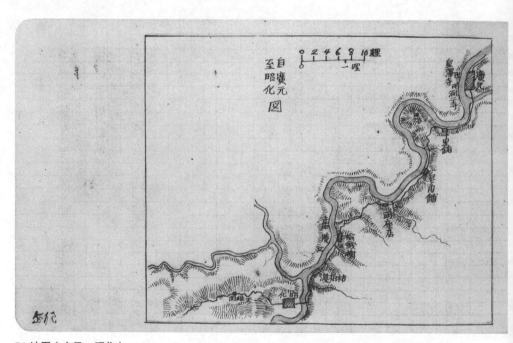

51 地图（广元—昭化）

48 广元（2）皇泽寺（1）（10月20日）

此处的佛像是唐代所造，手法与龙门以及千佛崖的佛像相同。相传广元是武则天的故乡，皇泽寺也为她所建。但皇泽寺中的建筑均建于清代。

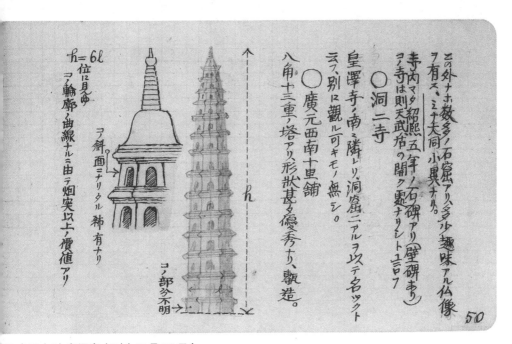

50 广元（4）皇泽寺（3）（10月20日）

十里铺塔的造型可以称为"四川式"，在华北完全看不到此种类型的塔[7]。整体的轮廓呈竹笋状，塔高相当于塔基宽的六倍。此塔与印度的建塔目的不同，是一种基于风水思想的地标性建筑。

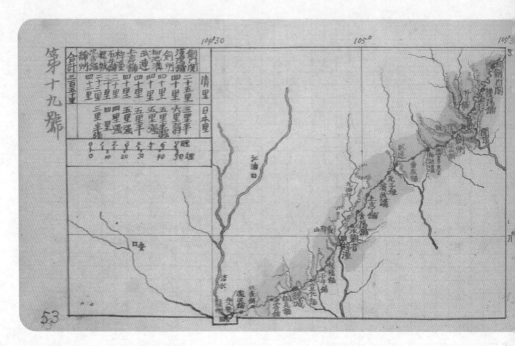

53 地图第十九号（剑门阁—绵州）

55 剑安桥（10 月 22 日）

沿着剑门山的缝隙攀登，山愈近，路愈险。沿着一条石路登顶之后，能看见一座上载两层阁楼的城门。城门的匾额上写着"剑阁"二字。

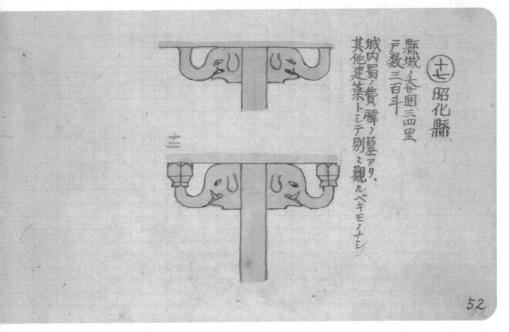

52 昭化（10月21日）

图为某间寺庙中的部件。牛腿被制作成斗拱的样式，拱的部分则做成了象鼻形状。图下部分描绘了象鼻的尖端上承载着倾斜着的斗。文中的"费祎"是三国时期蜀国重臣，深得诸葛亮的信任，在其死后接任了军师一职，最后被魏国的刺客暗杀。

54 剑阁附近风景（10月22日）

沿着昭化以西的山路而行，到达了景色壮美的天雄阁。眼前起伏跌宕的群峦之中显现出两座奇山，还仿佛能看到一排古城墙，这就是著名的剑门山[8]。

57 剑门山（10 月 22 日）

古时这里有过一段悲壮的历史：蜀国的姜维与魏国的钟会在此对阵，死守之时却得知了蜀国灭亡的消息，最后姜维无奈向钟会投降。入关之后，可以看到数十座姜维的祠堂和石碑，上面都刻着过客咏叹剑阁的诗句。

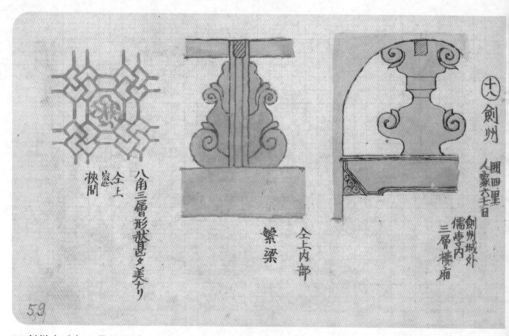

59 剑州（1）（10 月 23 日）

剑州城外可以看到好几所儒家学校。伊东在剑州城东南发现了一座塔，前往调研，然而并没有什么发现，失望而回。

56 剑阁（10 月 22 日）

剑阁古时是坐落在蜀国栈道上的关门，位于陡坡之上，隔断了道路，其上还建有两层的战楼。伊东评价剑阁保留了最为古老的建筑结构，也是一处最得其要领的实例。

58 梦（10 月 23 日）

日记中记载，那天早上伊东做了奇怪的梦，并将这个梦加以着色，描绘成画。

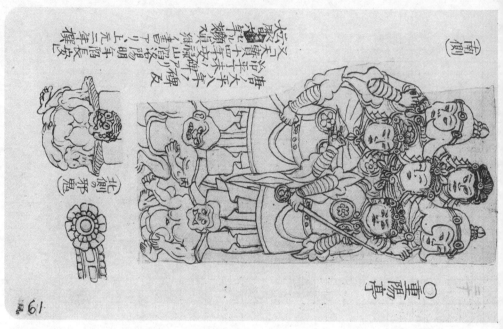

61 剑州（3）（10 月 23 日）

重阳亭中最有趣的当数位于石窟入口处左右相对的墙壁上的薄肉雕了，看上去像是四大天王。脚下恶鬼样式和日本天平式 [9]、法隆寺式都有相似点，稀有珍贵。文中的"大平八年"为误记，应为"大中八年"（854）。

63 剑州（5）（10 月 24 日）

剑州如今称作剑阁。唐代在此设"剑州"，1913 年时改为现名。

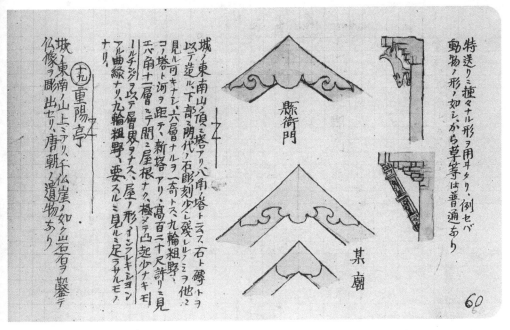

城東南ノ山上ニ頂ニ塔アリ八角塔トス石ト磚トヲ以テ造ル下部ハ明代ノ石彫少シク残ルノミヲ他ニ見ル可キナレ六層ナルヲ一奇トス九輪粗野、コノ塔ト河ヲ距テ、新塔アリ高百二十尺許リミ見ユ八角十二層ニテ間ニ屋根ナク極メテ凸起ナキモノ、ルチジグラ以テ屋根限ヲナス、屋ノ形ハインフレキション、アル曲縁ナリ九輪粗野。要スルニ見ル足ラサルモノナリ。

城東南ノ山上ニアリ、千仏崖ノ如ク山石ヲ鑿テ仏像ヲ彫リ出セリ、唐朝ノ遺物アリ

（十九）重陽亭
仏像ヲ彫リ出セリ、唐朝ノ遺物あり

縣衙門

某廟

特送リニ種々ナル形ヲ用ヰタリ、例セバ動物ノ形ノ如シ、から草等ハ普通あり

60

60 剑州（2）（10月23日）

伊东在调查完塔的归途中发现了重阳亭的石雕，这是唐代的遗迹。其中还有颜真卿所写的记载了"安史之乱"的石碑。

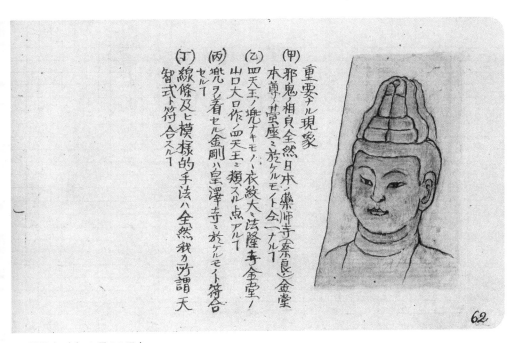

（甲）重要ナル現象
邪鬼ノ相貝全然日本ノ薬師寺（奈良）金堂本尊ヲ甚臺座ニ於ケルモイト会（一ナルフ）

（乙）四天王ノ兜ナキモノ、衣紋大ニ法隆寺金堂ノ山口大口作ノ四天王ニ頬スル点アルフ

（丙）兜ヲ着セル金剛ハ皇澤寺ニ於ケルモト符合セルフ

（丁）線條及ヒ模様的手法ハ全然、我カ所謂天智式ト符合スルフ

62

62 剑州（4）（10月23日）

重阳亭中有很多古碑被削去表层，刻上了新的文字，古代的佛像被修改成新样。文中的"山口大口"指的是"山口大口费"[10]，是飞鸟时代的佛像师，他的名字还留在法隆寺金堂中广目天王的光背上。

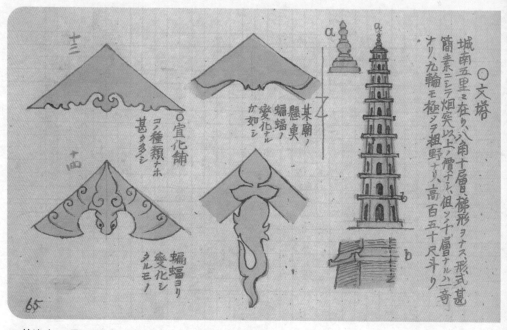

65 梓潼（10 月 26 日）

梓潼县始设于汉代，城北七曲山有一座文昌庙，传说可以保佑人加官晋爵。该庙始建于唐代之前，明清时又
经历过多次整修。

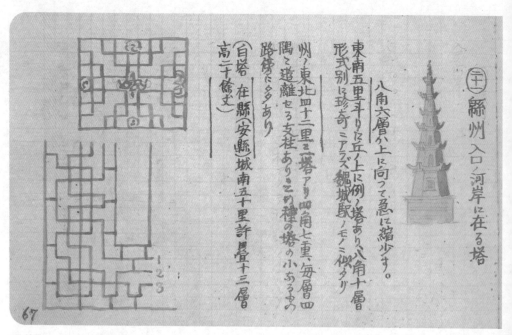

67 绵州（1）（10 月 27 日）

绵州的城区已经开放，还有英国人在此开办药店。伊东在此处参观了万寿宫、上天宫、关帝庙等。绵州于
1913 年改称绵阳至今。

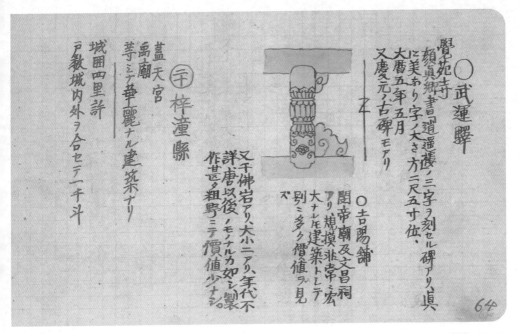

○武連驛

讀苑寺
顏真卿書「逍遙遊」ノ三字ヲ刻セル碑アリ、眞
ニ美アリ字ノ大サ方二尺五寸位
大曆五年五月
又慶元ノ古碑モアリ

○吉陽舖
關帝廟及文昌祠
アリ、規摸非常ニ宏
大ナルモ建築トシテ
別ニ多ク價值ヲ見
ズ

又千佛岩アリ、大小二ツ、年代不
詳唐以後ノモノナルカ如シ製
作甚タ粗野ニテ價值少ナシ

蓋天宮
島ノ廟
等ミナ華麗ナル建築ナリ

〒梓潼縣

城圍四里詳
城内外ヲ合セテ一千斗
戸數城

64 武连站（10 月 24 日）

从千佛崖沿着山路而下，来到了一片平地。此处也是古代蜀栈道的终点。文中的"闵帝庙"为误记，应为"关帝庙"。

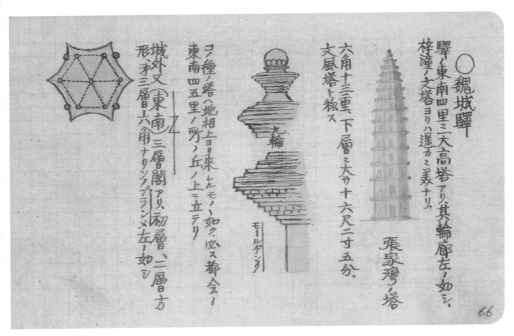

○魏城驛

驛ハ東南四里ニ「天高塔」アリ其ノ輪ニ廓左ノ如シ、
梓潼ノ文塔ヨリハ遙カニ美ナリ

六角十三重、下層ニ大サ十六尺二寸五分、
大風塔ト稱ス

九輪

モールデング

コノ種ノ塔ハ地相上リ來ルモノノ如ク必ス都會ノ
東南四五里ノ所ノ丘ノ上ニ立テリ

張家灣ノ塔

城外又「東南」三層閣アリ、兩層ハ二層方
形、矛三層六角ナリシクプランメ左ノ如シ

66 魏城站（10 月 26 日）

张家湾的塔外形并不呈曲线形，而是逐层往上缩减，仿佛毛笔尖一样。伊东评价道，此塔在四川式的塔中形态最为优美。

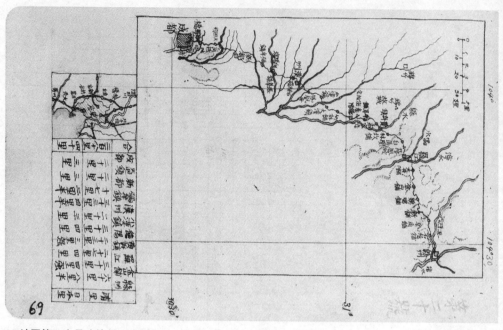

69 地图第二十号（绵州—成都）

伊东在日记中记载，他们行至绵州附近时，衙门派人前来迎接，还放礼炮以示欢迎，这也是他们头一次遇见这样的阵仗。

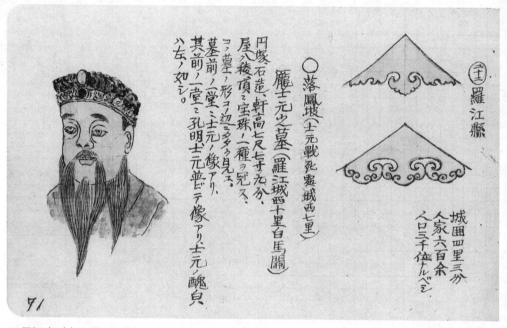

71 罗江（1）（10月28日）

庞统，字士元，是三国时代的英雄。他曾担任刘备的军师，与孔明齐名。在跟随刘备入川之时，在落凤坡被乱箭射死，时年三十六岁。

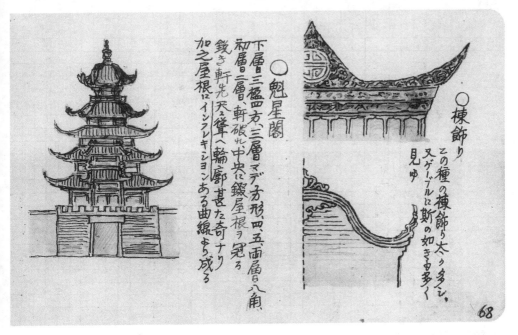

加之屋根にインフレキションある曲線より成る
鋭き軒先ヲ葺へ輪廓甚だ奇ナリ
初層二層、軒破れ中央に鍍屋根ヲ冠る
下層三楹正方、三層マデ方形四五面層皆八角
〇魁星閣

棟飾り
この種の棟飾り太々多く、又ゲーブルに斯の如き甚多く見ゆ
〇棟飾り

68 绵州（2）（10 月 28 日）

这里可以看到一种卷棚式悬山顶，大梁中央之上还有火焰宝珠装饰，鸟衾瓦采用了向外延伸并高高翘起的手法。文中的"ゲーブル"指的是"悬山顶"或者"博风板"。

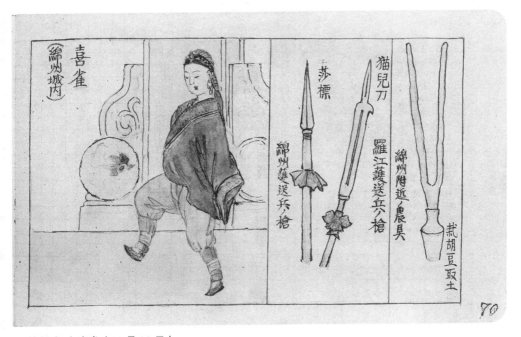

喜雀（綿州城内）

莎標　綿州護送兵ノ槍

猫兒刀　羅江護送兵ノ槍

綿州附近ノ農具　荊胡豆取土

70 绵州（3）喜雀（10 月 29 日）

喜雀又称喜鹊，是一种吉祥喜庆的鸟，在这里也是一种游戏的名称，即北方的"踢毽子"。将一块直径三厘米的皮和一枚带有孔的铜钱缝制在一起，再缝上一些羽毛就制作成毽子，用脚踢着玩耍。

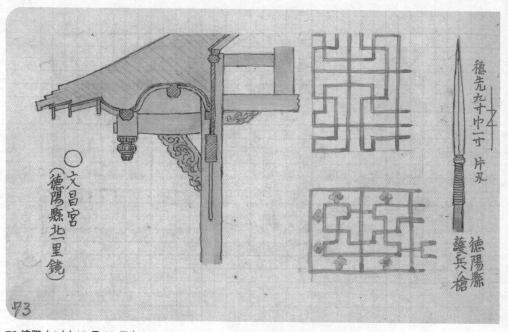

73 德阳（1）（10 月 29 日）

根据日记记载，文昌宫位于德阳县城北面一里处，是进入德阳县之前所看到的第一个建筑。

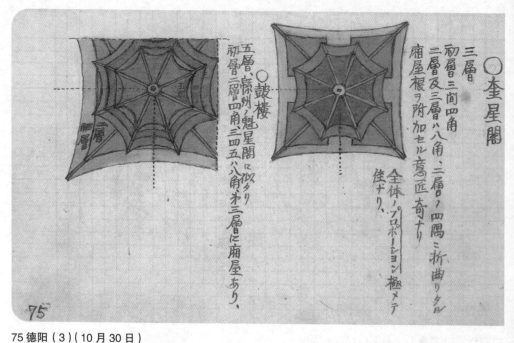

75 德阳（3）（10 月 30 日）

这里的知县曾经在成都与英国人打过交道，所以处事周到，还向伊东询问了关于伊藤博文和日本大学的问题。

72 罗江（2）（10 月 28 日）

路边有"庞士元战死之处"的标牌，并题有"古落凤坡"。继续前行约三里，则来到了白马关，这里有庞士元的祠堂。前殿有庞统和孔明二人的塑像，后殿则单独供奉了庞统一人。塑像和传说中一样，容貌甚丑（见图 71）。

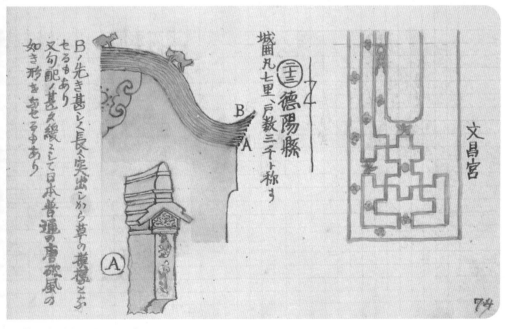

74 德阳（2）（10 月 29 日）

德阳县城方圆约七里，户口三千。行台建筑气派且别具一格。

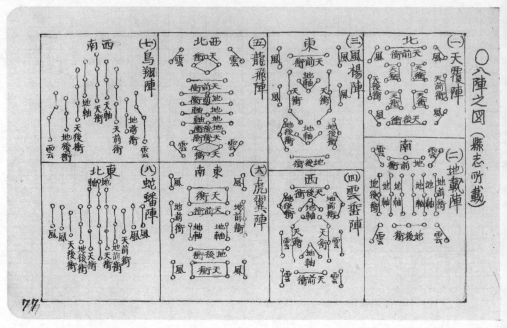

77 弥牟镇（10 月 31 日）

弥牟镇中有孔明的祠堂以及被称作"八阵图"的孔明陵墓。八阵图由很多直径三到五米、高约五尺的馒头状坟排列而成。县志中也记载了相同的八卦图。伊东在日记中记载，虽然没能理解其中深意，但是觉得非常有趣，并将其摘抄下来。

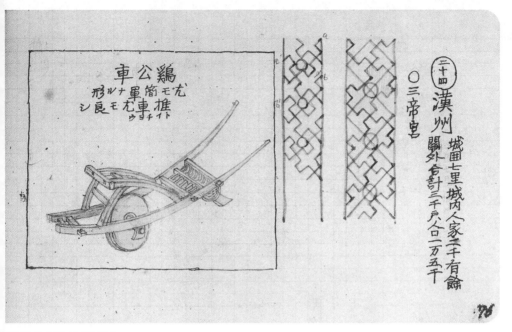

76 汉州（10 月 30 日）

推车，也叫鸡公车，是在四川平原上使用的一种独轮车。车上载着货物或人，并由一个人在后方往前推行，可以通过狭窄的小路，非常便利。汉州今称为广汉。

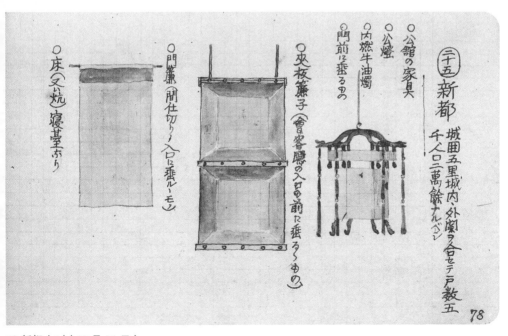

78 新都（1）（10 月 31 日）

夹板帘子是一种用木片平均夹住薄棉被的上中下部而做成的门帘，可以两面开启，用于隔断，但是白天的时候一般将帘子挂起保持敞开。新都县位于成都郊外，因其境内的宝光寺而出名。

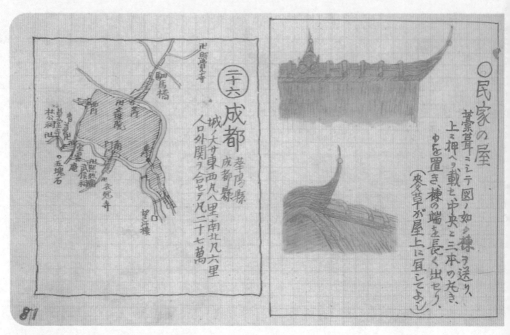

81 新都（3）/成都（1）（11月1日）

成都位于古代的蜀地。战国时代秦国在此设成都县，汉代又设益州。成都作为四川省的中心，是一座交通发达、文化繁荣的古都。

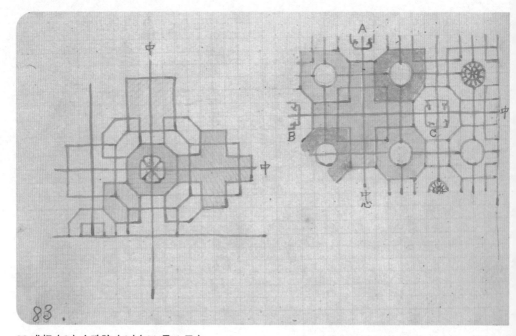

83 成都（3）文珠院（2）（11月4日）

日记中记载："此寺的规模非常庞大，让人流连忘返。僧人也通文达礼，佛学修养甚高。我们吃着他们端出的茶果，时间在不知不觉间消逝。"

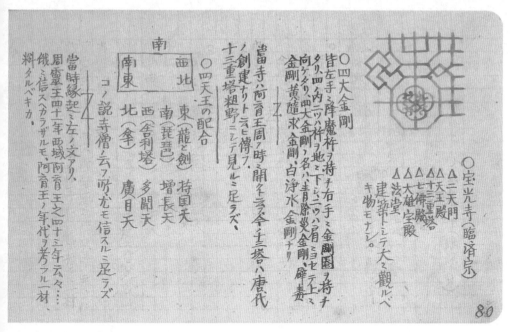

80 新都（2）宝光寺（11月1日）

传说宝光寺缘起于周灵王四十一年，创建于西域阿育王四十三年。伊东评价道，阿育王四十三年相当于秦始皇十四年（公元前 233），中间相隔了三百多年，记载不一定准确，而且周灵王在位不过二十七年，并没有所谓四十一年，所以此传说难以取信。

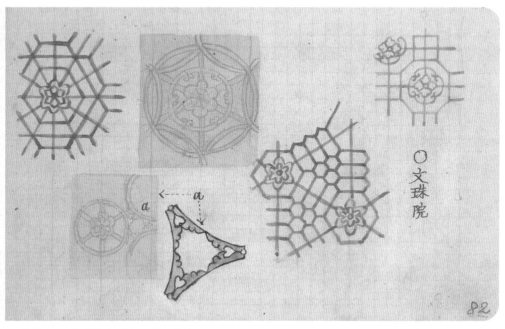

82 成都（2）文珠院（1）（11月4日）

城北门内有一座名为"文珠院"的大寺庙。窗格花样的设计引起伊东很大的兴趣，他根据方形、三角形、六角形以及八角形进行了分类整理。在这个过程中，他还发现了许多具有阿拉伯风格的花纹。

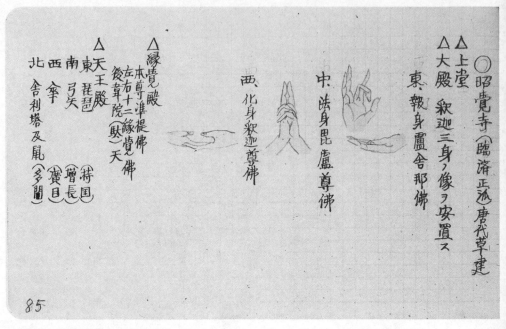

85 成都（5）昭觉寺（11月5日）

北门外东北方向行约十里有一座昭觉寺。据说此寺方圆十五里，是这里最大的寺庙，寺内住有大约两百名僧人。

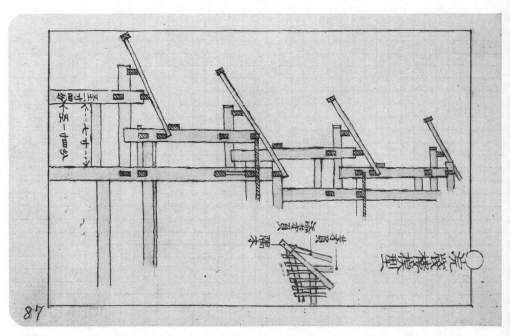

87 成都（7）望江楼（2）（11月7日）

望江楼中的崇丽楼[12]是一座四层望楼，屋顶覆以琉璃瓦，显得非常华丽。其内还有浣笺亭的模型，但是按伊东所言，亭的构造比较普通。

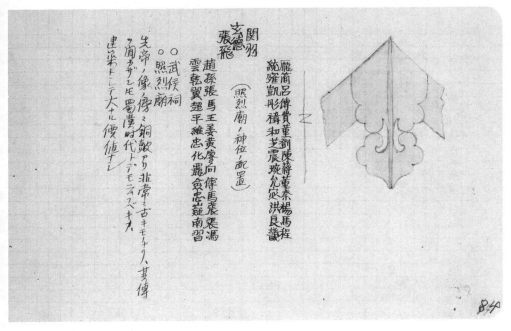

84 成都（4）（11月5日）

武侯祠和昭烈庙修建在一起。武侯祠中供奉着诸葛亮，昭烈庙内则供奉着刘备。庙殿的神位顺序的依据不明。
武侯祠殿内供奉着诸葛亮及其儿孙的塑像。庙宇旁边有刘备的陵墓，是一座巨大的馒头状坟墓。

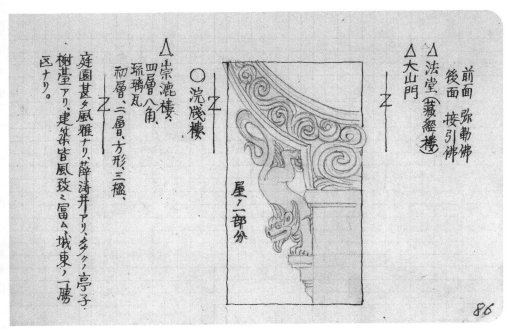

86 成都（6）望江楼（1）（11月7日）

从东门出城，走九眼桥过锦江，有一处名为"望江楼"的别致优雅的庭院。院内有很多小亭，看来花费不少
心思，但其中最为出名的是与唐代女诗人薛涛 [11] 相关的"薛涛井"。

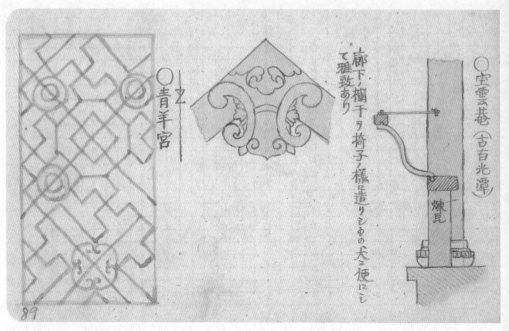

89 成都（9）（11月8日）

青羊宫是成都城内最古老的道观，用于祭祀老子，古名"青羊观"。境内有灵祖楼、混元殿、八卦亭、三清殿、斗姆殿、唐王殿等建筑，是一座规模非常宏大的道观。文中的"百光潭"为误记，应为"百花潭"。

91 成都（11）（11月8日）

杜公祠为祭祀杜甫而建，门前密植着高约百尺的绿竹，所以这里就算在白天也非常幽暗。祠堂内有池有亭，有细水长流，环境非常幽雅。古时的文人墨客来此游玩，无不陶醉于此处的清淡雅致。

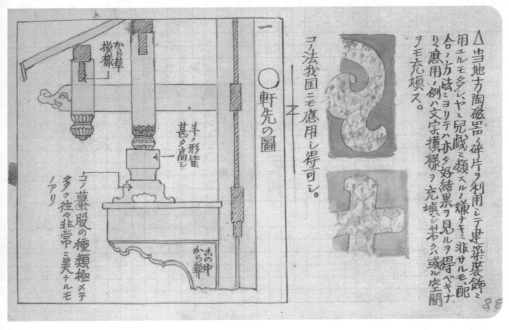

88 成都（8）（11月8日）

图 89 中的宝云庵是位于城外东南角的一座小寺庙，古时称作"百花潭"，类似于日本的茶室建筑，非常轻妙潇洒。此处建筑采用了很多日本建筑中也有的霸王拳、斗、驼峰等构建，但是手法颇有趣味。

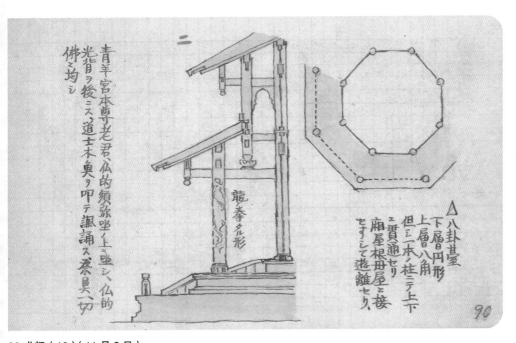

90 成都（10）（11月8日）

日记中记载道："早晨八点起床，吃过早饭之后乘坐轿子出旧南门前往杜公祠，同住的王先生也作为向导乘轿同行。出得南门，沿着城墙往西而行，在城墙的尽头有一座宝云庵……"图中"龍ノ拳タル形"为误记，应为"龍ノ巻タル形"，意为"卷龙形"。

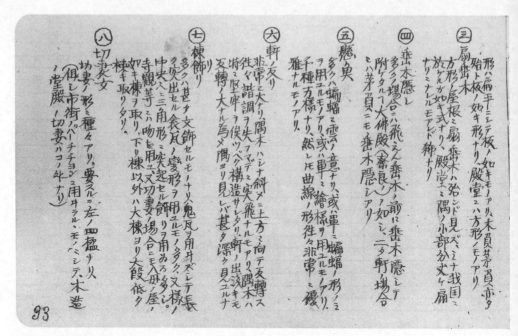

93 成都（13）（11月）

文中的"切表女"为误记，应为"切妻"，意为"悬山顶"；"パーチチョン"意为"分隔"。

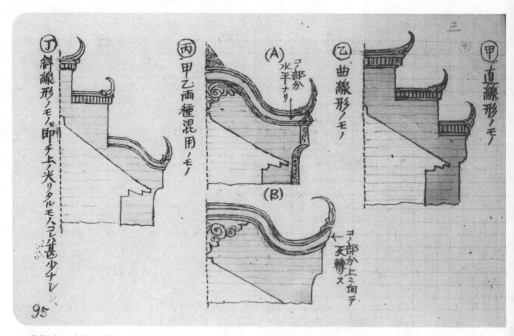

95 成都（15）（11月）

图为城内民居的"防火山墙"[14]的形状。所谓防火山墙，是指建筑物山墙（侧壁）高出屋面的部分，形状多种多样，有沿着屋顶的坡度往上层层抬起的阶梯形，也有圆拱形等。图右列举了其中的三种类型。

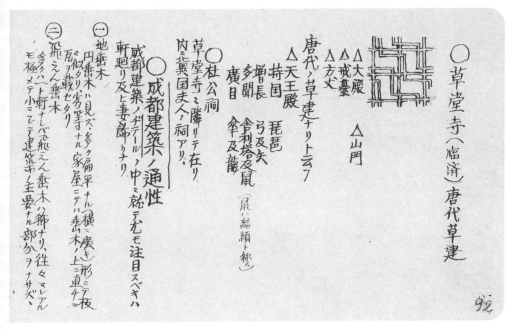

92 成都（12）（11月8日）

草堂寺是一座大规模的寺庙，旁边就是杜公祠。祠堂中央供奉着杜甫的塑像，左边是宋代著名书法家黄山谷[13]像，右边是诗人陆游像。

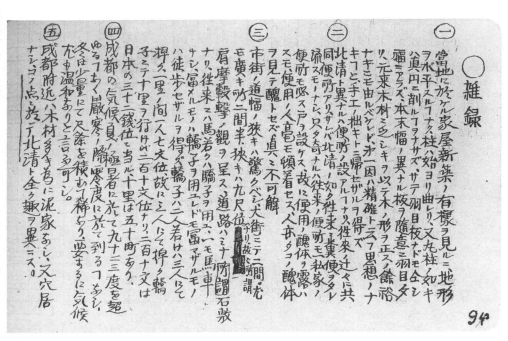

94 成都（14）杂录（11月4日）

成都位于四川盆地的中心，夏天非常湿热，冬天又十分寒冷。一年四季中可以看到太阳的日子很少，所以蜀中有成语"蜀犬吠日"。

97 双流（11月10日）

双流县虽然没有什么特别值得参观的建筑，但民居中还是可以看到一些有趣的建筑手法。图为其中一例，除此之外，一些复杂美妙的花纹也引人注目。

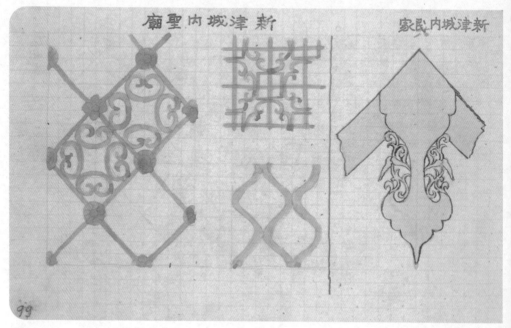

99 新津（1）（11月11日）

虽然新津只是一个小县城，但是仍有一些值得看的建筑，圣庙就是其中之一。图中所绘是圣庙中的窗户，伊东评价其"新颖有趣"。

302

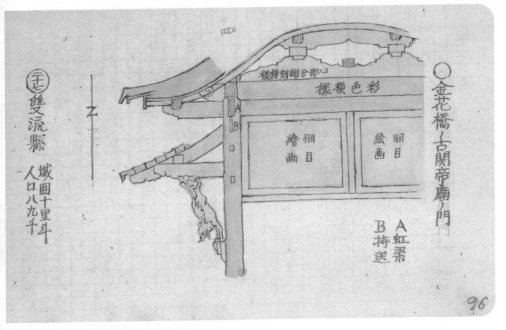

96 成都（16）古关帝庙（11 月 10 日）

图为位于金华桥的古关帝庙门的横截面图。卷棚式的屋顶下部是承重的大梁，再往下是双层的楸木以及驼峰等，设计非常奇特。

98 串头铺（11 月）

伊东被这匹马踢了两次，还被扔下马来，但这匹马一直任劳任怨，是他的好伙伴。来到成都次日，这匹马突然犯病倒毙。伊东在日记中记载，很想给马做一座坟墓，但当地人听说要为马做坟，都一笑置之，也没有人愿意帮忙。

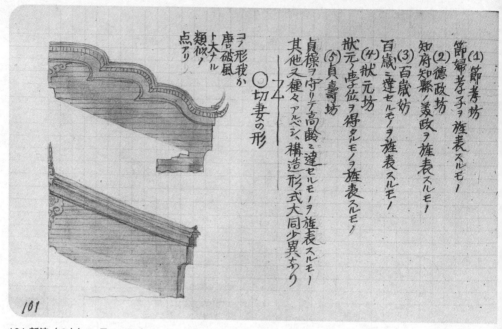

（1）節孝坊　節婦孝子ヲ旌表スルモノ

（2）德政坊　知府知縣ノ義政ヲ旌表スルモノ

（3）百歲坊　百歲ニ達セルモノヲ旌表スルモノ

（4）狀元坊　狀元ハ卑位ヲ得タルモノヲ旌表スルモノ

（5）貞壽坊

貞操ヲ守リテ高齡ニ達セルモノヲ旌表スルモノ

其他又種々アルベシ、構造形式大同少異あり

○切妻の形

コレ形我か唐破風ト大ナル類似ノ点アリ

101 新津（3）（11 月 11 日）

所谓"坊"，原指城中的十字路口，因常在此处建有用于表彰功德的建筑物，所以这种带有额匾的建筑物也被称作"坊"。

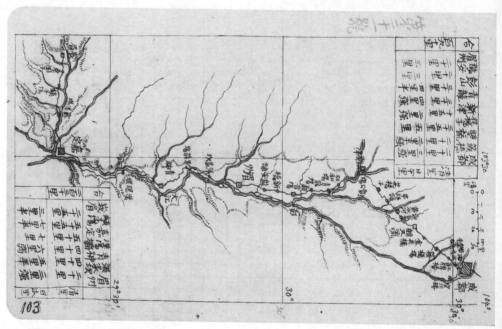

103 地图第二十一号（成都—峨眉）

从成都南下，中途在青神乘舟顺水路而行。

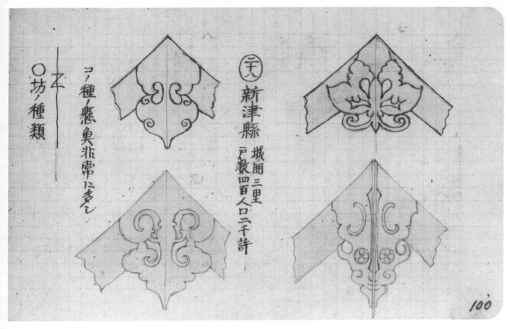

100 新津（2）（11月11日）

图右上部分为圣庙中的悬鱼，设计得非常出彩。其他的也都是在城中所见的悬鱼写生。此外与图中所绘类似的有很多，设计各异，都十分精致。

102 彭山（1）（11月12日）（下接图105）

彭山县中的建筑采用的手法非常丰富。图中悬鱼的花纹与双流县、新津县中所见一脉相承，但更为精巧。

105 彭山（2）（11月12日）（上承图102）

图右下的图案承袭了古典忍冬[15]纹的风格，甚是有趣。图左的中间是一枚铜钱（意为"眼前"），周围是蝙蝠（意为"福"），是一种寓意着吉祥祈福的图案。

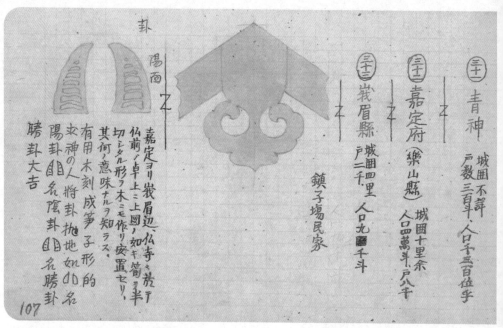

107 嘉定府（11月15日）（下接图136）

一行人从青神分乘三艘船（一为伊东和岩原，二为随从和马匹，三为护卫士兵）顺岷江而下，来到嘉定府。嘉定府位于岷江、大渡河、青衣江三条大河的汇流之处，今为乐山市，此处有著名的雕刻在露天岩石上的大佛[16]。文中的"木ニモ作リ"为误记，应为"木ニテ作リ"，意为"手工制作的木块"。

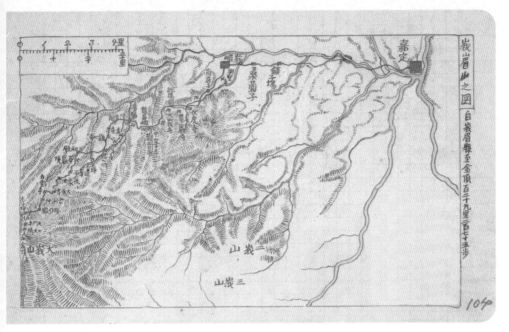

104 地图　峨眉山图

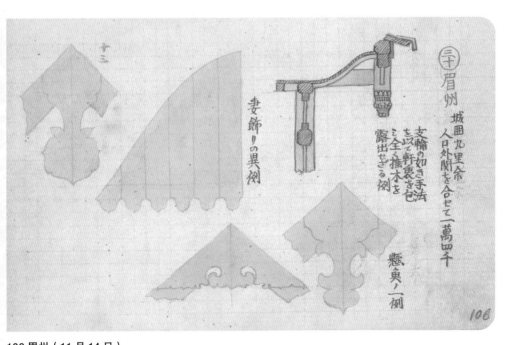

106 眉州（11 月 14 日）

眉州，今称眉山县。宋代大文豪苏轼出生于此，所以在城西南有一座三苏祠，但是伊东日记中并没有关于访问此处的记载。

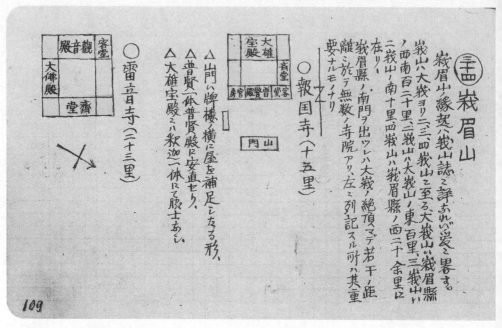

109 峨眉山（1）（11月17日）

日记中记载，伊东受到衙门的推荐，一行二十一人乘坐轿子浩浩荡荡地出发登峨眉山，却发现同行的衙门负责人有营私舞弊的行为，所以伊东头一天夜里就解雇了轿夫，从第二天开始徒步登山。这才发现，原来徒步于山路之上更有趣味。

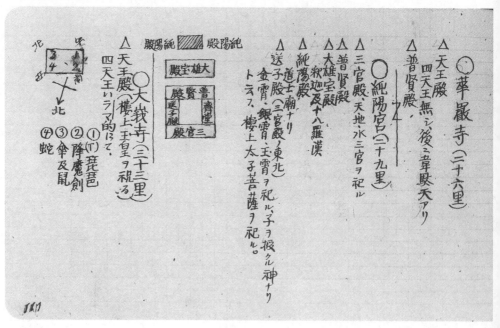

111 峨眉山（3）（11月17日）

纯阳宫是一座道观，其中有祭祀天、地、水的三座宫殿以及作为本殿的纯阳殿，此外，还有祭祀普贤菩萨的普贤殿或者称大雄宝殿，里面还供奉着释迦牟尼佛和十八罗汉。

108 田园风光（11 月 13 日）

这幅写生描绘了农家中人与动物生机勃勃又恬静安逸的生活景象：田里刚刚收获完花生，猪用鼻子拱着泥土，鹅和鸡正低头啄虫，小狗四处撒欢，水牛则和孩童相伴。图中还提到了猫，虽然没有出现在画中，说不定正躲在家中的某处睡觉呢。

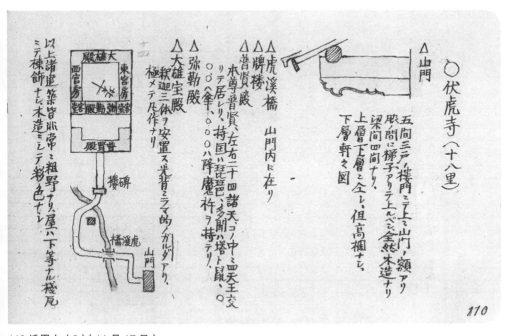

110 峨眉山（2）（11 月 17 日）

出得县城约十五里，便来到一条山路，这里有一座报国寺。十八里处有一座伏虎寺。伏虎寺的规模一流，建筑形式多样，但是建造手法比较粗糙。

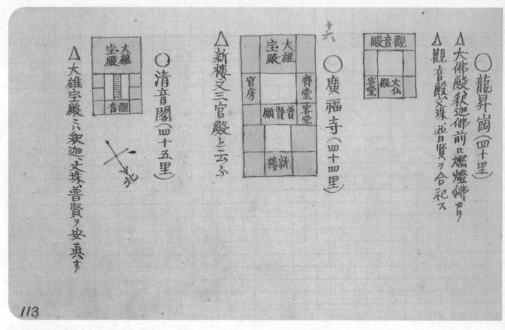

113 峨眉山（5）（11月17日）

清音阁位于两条溪流的汇集之处，也因这里可以听到流水潺潺的清音而得名。一行人在中庭左侧的客房住了一晚，还有幸品尝了精致的点心。峨眉山和日本的高野山一样，山上没有客栈，旅客都在寺庙中投宿。

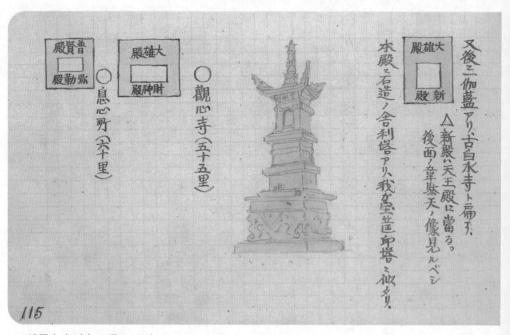

115 峨眉山（7）（11月18日）

峨眉山最高峰的金顶号称高约三千零九十九米，因为此处气候多变，所以又以"植物的宝库"而为人所知，山上垂直分布的植物多达三千种。观心寺如今已经荒废。息心所如今尚存。

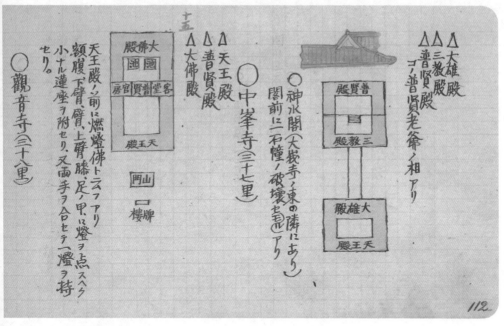

112 峨眉山（4）（11月17日）

大峨寺是一座规模宏大的寺庙，由前后两个建筑群构成。中峰寺中有两座中庭，庭中都建有牌坊和山门等，而大部分寺庙都是围绕着一座中庭而建。

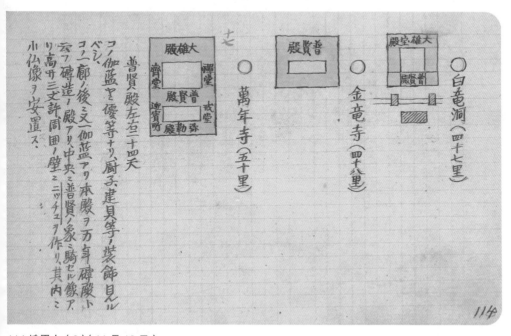

114 峨眉山（6）（11月18日）

万年寺据说建于晋代，旧称普贤寺或白水寺。万年砖殿为方形，天花板成圆拱形，屋顶和屋脊的四角处建有小塔。寺内有一尊乘六牙白象的铜制普贤菩萨像，是宋代制品。

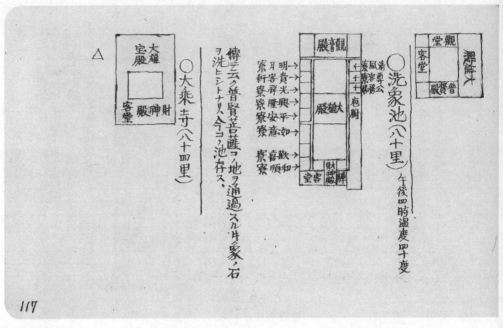

117

117 峨眉山（9）（11 月 18 日，20 日）

洗象池是峨眉山中第一巨刹。笔记中记载，伊东一行在此停留了一晚，加以休整并品尝了美味的食物。寺中的和尚拿出了一本登记册，向伊东请求捐款，并称之前也有日本人来此并捐献了一百银圆。伊东拒绝了他，使得和尚显得非常沮丧。文中的"象ノ石"为误记，应为"象ノ足"，意为"象足"。

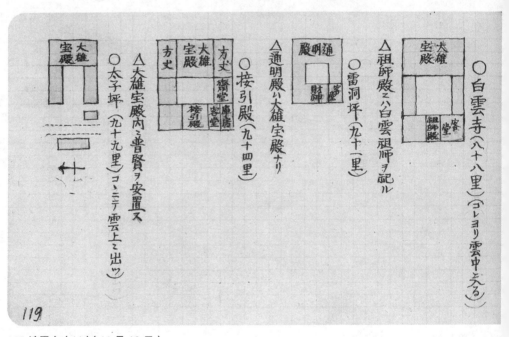

119

119 峨眉山（11）（11 月 19 日）

白云寺位于山背处，所以附近的道路较为平缓，经过接引寺之后，道路再次变得陡峭。路上结冰湿滑难行，伊东一行人一步一步地稳步前行，突然白云散去，广阔的蓝天映入眼帘。然而并不是天晴而云散，而是他们已经走到了云端之上。

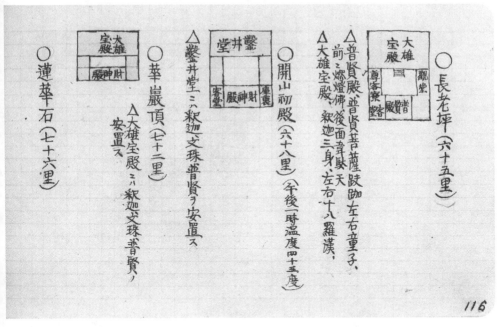

116 峨眉山（8）（11 月 18 日）

文中的"开山初殿"，是传说为峨眉山开山所建的第一座殿宇。伊东一行人在这里吃了午饭，此时温度只有华氏四十三度[17]。从这里继续前行，道路突然变得险峻，伊东一行依靠着登山杖奋力往上攀登，往前走则汗流浃背，停下休息又感到寒风刺骨。

118 峨眉山（10）（11 月 17 日）

峨眉山于东汉时开始修建佛寺，随后道教也传入此地。唐宋之后此处佛教盛极一时，到了明清则开始衰落，曾经的近百所寺庙如今已有将近半数荒废。

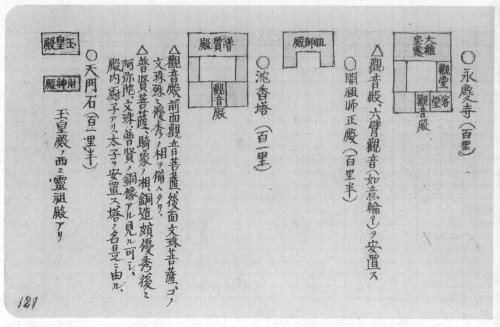

△觀音殿、六臂觀音（如意輪?）ヲ安置ス

○開祖師正殿（百里半）

○永慶寺（百里）

大雄寶殿／觀堂／客／觀音殿

○沈香塔（百一里）

祖師殿

△觀音殿、前面觀音菩薩、後面文殊菩薩、コノ文珠珠ニ優秀ノ相ヲ備ヘタリ。

△普賢菩薩、騎象ノ相、銅造頗優秀後ニ阿彌陀、文殊、普賢、ノ銅像アル見ル可シ、殿内厨子アリ太子ヲ安置ス塔ノ名曼ニ由ル。

普賢殿／觀音殿

○天門石（百一里半）

玉皇殿ノ西ニ靈祖殿アリ

玉望殿／財神殿

121

121 峨眉山（13）

永庆寺和沉香塔现已无存。高达五米的天门石如今仍矗立在道路的两旁。明代时曾在此修建了寺庙。

金頂ヨリ千仏亭ヲ望ム

123

123 峨眉山（15）（11月17日）

在金顶之上向四周眺望，景色雄伟壮阔，只是山下的世界都处在云层之下无法看清，稍微有些遗憾。云朵随风飘动时变得淡薄，间隙中可以隐约窥见二峨山、三峨山的山顶。

120 峨眉山（12）（11 月 19 日）

从永庆寺远眺的景色极其壮丽。云海围绕着远处的山脉，仿佛是岬角围绕成海湾在眼前展开。天边的白云就像被人镂刻过一样，而闪闪发光、映入眼帘的是一座两万五千尺的高峰——西边的大雪山[18]。

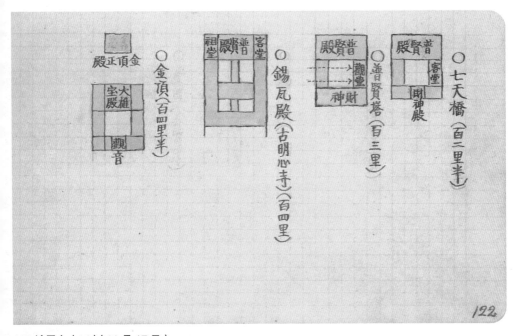

122 峨眉山（14）（11 月 17 日）

金顶是大峨山的顶峰，位于东南部的悬崖之上，正殿之后有一条小路，尽头有一座小石屋。屋外便是高达四千余尺的悬崖。伊东在此处停留了一晚，第二天清晨便前往千佛顶和万佛顶，之后便踏上了归途。

125 峨眉山（17）从千佛顶眺望金顶

在金顶投宿的第二天清晨，一行人冒着冰冷刺骨的寒风和飞雪，向千佛顶前进。归途中风势减缓，阳光闪耀，前日的云层也渐渐消散，让人备感舒畅。

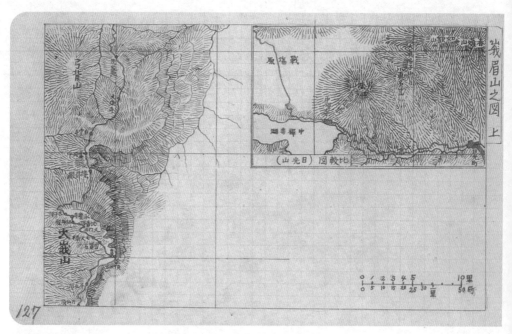

127 地图　峨眉山图（1）

峨眉山位于四川省成都市西南方一百六十千米处。

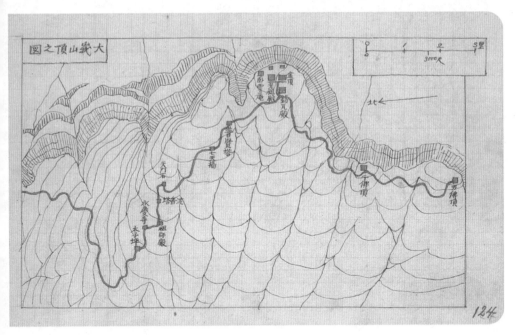

124 峨眉山（16）大峨山顶之图

峨眉山由大峨山、二峨山、三峨山、四峨山四座山峰组成，其中大峨山是峨眉山的主峰。

126 峨眉山（18）雷洞坪（11月17日）

由金顶返回的下山路非常陡峭，而且石路结冰如同镜子一般，湿滑难行。途中，伊东一行看到了雷洞坪的大悬崖，被这绝景荡魂摄魄，于是决定在洗象池投宿。

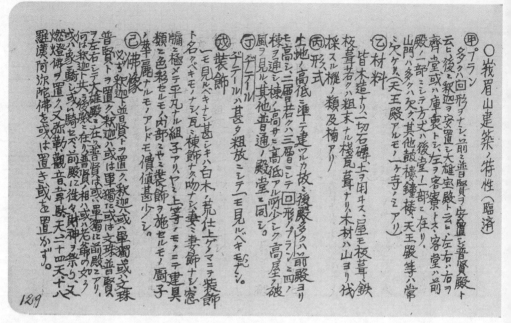

129 峨眉山建筑的特性

文中第二十一列的"仕上ゲノマニテ"为误记，应为"仕上ゲノママニテ"，意为"与刚完工时一样"。

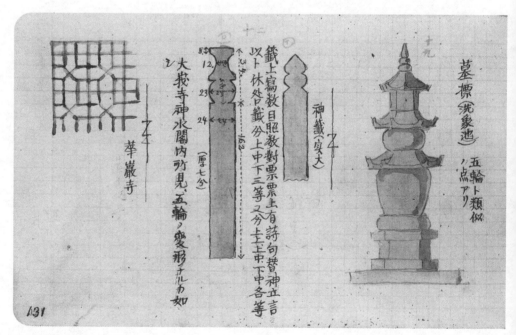

131 峨眉山（19）（11月17日）

伊东在大峨寺中买得一根用朴木制作的金刚杖。杖头雕刻着奇特的龙和人形装饰，非常罕见。神水阁中有占卜灵签，如图中所示，呈现和日本的卒塔婆[19]类似的栗子形。

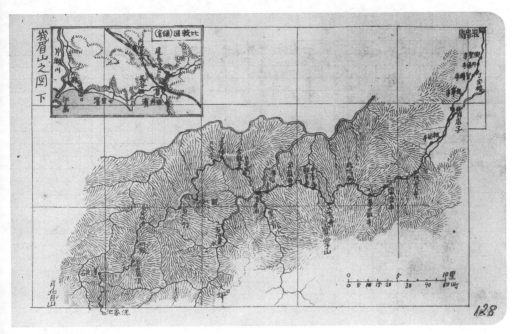

128 地图　峨眉山图（2）
如今的峨眉山是交通发达的观光胜地，从山下到接引殿铺设了可供汽车行驶的道路。

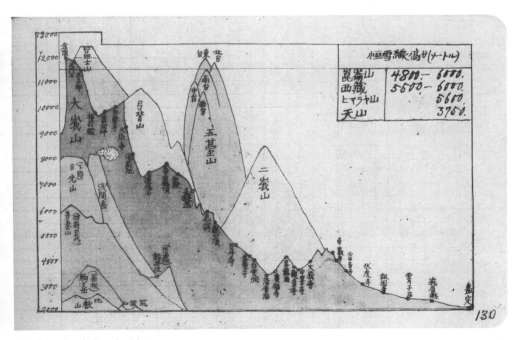

130 高程图（嘉定—金顶）
峨眉山的山麓和山顶温差达十五摄氏度。盛夏之时，山顶的平均气温也只有十一摄氏度左右。

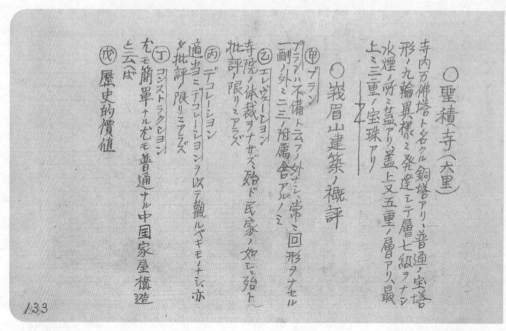

133 峨眉山（21）

文中，伊东对建筑物进行了颇为严苛的批评。文遗漏了结尾部分。文中的"名クル"为误记，应为"名付クル"，意为"取名"。

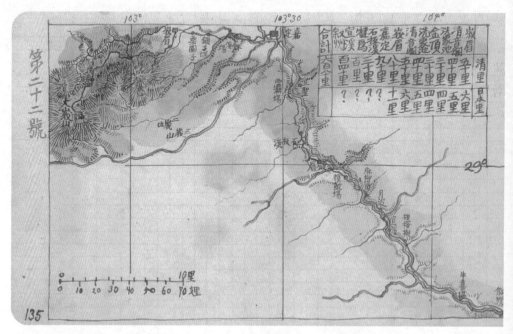

135 地图第二十二号（峨眉—叙州）

一行人走陆路从峨眉山前往嘉定府，之后再转水路前往叙州。

132 峨眉山（20）金龙寺观景（11月17日）

伊东一行已经探访过中国三大佛教圣地[20]的五台山（文殊圣境）、峨眉山（普贤圣境）、普陀山（观音圣境）中的两座了。

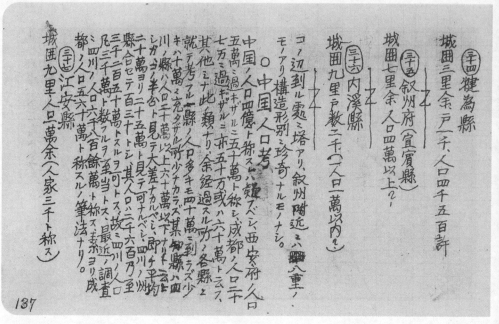

137 叙州府（11月26日）

从嘉定府乘舟顺长江而行，则来到了叙州府。叙州是四川南部重要的贸易都市，也是长江上游的重港。城中有来自英、法、美国的传教士十几人。叙州即如今的宜宾市。

139 南溪（1）（11月27日）

文中的"毛房"[21]即厕所，多建在猪栏旁，是为了方便猪处理人的粪便。很多茅房都没有遮挡物，这种情况不仅仅在乡村可以看到。经过的人都刻意地将目光转向一边，不会去看他们，这也是所谓"非礼勿视"吧！

136 嘉定府（2）大佛（11 月 24 日）（上承图 107）

与嘉定府（乐山）隔江相望的东岸有一处石佛群，其中有一座目测高十余丈的大佛坐像。此像是将山岩整雕而成。除此之外，其他大大小小的佛像都是在山壁上凿洞，雕以佛龛而成。岸边水急，伊东的小船无法靠近登岸。这里就是如今的乐山大佛。

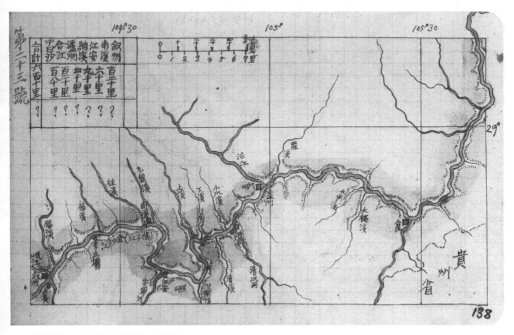

138 地图第二十三号（叙州—合江）

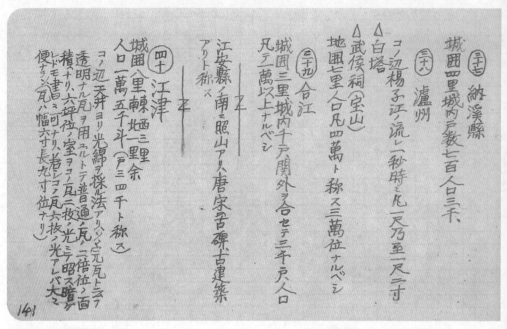

141 泸州（1）（11月29日）

泸州的师范学堂中有一名日本教习，他是岩原的朋友，名叫伊藤松雄[22]。同胞见面分外欣喜，伊藤还作为向导，带领伊东一行游览了城外的宝山。宝山上有一座武侯祠，建筑很普通，但庭院十分气派，从山上眺望，景色格外迷人。文中的第十列中"凡テ"为误记，应为"凡ソ"，意为"大概"；第十五列中"光绵"为误记，应为"光线"；第十七列中"昭ス"为误记，应为"照ス"，意为"照耀"。

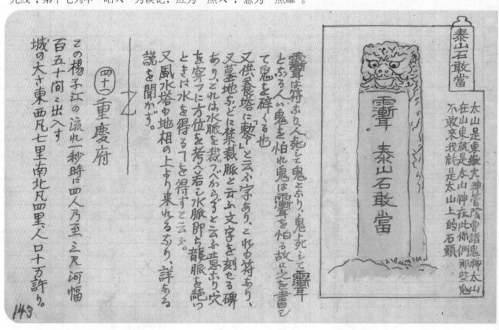

143 重庆府（1）（11月3日）

重庆位于嘉陵江和金沙江交汇处。城里设有日本领事馆，有十几名日本人在重庆，或是进行商业考察，或是来此开设公司。此地也设有英法领事馆。文中的"四人乃至"为误记，应为"四尺乃至"。

140 南溪（2）（11 月 27 日）

南溪县衙门前的十字路口处立有一个方三尺、高七尺的木笼，其中关着一名犯人。犯人的脑袋伸在笼外，身体吊在笼中，看上去已经咽气了。路过的人很多，但都对此视而不见。

142 泸州（2）（11 月 30 日）

伊东一行来到泸州合江县时，有很多士兵抬着大轿子，举着红伞，簇拥着前来迎接。于是他直接前往衙门拜访，刚到玄关时，响起了三声爆竹声。据伊东在日记中记载，这是他第一次被以燃放爆竹的方式欢迎。

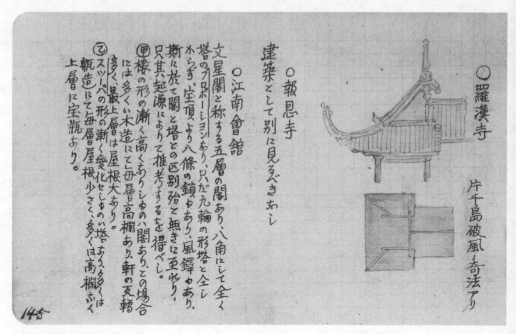

江南会馆的文星阁从外形看，俨然是一座宝塔，但是顶部没有塔刹，而且内部并没有供奉任何佛像。伊东评价道："整体结构轻快，毫无坚实笨重之感。"

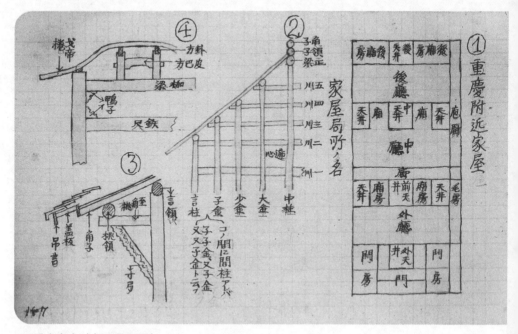

重庆的住宅建筑多使用天井采光，显得光线不足，所以使用了"亮瓦"来补足光照。所谓"亮瓦"，是一种半透明的瓦，尺寸大约是普通瓦（六寸×九寸）的两倍。一间二十平方米左右的房间顶部设有两块亮瓦的话，所采的光线足够达到可以读书的程度。（参见第四卷图78）

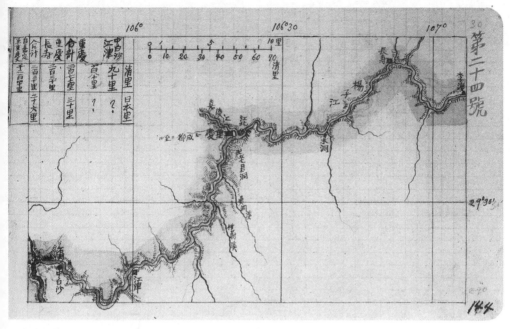

144 地图第二十四号（中白沙—重庆—长寿）

伊东在重庆府停留了十天左右，因为那里日本人很多，所以感觉比较自在。

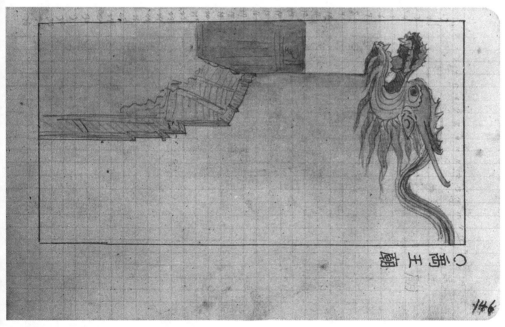

146 重庆府（3）禹王庙（12月3日）

禹王庙也是一座特色鲜明的建筑。防火山墙的墙头处雕有口衔宝珠的龙头，非常奇特，但是这种设计在华南地区应该比较常见。

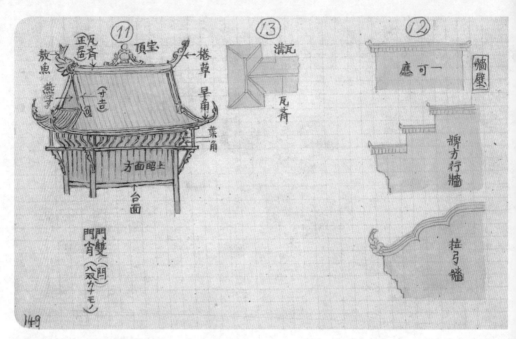

149 重庆府（6）（12月8日）

图右中的术语都是当时重庆以及华南地区的建筑用语。

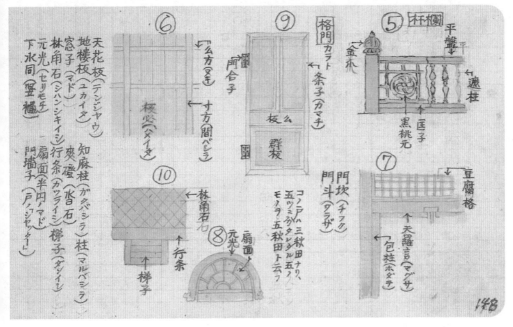

148 重庆府（5）（12 月 8 日）

此日，伊东找来当地的木匠，提出了关于中国建筑的问题，并详细询问了建筑各部位的名称。

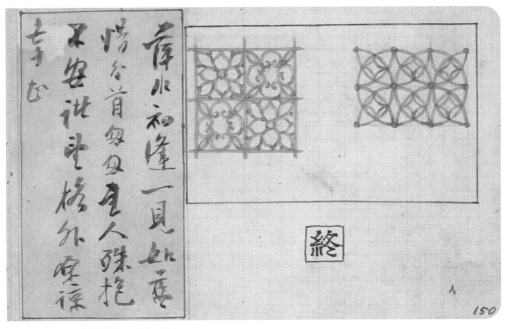

150 重庆府（7）笔谈（12 月 8 日）

伊东在重庆结识了一位中国人，他们一见如故，图左是中国人写给他的赠别诗。

译注

[1] 应为条几。

[2] 《栈云峡雨日记》一书用中文所写。

[3] 今勉县。

[4] 即饕餮兽。

[5] 即十一层塔。

[6] 见图40。

[7] 广元来雁塔。

[8] 大剑山、小剑山合称剑门山。

[9] 天平时代的美术风格，以圣武天皇天平年间（729—749年）为中心。

[10] 山口大口费，著名的佛像师，据传是汉灵帝后代，东渡日本而归化，创作了法隆寺的广目天。

[11] 薛涛，唐长安人，幼时随父入蜀，能诗。旧传曾汲井水创制小笺写诗，人称"薛涛笺"。明代蜀王府在此仿制薛涛笺作为贡纸，后称此井为"薛涛井"。

[12] 原文为误记，应为"崇丽阁"。

[13] 黄庭坚，号山谷道人。

[14] 日语为界壁，又称封火墙、风火墙、防火墙。

[15] 忍冬，俗称金银花。

[16] 乐山大佛。

[17] 6摄氏度。

[18] 喜马拉雅山。

[19] 卒塔婆，原指舍利塔，在日本传统中又指立于坟墓后的木条，形状仿佛塔。

[20] 中国佛教圣地应该有四处，还有安徽九华山，为地藏菩萨的圣地。

[21] 应为茅房。

[22] 伊藤松雄（1895—1947），日本剧作家。

从重庆出发经由武汉三镇前往贵州省会贵阳的路途，大多都是水路。先从重庆坐船沿长江而下抵达武汉，再在洞庭湖上行舟，经过长沙到达桃源、沅陵，之后便进入了山地。从湖南省到贵州省的山区是少数民族集聚的地方，这里也是此前不久鸟居龙藏[1]在贵州进行民族调研时乘船所到的地方。

沿着长江顺流而下时，自然不会错过巫峡、白帝城等名胜古迹。途中有一晚还邀请了美貌的歌女登船弹奏琵琶，令伊东印象深刻，也让他想起了白居易的《琵琶行》，自比起古人来。

伊东抵达武汉之后，因为需要与安排此次旅程的文部省联系，所以停留了长达四十天，并与当地的日本人一同庆祝了明治三十六年（1903）的元旦。除了建筑探访之外，伊东还有机会观赏了当地收藏家所藏的珍品。

继续乘舟而下便来到了长沙，这里是一座建于汉代的古城。伊东在此参观了曾国藩的故居、各种寺庙以及因朱熹而闻名的岳麓书院。

从桃源开始，海拔渐渐上升，伊东沿着山谷进入了一片山区。这里虽然历史遗迹较少，但是有和日本相似的绿郁葱葱的美景展现在眼前，而且当地的彝族、侗族、苗族等少数民族风俗也引起了伊东忠太的兴趣。

伊东于3月25日抵达贵州。此处有一所专门训练中国学生的武备学堂，其中有日本人担任教官，他受到了以高山[2]为首的学堂众人的热烈欢迎。

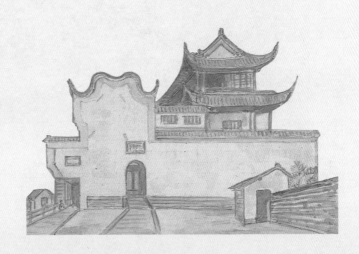

1 重庆府（8）（12月9日）

当天的日记中记载，伊东一行人和日本朋友结伴登山远足，来到山顶后，一边欣赏绝佳的美景，一边吃着带来的便当，远离了尘世喧嚣，谈笑风生间甚至忘记了时间的流逝。

3 重庆府（10）老君洞（2）（12月9日）

老君洞位于重庆南岸涂山山背处，虽然寺庙是清代的建筑，但是山麓的风光秀美很有看点。如今这里是著名的避暑观光胜地。老君是道教的教祖，也被尊称为"老子"。

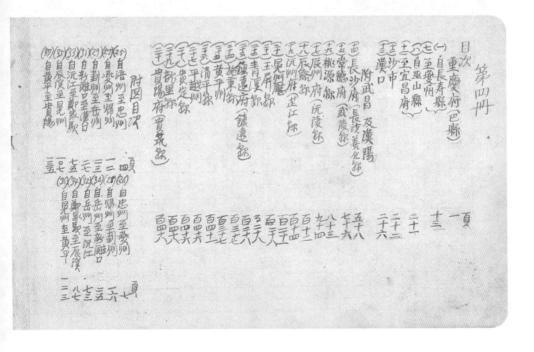

墳墓

◎老君洞

重慶城ヨリ江ヲ距テ南方十五里ニ在リ、一帯ノ崗密ノ中ニ一ノ円錐状ヲナセル樹末ノ鬱蒼タル峻峯ノ岐立スルモノコレナリ、江ヲ渡レバ直チニ山路ナリ、コノ辺柏樹ノ義シキ円錐形ヲナスモノ所々ニ生ゼリ、又墳墓多シ多クハ蹄鉄形ニ石ヲ続ラシ其中ニ屍ヲ藏メ、前ニ石ヲ以テ布ケル平ナル所アリ、卑者ハコニテ働哭ス、又コノ平地ノ上ニ卓ト腰カケノ如キモノ（石造）ヲ備ヘタルモノ

老君洞ハ松樹ノ林中ニアリ、建築トシテ大ニ價値アルニ非サルモ、地勢ノ高低ニヨリテ建築ヲ巧ニ排置セリ、アスペクト及プロスペクトノ為ニ計画セルモノト云フベシ。

2

2 重庆府（9）老君洞（1）（12月9日）

太阳渐渐西沉，一行人收拾完毕下山，在途中发现了野生蘑菇，非常兴奋地采摘了几十朵。渡江之后太阳已经落山，于是他们雇了轿子返回。

5 石宝寨（1）（12 月 15 日）

经过忠州再往前走一段路，著名的石宝寨就出现在左岸。这是一块矗立于江边的巨石，表面盖有九层单坡屋顶，目测可以登顶。

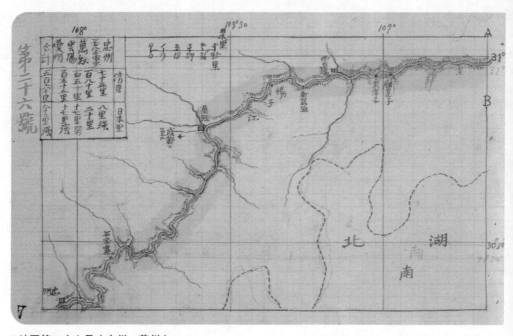

7 地图第二十六号（忠州—夔州）

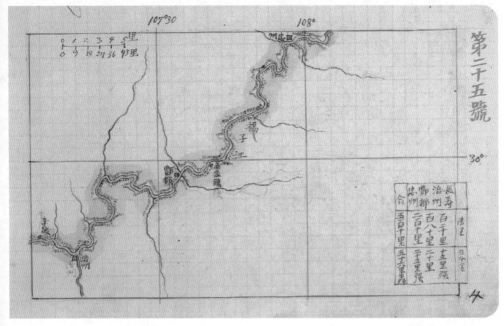

4 地图第二十五号（涪州—忠州）

6 石宝寨（2）（12 月 15 日）
石宝寨的巨石顶上还建有一些建筑物，这一如梦如幻的景象宛如海市蜃楼一般。石宝寨整体高约两百三十米，上面的阁楼建于清朝嘉庆年间。

9 夔州府（2）歌女（2）（12月16日）

歌女弹着琵琶唱了三支小曲，可谓声美，弦美，人也美。日记中记载，演唱结束之后，伊东一边和歌女聊些闲话，一边将她们的身姿素描下来，以研究乐器和发型。最后歌女得了三百文钱离去。图中的"ブヤォインズ"是"不要银子"的音译。

11 夔州府（4）白帝城（12月17日）

古时蜀国的刘备为了给关羽报仇而出兵东吴，为吴将陆逊所迫，只身逃进了白帝城。第二年，也就是蜀汉的章武三年（223），刘备将身后事托付给诸葛亮，撒手人寰。[3]

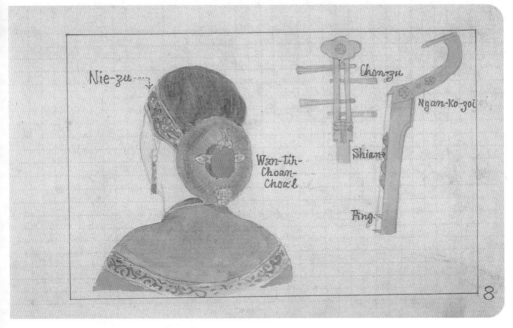

8 夔州府（1）歌女（1）（12月16日）
在重庆与宜昌之间航行的船只，中途一定会在夔州府（奉节）停靠。江边的港口内船帆林立，是一个热闹繁华的城市。夜间，有小船载着歌女来访。歌女都是浓妆艳抹、衣着绫罗的妙龄女子。左图是歌女的发型与琵琶的细节部分。

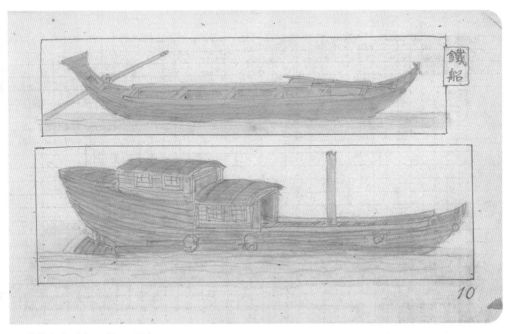

10 夔州府（3）（12月17日）
伊东一行在夔州府登岸。此处有在李白诗句以及《三国志》里均登场的著名古迹——白帝城。虽然他们很想去探访，但是白帝城位于距其二十余里的山丘上，甚是遥远，所以只能远远看着，作了写生而已。"铁船"是伊东在附近所作的写生。

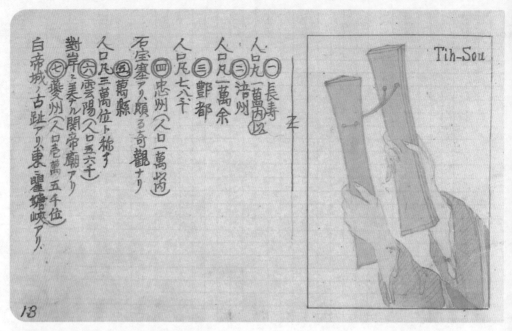

13 夔州府（5）（12月17日）（下接图21）

船只离开白帝城，就进入了闻名于世的三峡中的瞿塘峡 [4]。峡谷的宽度不过大约四十间 [5]，颇为狭窄。江水在此处汇集，激烈地撞击又狂奔而下，实在是令人惊叹的壮观景象。

15 三峡（2）（12月18日）

图中的巫山神女，就是传说中楚襄王梦中所遇见的女神。[7] 此处伊东托以在夔州所见的弹奏琵琶的歌女形象而画。

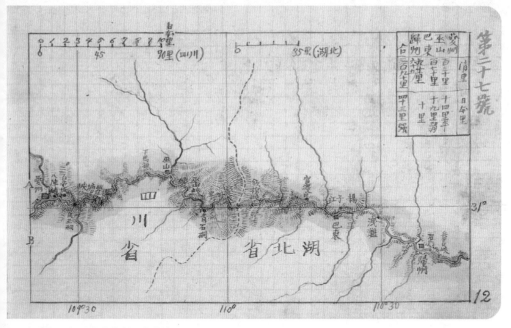

12 地图第三十七号（夔州—归州）

14 三峡（1）巫峡（12月18日）

巫峡是位于四川省与湖北省省界山脉中的一处峡谷[6]，蜿蜒而长约三十里。峡谷两岸是万仞绝壁，山顶如长矛一般奇峰林立，连绵不断，这里被称为"巫山十二峰"。行出峡谷，就进入了湖北省。

17 三峡（3）兵书峡（12月19日）

兵书峡两岸悬崖高耸，绵延百丈而不绝，只能用"雄壮绝美"来形容。传说三国时诸葛亮将兵书藏在此地，因而得名。

19 宜昌（1）（12月20日）

宜昌附近的长江江面宽达五百余间 [8]，水面平静如镜，船帆林立。江上巨大的英国客船和军舰，对于长期在四川山中跋涉的伊东一行来说，就好像回到文明社会。宜昌和汉口之间航行的英国船只分属四家英国公司。

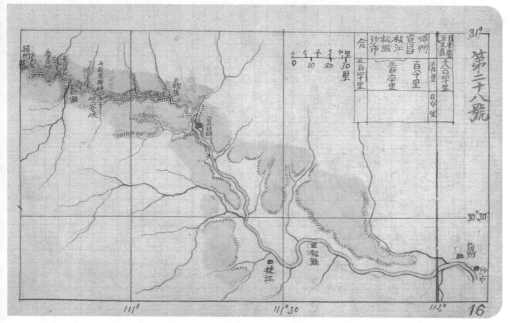

16 地图第二十八号（归州—沙市）

18 三峡（4）新滩（12 月 20 日）

三滩之一新滩是著名的险滩。船家担心水路危险，建议众人登岸改走陆路。陆地上乱石林立，崎岖难行。过了新滩再乘舟而行，很快就来到名为"牛肝马肺峡"的风景胜地，一路前行，经两三处小滩，便走出三峡。

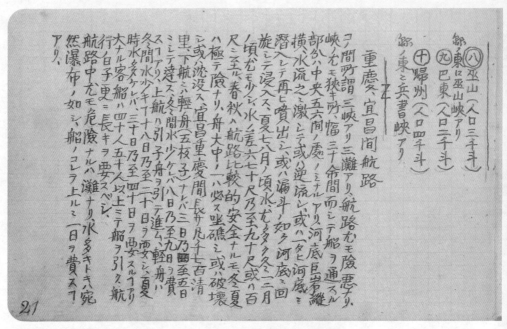

21 宜昌（3）重庆至宜昌间航道（12月20日）（上承图13，下接图20）

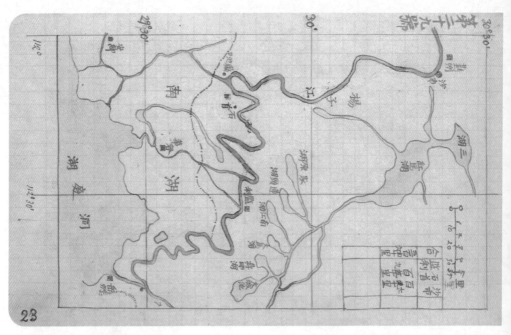

23 地图第二十九号（沙市—监利）

从沙市往东南方向而行，经过了石首县之后，江面变得异常曲折。第二天抵达岳州的港口，而岳州城位于无法望见的西南方远处。客船在此处船头一转，改向东北方驶去。据说赤壁古战场就位于岳州东北不远处。

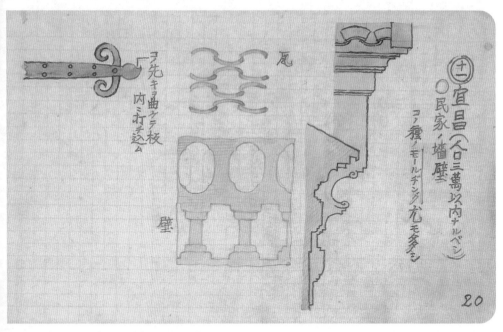

20 宜昌（2）（12月20日）（上承图21）

日记中记载，伊东一行先找英国客船询价，却得知外国人只能购买一等舱船票，每人三十两。因为觉得太贵，便又去咨询日本客船，但得知客船于12月20日从汉口出发，24日才能抵达宜昌，再于26日从宜昌出发，于是一行人不得不先在之前的船上等待，再做打算。

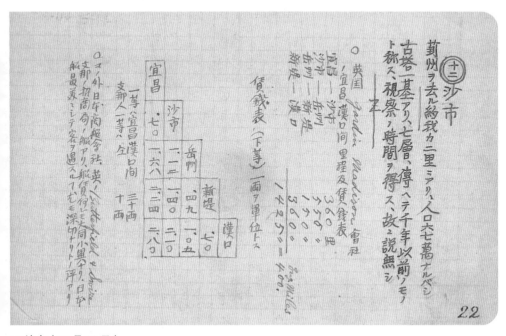

22 沙市（12月28日）

一行人乘坐的江和号（英国客船）于12月28日拂晓时从宜昌出发，日落时分到达了沙市。此处也设有日本领事馆，于是一行人前去拜访，与馆内的日本人相谈甚欢，受到款待。伊东还调研了这里著名的万寿塔。

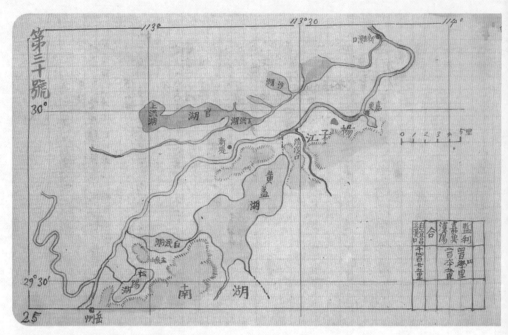

25 地图第三十号（岳州府—新滩）

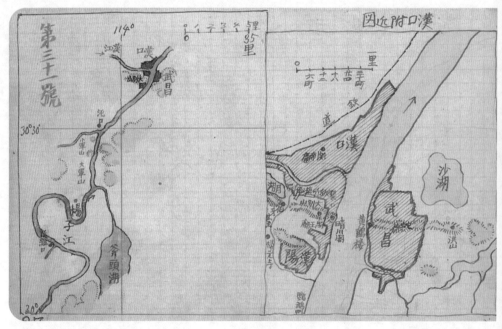

27 地图第三十一号（新滩口—汉口）

汉口古名"夏口"，位于长江与汉水的交汇处，城中设有日本以及各国领事馆。伊东一行人在这里迎接了明治三十六年（1903）的元旦，并在此停留了四十多天。武昌、汉口、汉阳并称"武汉三镇"，如今合并成武汉市。

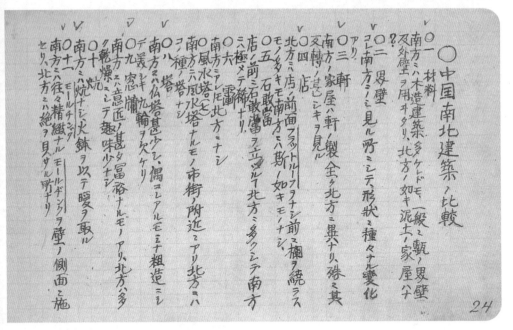

24 中国南北建筑的比较（1）（下接图26）

中国幅员辽阔，建筑风格各异，伊东根据自身经验对中国建筑进行了系统性的整理。在图24和图26中可以一睹其冰山一角。虽然他所做的整理现在看来必然已不再准确，我们仍然可以从其中一窥伊东研究的着眼点。

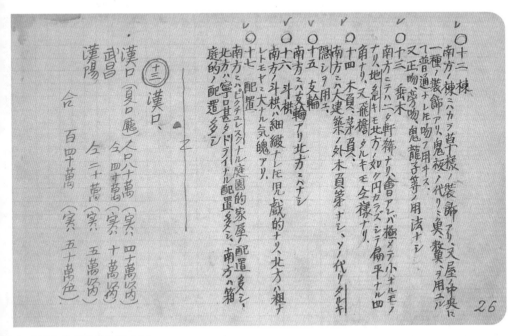

26 中国南北建筑的比较（2）

从岳州而下的长江江面越来越宽，像是大海一般。船只缓缓驶入了一座大城市，江左岸是武昌，右岸是汉口。客船突然响起了一声汽笛，停靠在了汉口的码头。

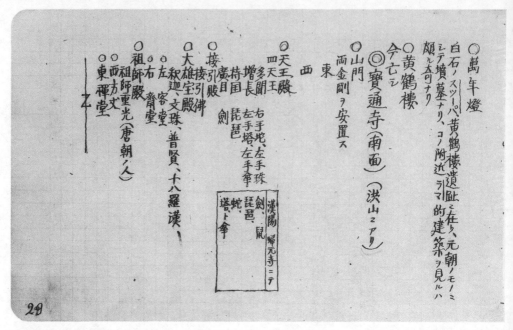

29 武昌府（2）宝通寺（1）（1月12日）

宝通寺建于元大德十一年（1307）至延祐二年（1315）间，清同治十年（1871）时重修。这是一处规模非常大的寺庙。文中的"左手塔"为误记，应为"右手塔"。

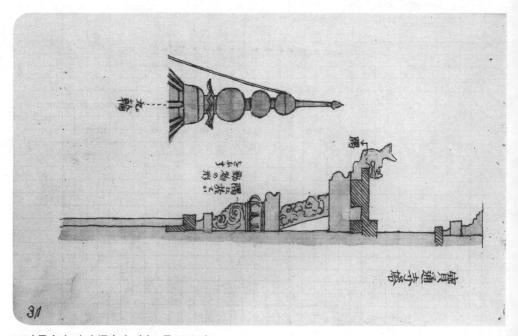

31 武昌府（4）宝通寺（3）（1月12日）

宝通寺的灵济塔[10]建于元大德十一年（1307）至延祐二年（1315）间，清同治十年（1871）时重修，是一座砖造六角七层塔，高约四十米。现仍保存在寺中。

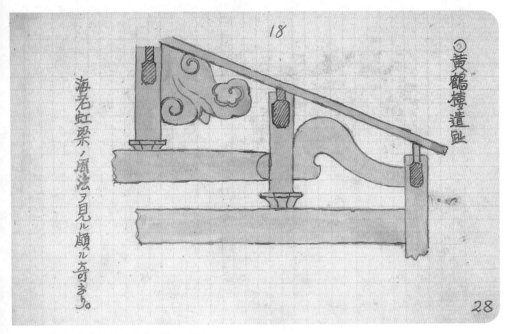

28 武昌府（1）黄鹤楼遗址（1 月 11 日）

武昌是当时湖北省的首府，与汉口隔长江相望。城中心有一座蛇山贯穿东西，西边的江岸处有黄鹤楼的遗址，原楼于光绪年间焚毁。城东的洪山南麓有一座宝通寺。

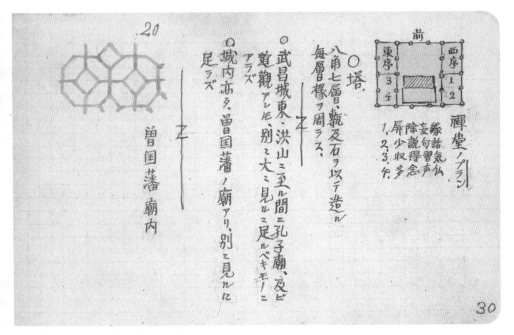

30 武昌府（3）宝通寺（2）（1 月 12 日）

塔为砖石构造，外形却是木造楼阁式。[9] 元代时，藏式佛塔得到了发展，但是像这样的多层阁楼式石塔不多见。

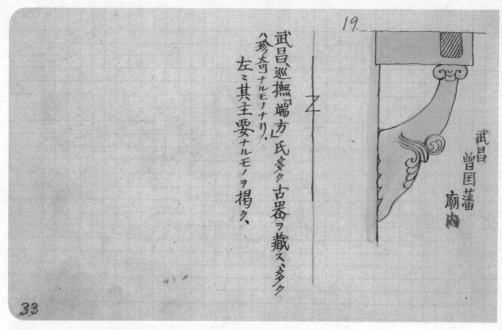

33 武昌府（6）端方先生所藏古董（1）（2月1日）

端方[11]先生时任湖北巡抚。"巡抚"为官名，是明代之后在各地所设的地方长官的称呼，掌管地方的民政和军事。长沙（图 62）也建有曾国藩的祠庙。

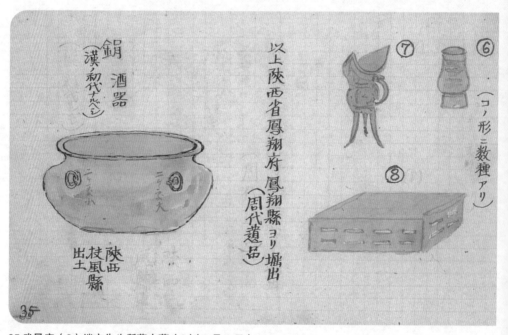

35 武昌府（8）端方先生所藏古董（3）（2月1日）

銏是一种圆形的小盆。凤翔县，秦代时在此置雍县，唐代改名为凤翔县，是一座历史悠久的古城。

32 武昌府（5）（1月）

稻谷脱壳图。这是一幅伊东在武昌郊外所作的恬静的农村风景写生。

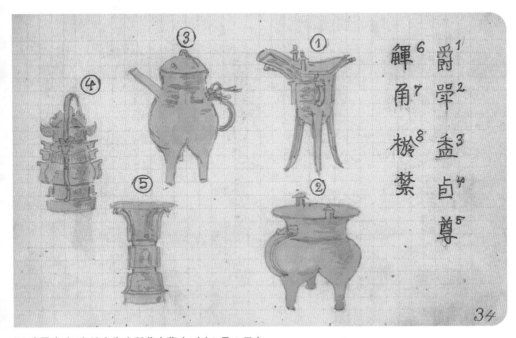

34 武昌府（7）端方先生所藏古董（2）（2月1日）

爵是一种盛酒的器具。斝也是一种酒器。盉、尊都是盛放酒水或者香料的容器。

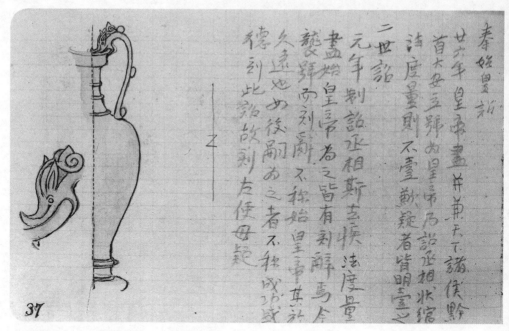

奉姓昌弘

廿六年皇帝盡并兼天下諸侯黔

首大安立號為皇帝乃詔丞相狀綰

法度量則不壹歉疑者皆明壹之

二世詔

元年制詔丞相斯去疾法度量

盡始皇帝為之皆有刻辭焉今

襲號而刻辭不稱始皇帝其於

久遠也如後嗣為之者不稱成功

盛德刻此詔故刻左使毋疑

37 武昌府（10）端方先生所藏古董（5）（2月1日）

图右的文字是图左瓶上所刻的铭文。

③白璧　④琮　②璧

○宋代の磁器、
○夏の赤刀（禹の時代）
全部朱ヲ塗リタルモノ

B
1 2 3 4
B
a　a

39 武昌府（12）端方先生所藏古董（7）（2月1日）

琮是中间开有圆孔的玉器，璧则特指中间的圆孔直径小于外环宽度的玉器[12]。琮和璧都是一种祭器。

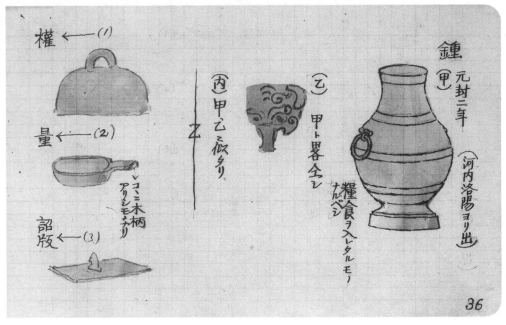

36 武昌府（9）端方先生所藏古董（4）（2月1日）
鍾是一种酒壶。元封二年为公元前190年。权即秤砣。

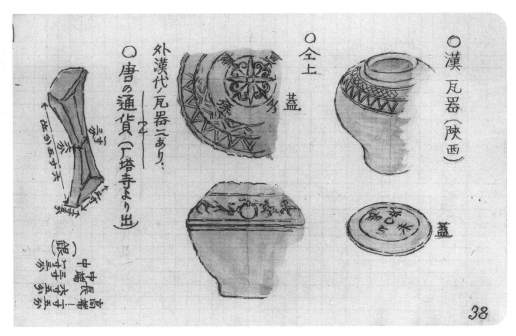

38 武昌府（11）端方先生所藏古董（6）（2月1日）
图右的陶器据称是汉代的古董，但是实际年代并不清楚。

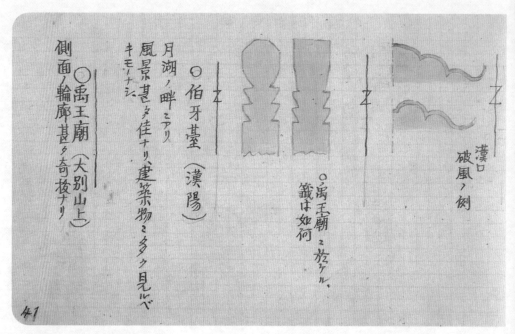

41 汉阳府（2）（1月18日）

汉阳府城北，汉水以南有一处小山丘，名为大别山。[13] 此山应该是长江将原本与武昌蛇山相连的山脉截断而形成的。日记中记载，大别山东麓的江岸处有晴川阁，登阁眺望景色甚佳，但是建筑本身并没有什么特别之处。

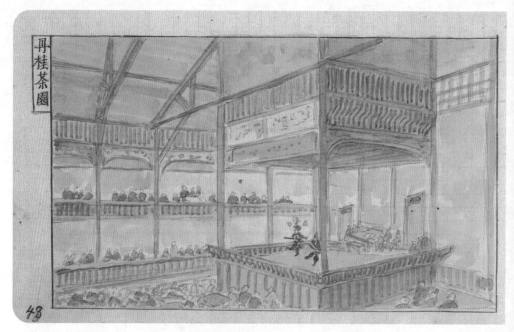

43 汉口（1）看戏（1）（1月22日）（下接图54）

晚饭后，伊东前去戏院参观。在日语中，唱戏称作"芝居"，茶园称作"小屋"。入场费为一元。戏院中的舞台类似于日本的能剧舞台，后方的出入口挂着"出将""入相"的匾额。舞台内部设有桌椅，乐队坐在此处伴奏。

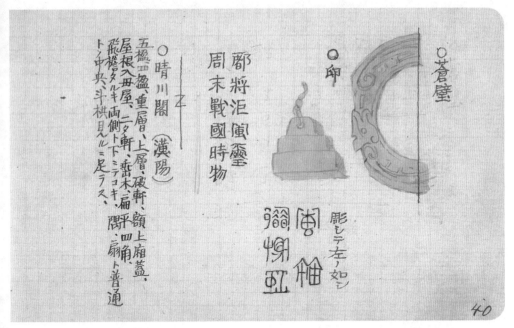

40 武昌府（13）端方先生所藏古董（8）／汉阳府（1）（1月18日、2月1日）（下接图48）

根据日记记载，当日伊东与日本朋友一行七人带着随从出门远足。晴川阁位于汉阳，与黄鹤楼隔江相望，始建于明代，清代时重修。

42 汉阳府（3）禹王庙（1月18日）（下接图53）

禹王庙位于大别山上，建筑外形非常新颖，可以直接运用到其他建筑的设计中。此处像禹王庙这样的例子并不少。

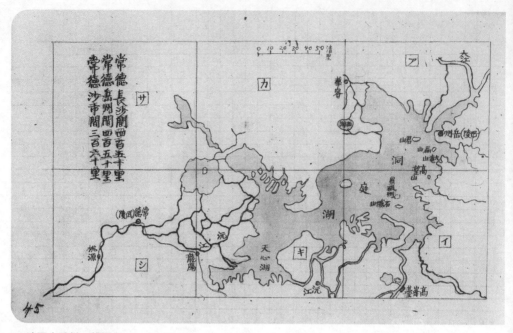

45 地图（岳州—桃源）

常德位于洞庭湖西侧，是水利要害之处。

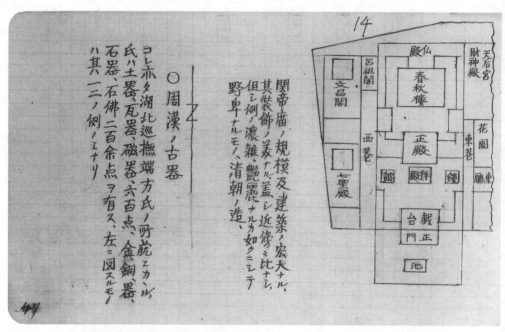

47 汉口（4）关帝庙（3）（1月23日）（下接图51）

图右为汉口关帝庙的平面图，是一处规模宏大、建筑华丽的寺庙。吕祖阁中供奉着道教中的一位仙人——吕洞宾。

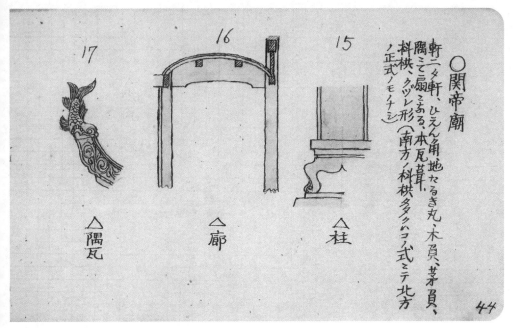

44 汉口（2）关帝庙（1）（1月23日）

汉口并没有什么特别的古建筑，年代较近的建筑中也没有什么引人注意的地方。伊东评价道，关帝庙的建筑虽然很华丽，但是值得看的内容不多。

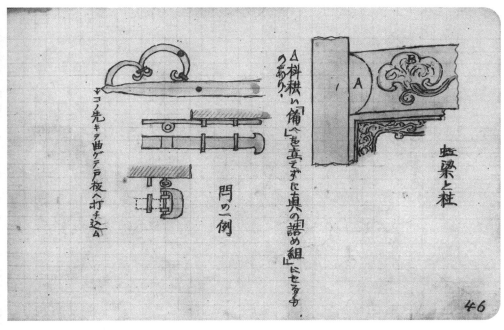

46 汉口（3）关帝庙（2）（1月23日）

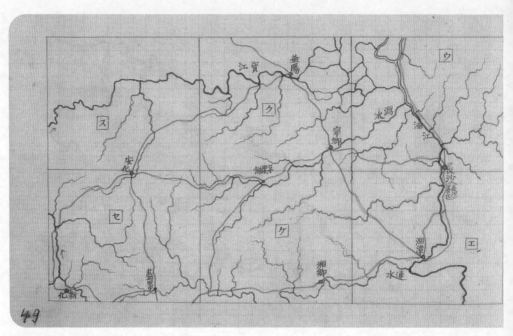

49-1 地图（长州—新化）

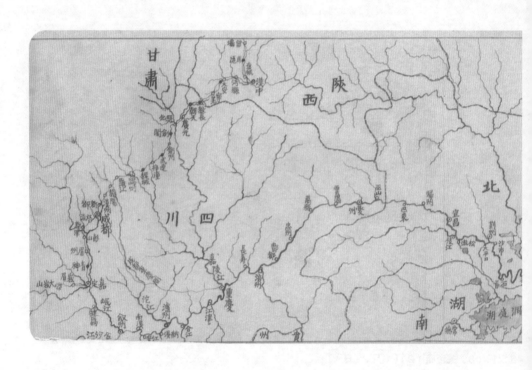

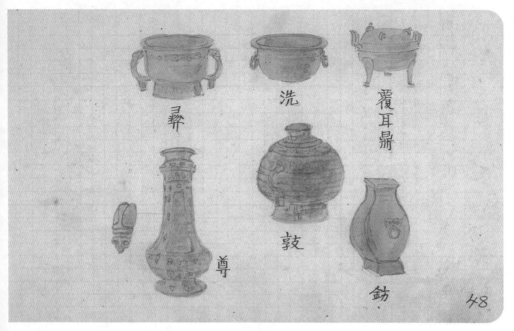

48 武昌府（14）端方先生所藏古董（9）（2月1日）（上承图40）

尊、彝都是酒器。

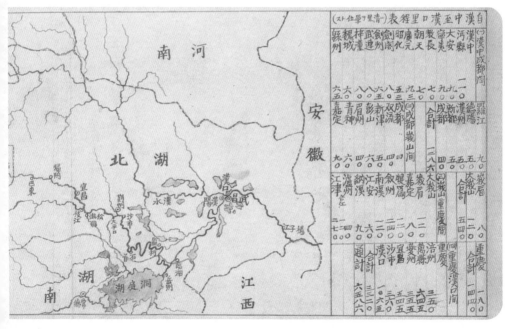

49-2 地图（汉中—汉口）

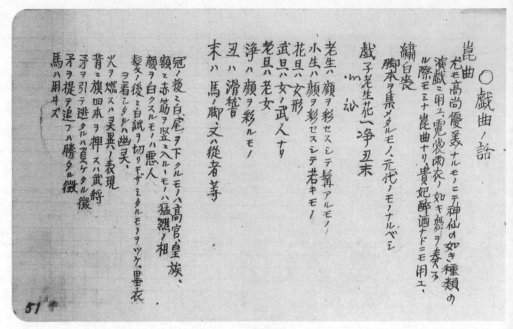

51 汉口（5）戏曲漫谈（2月5日）（上承图47，下接图54）

根据日记记载，伊东多次访问日本领事馆，终于在这一天遇到了片山先生。片山先生是一个中国戏曲通，给他介绍了关于戏曲的知识，还介绍了取材于《三国志》的"秋风五丈原"，并亲自朗诵了其中一段唱词，十分有趣。

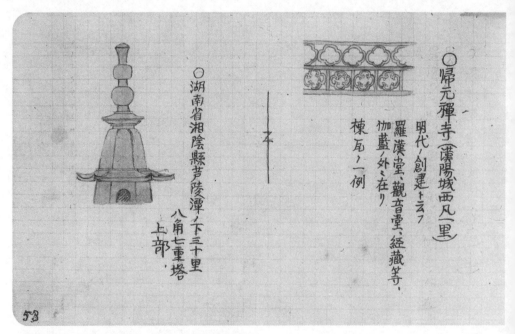

53 汉阳府（4）归元禅寺（2月8日）（上承图42）

汉阳城西有一座宏大的寺庙，名为归元禅寺，始创于明代，保存得非常完好。伊东前去参观是在2月8日，正值中国农历春节期间 [14]，所以有上万名盛装的男女老少来此参拜。

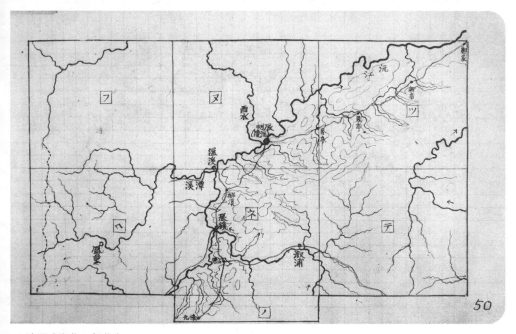

50 地图（郑化—怀化）

湖南西部居住着很多少数民族，现在这里设有土家族苗族自治州。

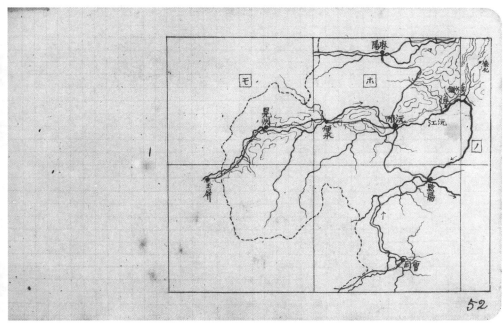

52 地图（怀化—玉屏）

55 汉口（7）狗头帽

图为戴着帽子的上流阶层儿童的形象。日记中还有关于这幅写生的纪事。

57 汉口出发图（2月10日）

与以日本领事馆工作人员为首的日本人朝夕相处了多日，伊东最终与他们辞别，乘船离开汉口沿长江而下。

54 汉口（6）看戏（2）（1月22日）（上承图43、51）

京剧类似于日本的能剧，舞台上没有什么道具，演员画着代表善恶的脸谱进行表演。观众的喝彩声往往不是因为念白和演员的动作，而是在唱段的精妙处，喝彩之声震耳欲聋。

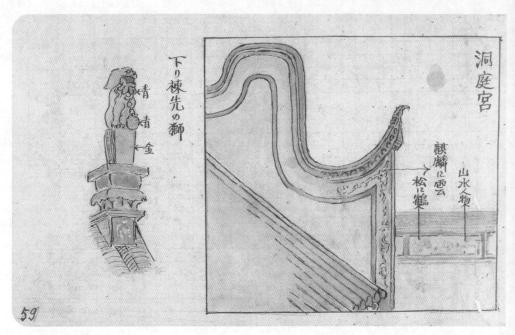

洞庭宮

下り棟先の獅

青
青
金

麒麟に雲
松に鶴

山水人物

59 长沙（2）（2月14日）
洞庭宫的山墙如图所示造型非常奇特，而在这附近可以看到一些类似的样例，这是其中的一种。脊饰的造型非常有趣。

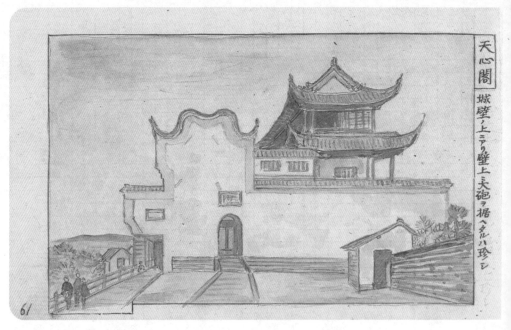

天心閣

城壁ノ上ニアリ壁上ニ天砲ヲ据ヘタルハ珍シ

61 长沙（4）（2月15日）
城墙的东南角耸立着一座称为天心阁的高大建筑。天心阁修建于乾隆二十四年（1759），墙壁顶端修有波浪形的悬山顶，十分奇特。登上阁楼，则可以将湘江一带的平原尽收眼底。

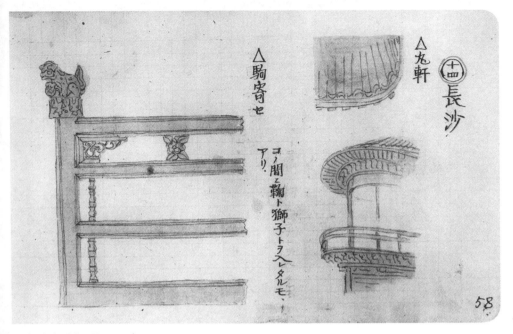

58 长沙（1）（2月14日）

长沙城中的建筑，很多采用了将屋檐角处理成圆形的特殊手法。檐椽按照一定的间距将圆形的屋檐切割成一个个小扇形。图中还描绘了在商店门前见到的拴马栅。

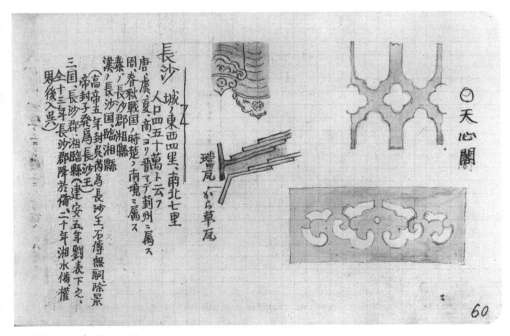

60 长沙（3）（2月14日）

长沙是湖南省的省会，自古以来就作为要地而在历史故事中多次登场。日本人开办的湖南汽船公司正在此处修建码头，以开辟汉口到长沙的航线。伊东就投宿于这家公司的长沙办事处。

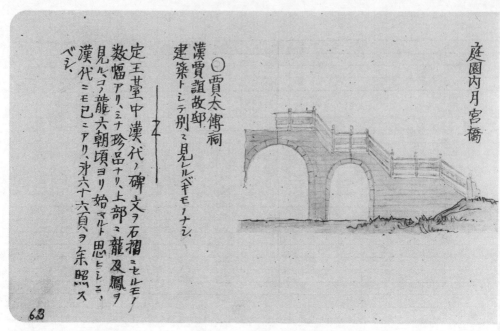

庭園内月宮橋

○賈太傅祠

漢賈誼故邸

建築トミテ別ニ見ルベキモノナシ。

定王堂中漢代ノ碑文ヲ石摺ニセルモノ
数幅アリ、ミナ珍品ナリ、上部ニ龍及鳳ヲ
見ルニコノ龍六朝頃ヨリ始マルト思ヒレニ、
漢代ニモ已ニアリ、第六十六頁ヲ参照ス
ベシ。

63

63 长沙（6）（2月15日）

伊东评价道，曾文正祠堂的庭院十分气派，但是其中很多细节投机取巧地使用了水泥，实在让人难以接受。

贾太傅，也就是贾谊，曾是汉初的功臣，后被贬为辅佐长沙王的学者，三十三岁英年早逝。

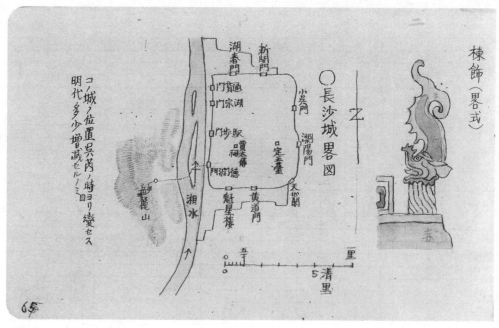

棟飾（畧式）

○長沙城畧図

湖春門　新開門

口門貨通

口門宗湖

口門埗駅　小呉門

賈太傅　湖陽門

麓山　祠　口定王臺

湘水　口門渡　天心閣

魁星楼　黄道門

コノ城ノ位置呉芮ノ時ヨリ變セス
明代多少増減セルモノ図

五里

5清里

65

65 长沙（8）（2月）

吴芮是汉初诸侯之一，后被封为长沙王。从图中可以看出，长沙的城市轮廓自汉代以来就没有发生很大的变化。

364

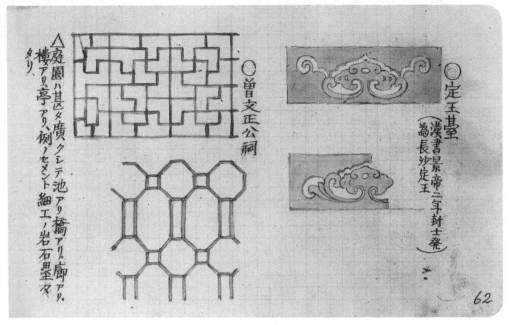

62 长沙（5）（2月15日）

曾文正即曾国藩，是清末著名的政治家，以其组建湘军平定太平天国之乱的事迹而闻名于世。

64 长沙（7）（2月16日）

渡过湘江来到西岸，则可以看到岳麓山。极具盛名的岳麓书院建在山麓处，南宋时的朱子学创始人朱熹曾在此讲学。书院内环境幽静，值得一看的建筑也不少。图中是其中建筑的脊饰，设计风格非常有趣。

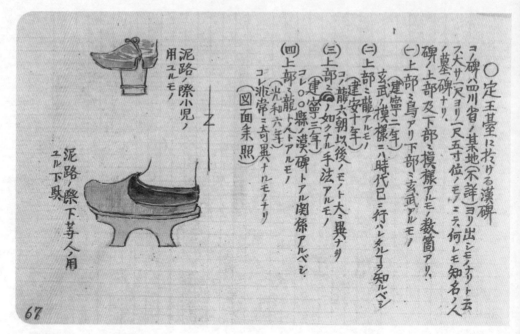

○定王臺ニ於ケル漢碑

コノ碑ハ四川省ノ某地（不詳）ヨリ出シモノナリト云フ犬サ廿（尺）ヨリ一尺五寸位ノモノニテ、何レモ知名ノ
碑ハ上部及ビ下部ニ模樣アルモノ數箇アリ、

(一)上部ニ鳥アリ下部ニ玄武アルモノ
　　（建寧二年）

(二)上部ニ龍アルモノ
　　（建安十年）
玄武ノ模樣ハ八時代已ニ行ハレタルコヲ知ルベシ

(三)上部ニ龍アルモノ
　　（建寧三年）
コレ○○縣ノ漢碑トアル閣係アルベシ

(四)上部ニ
コノ龍ハ六朝以後ノモノト大ミ異ナリ
　　（光和六年）
コレ非常ニ奇異ナルモノノ□
（図面集照）

泥路ノ際小児ノ用ユルモノ

泥路ノ際下等人ノ用ユル下駄

67 长沙（10）（2 月 17 日）

定王台已经没有了汉代的遗迹，但是收藏了七幅汉代古碑的石拓。这些石拓出土于四川省某地，多为东汉时古碑的拓印，非常稀有珍贵。碑顶的动物雕刻却类似隋唐时代的制物，缺乏一些飘逸灵动之感。文中的"画面"所指不明。

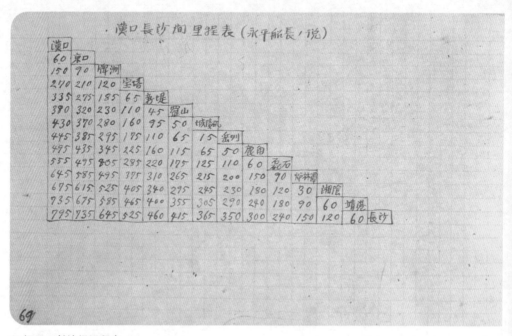

漢口長沙間 里程表（永平船長ノ説）

漢口													
60	京口												
150	90	牌洲											
270	210	120	室塘										
335	275	185	65	新堤									
390	320	230	110	45	螺山								
430	370	280	160	95	50	城陵磯							
445	385	295	175	110	65	15	岳州						
495	435	345	225	160	115	65	50	龍角					
555	495	405	285	220	175	125	110	60	鹿石				
645	585	495	375	310	265	215	200	150	90	营田			
675	615	525	405	340	295	245	230	180	120	30	湘陰		
735	675	585	465	400	355	305	290	240	180	90	60	靖港	
795	735	645	525	460	415	365	350	300	240	150	120	60	長沙

69 汉口—长沙间里程表

洞庭湖位于汉口与长沙之间，周边自古以来就是潮湿的沼泽地带。途中的汨罗江因爱国诗人屈原而闻名。

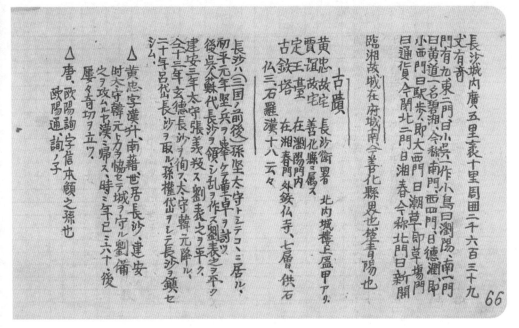

長沙城内廣五里袤十里周圍二千六百三十九
丈有奇
門有九東二門曰小吳（作小鳥曰瀏陽、南二門
曰黄道（一名碧湘、令稱南門、西四門曰德潤即
小西門曰即大西門曰潮草曰草場門
曰通貨令開北二門曰湘春令稱北門曰新開

臨湘故城在府城南令善化縣是也（楚青陽也

△黄忠故宅　　長沙衛署　北内城農上盈甲有、
古賈誼故宅宅　善化縣ニ屬ス
古定王臺　在瀏陽門内
古鐵王塔　在湘春門外鐵仏寺、七層ニ供石
仏三石羅漢十八云々

長沙ハ（三国ノ前後）孫堅太守トシテコ丶ニ居ル、
初平元年堅ヲ兵ヲ奉ゲ重卓ヲ討ツ
後呉人繼代長沙ヲ領シ乱ヲ作ス割表之ヲ平ク
建安三年太守張羨反ス割表之ヲ平ク、
全廿三年玄德長沙ヲ徇フ太守韓元降ル、
廿キ呂代ハ長沙ヲ取ル孫權代仙ヲシテ長沙ヲ鎮セ
シム。

△黄忠字漢升、南藉世居長沙、建安
時太守韓元ヲトカラ懷セテ城ヲ守ル劉備
之ヲ攻ムルヤ漢ニ帰ス、時三年已三六十、後
屢々奇切ヲ立ツ。

△唐、歐陽詢、字信本顏之孫也、
歐陽通、詢ノ子

66 长沙（9）（2月）

东汉末年，孙坚被封为长沙太守，并以此作为自己的居城。左文为府志摘抄。

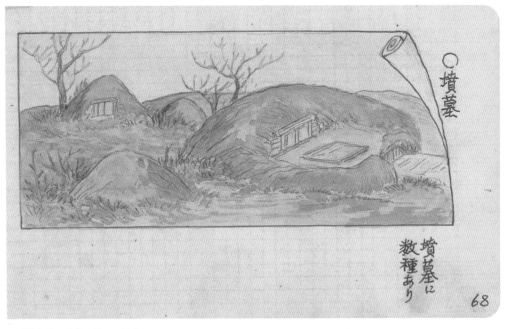

○墳墓

墳墓に
数種あり

68 长沙（11）（2月16日）

2月16日，伊东前往参观了岳麓书院、万寿寺、云露寺等。这幅图应该是当时所作的写生。

71 从长沙驶往常德的船中

日记中记载，船家家中有老母亲和两个女儿，都是非常亲切的人。伊东受到他们的热情招待，没有感到丝毫不便。只是通宵执勤的护卫兵夜里会时不时地击鼓，虽然当晚伊东没有说什么，但是第二天开始就禁止他们这样做。图左的人物是岩原大三。

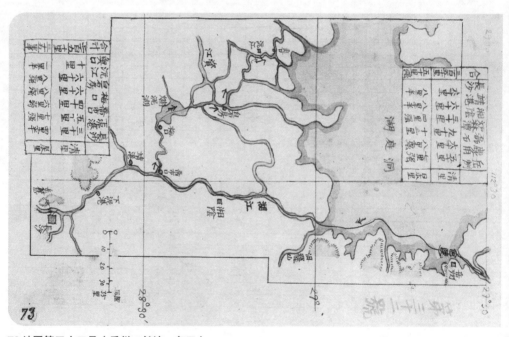

73 地图第三十二号（岳州—长沙—鱼口）

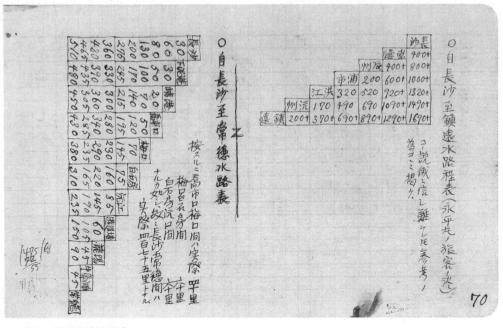

70 长沙—镇远水路里程表

从武汉去长沙是乘船走水路，返航时则是到达乔口。

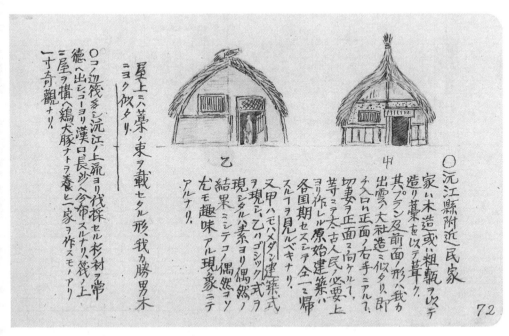

72 沅江（1）民居的形式（2 月 22 日）

沅江位于著名风景胜地洞庭湖的岸边。图中的"勝男木"意为"日本建筑屋脊上的装饰用原木"。

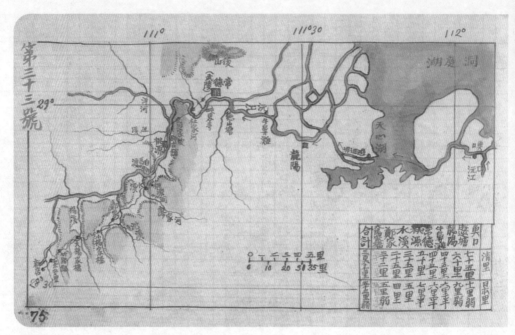

75 地图第三十三号（鱼口—新店）

77 常德府（2）（2月28日）

常德城内有关帝庙、城隍庙、水心楼、雷祖殿等建筑。城隍庙的弯曲穿插梁采用了如图所示的类似象鼻形的设计，十分巧妙（图78）。

74 沅江（2）（2月24日）

沅江和湘江被称为此地的父母河，是滋养湖南的大动脉。沅江发源于贵州内陆，纳集了无数的支流后注入洞庭湖。来自贵州东部和湖南西部的货物会集于常德，分外繁荣。

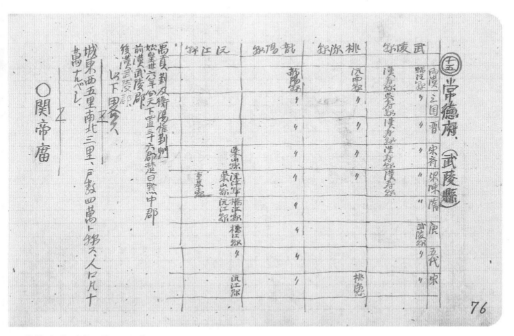

76 常德府（1）（2月26日）

常德府位于沅江北岸，是仅次于长沙的湖南一流大城市。汉代时此地为著名的武陵郡，清末时设武陵县。比起江水混浊的长江和湘江，沅江格外清澈。

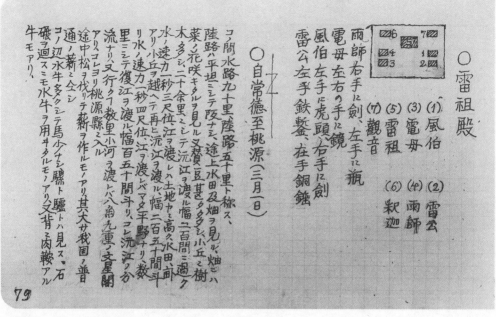

79 常德府（4）（2月28日）

伊东一行于3月1日乘轿子从常德出发，行李则由挑夫搬运。一行人中有县吏一人、士兵十一人、挑夫五人、轿夫六人，再加上伊东和岩原，共二十五人。文中的"赞豆"为误记，应为"蚕豆"。

81 常德府（5）土地庙

土地神类似于日本的"镇守神"，是掌管较小范围土地的神仙。此图应该是在常德郊外所作的写生。

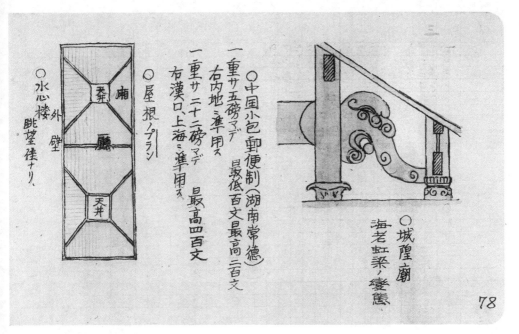

78 常德府（3）（2 月 28 日）

图左的屋脊四边向内倾斜而下，在中间围成了一个方形。这是用于收集天水（雨水），所以又被称作"天井"，取"天水之井"意。这种设计在中国南方比较常见，但是北方却很少见。（参见第三卷图 147）

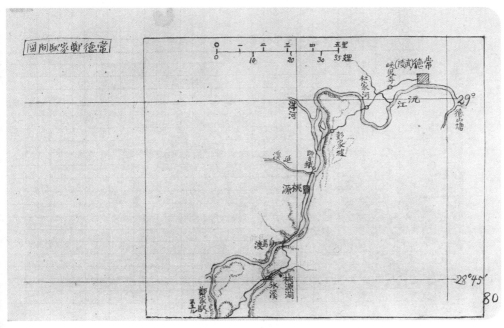

80 地图（常德—郑家驿）

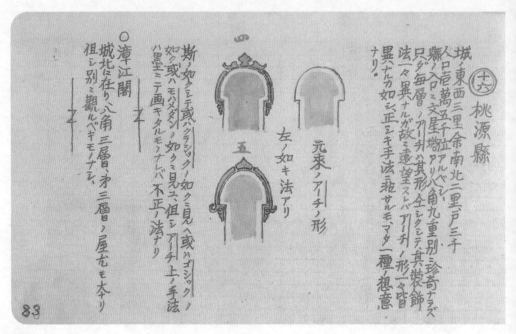

83 桃源（1）

桃源县是六朝东晋诗人陶渊明的《桃花源记》中描述的地方，这里也有很多后世修建的名胜古迹。

85 桃源（3）桃源图（3月1日）

桃源位于湖南的西北部，东汉时在此置县[15]，宋代改为桃源县。

82 从沅江眺望桃源（3月2日）

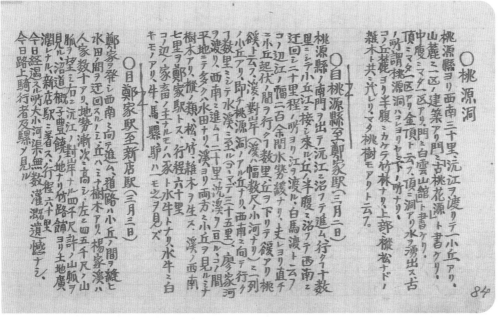

84桃源（2）（3月2日）

这一天，一行人见到了一头白色的水牛。桃源附近少有其他步行或者骑马的旅人，牲畜中也不见马、骡子或者驴，多为水牛和猪，还有少量的山羊。禽类多为鸡、鸭、鹅。

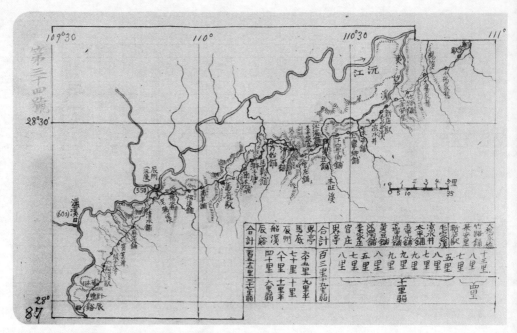

87 地图第三十四号（郑家驿—界亭—辰溪）（3月4日）

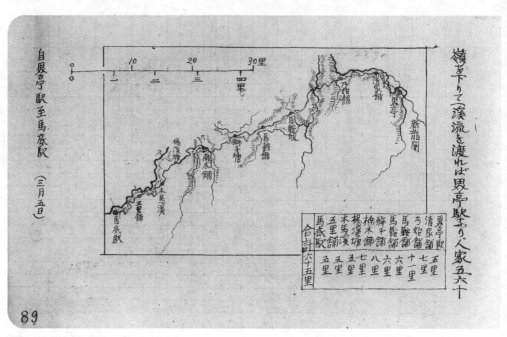

89 地图（界亭—马底）

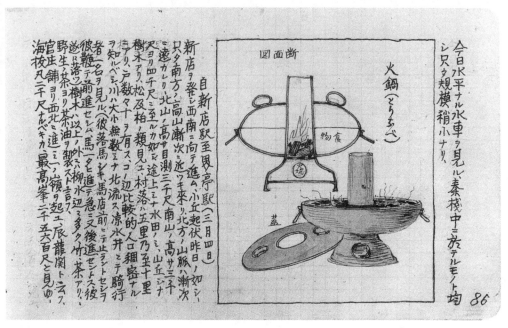

86 新店驿　火锅（3月3日）

一行人借宿于新店驿的行台，这是一栋非常宽敞却十分简陋的房屋。晚饭虽然多为平常的食物，但是其中的"火锅"让伊东感到十分新奇有趣，也让他想到了日本的"锅物"[16]。

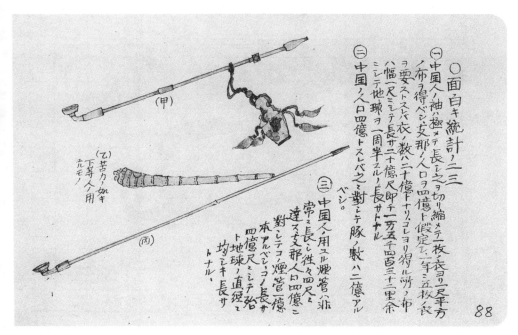

88 关于烟管（3月）

烟草于明朝万历年间经由菲律宾传入中国。最初在南方沿海地区流行，后又传入北方地区。据说对于寒疾有很好的疗效，所以售价甚高。

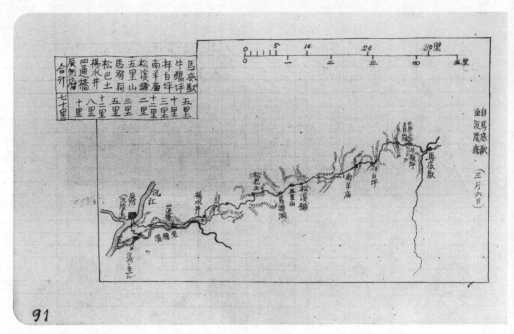

91 地图（马底—辰州）

93 辰州府（1）辰州的苗族人

辰州府（沅陵县所在地）接近湖北省的西境。此图是附近苗族妇女的写生，她将孩子装入竹筐背在背上。

自界亭駅至馬底駅（三月五日）

駅ヲ発渓ニ沼フテ進ム乃始メ至リ丘ヲ城ニ下ルニハ大渓アリ、渓ヲ渡リテ又一大丘ヲ越エテ下ルニ馬底鎮飾ナリ、コレヨリ丘陵断続ス三十甚タ高カラス、樹林マタ多シ。

沿道ノ村落ハ二十戸数ヲ八十戸、満タズ只タ南本館ハ五十戸ニ餘リテ始鋪ハ百戸ニ近ヒ、馬底駅ハ百戸ニ餘リ團駅ノ西十ナル漫流ニ一種ノ奇観ナセルナ橋ヲ架セリ。

今日經過スル新木流甚タ多久、或ハ花ヲ南或ハ東ニ西ニ継横錯雑容易ノ其帰スル所ヲ知ルベカラズ、又槙ニ種ヲ伐採セルヲ見ル。

今日ノ途中桃花ノ満開セルヲ見ル。

今日見ル所ノ女子ノ足大ナリ、恰モ満州婦人ノ如シ、余ハ之ヲ以テ苗人種ノ風ヲ存スルモノトナス。

自馬底駅至辰州府（沅陵県）（三月六日）

駅ヲ出テ西行スル牛狼坪ヲ過クレハ青山城アリ、高芊甲地上三百餘尺ゴノ山ヨリ石炭石灰ヲ産シ黄ヲ産ス、山ハ三十石灰山石ヨリ成レリ。

楊子井ニ至ルマデ小丘ハ無数弱ト平地十ニ、水流甚ダ少ナキモ、水田アリ、恰々トシテ満開セルヲ見ル。

山間二桃花多シ其樹ニシテ草鞋ノ花ニ似タリ、行動非常ニ活澄セリ男子、婦女ノ帽ヲ被キ行動非常ニ活澄セリ男子ヨリモ敏捷ナリ、蹊足ニテ殆ント如々々、小児無数弱ト平地十ニ、水流甚ダ

楊水井ヨリ一丘ヲ越ユレバ沅江二出ツ、江ヲ渡リ南門ヲ入テ沅陵県ニ入ル、江ハ廣サ凡二百五十間。

県城ハ周囲七里、戸数二千五百ノ間トス、人口ハ一萬二千位ハ、アルベシ、沿道ノ村落中楊水中ハ戸ニ五十二餘リ其他ニ二十戸十戸ヲ守リタリ、辰州ハ古へ辰砂ヲ出スニ、今ハ少庭セズ、現今棉木綿等ヲ主要物産トス。

90 界亭（3月5日）

界亭的驿站有一位非常亲切的老人家，热情周到地接待了一行人。日记中记载，次日早晨，老人家为他们准备了早餐，还端出了自制的纳豆，让伊东欣喜若狂。

92 马底　西桥（3月5日）

将桥设计成房屋的样子是这个地方的特色。桥中间还有一排店铺，如同市场一般，甚至有的桥屋建到了三层楼之高。

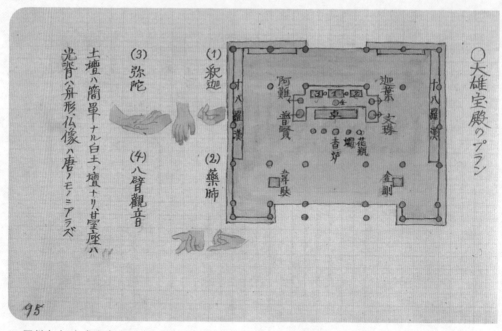

95 辰州府（2）龙兴寺（2）（3月7日）

龙兴寺位于虎溪山，是一座年代久远的古刹，其伽蓝规模甚大。寺庙创建于唐贞观二年（628），明清时进行过修补。龙兴寺的大雄宝殿依然保留了宋代的样式，实在是非常有趣。

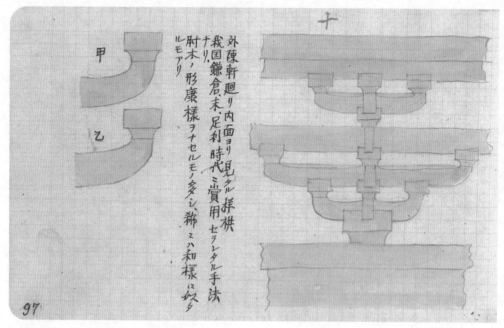

97 辰州府（5）龙兴寺（4）（3月7日）

如今的龙兴寺，除了大雄宝殿外，还留存有山门、天王殿、弥勒殿、观音阁、檀阁、弥陀阁等建筑。文中的"样栱"为误记，应为"斗拱"；"康样"为误记，应为"唐様"，意为"中式"。

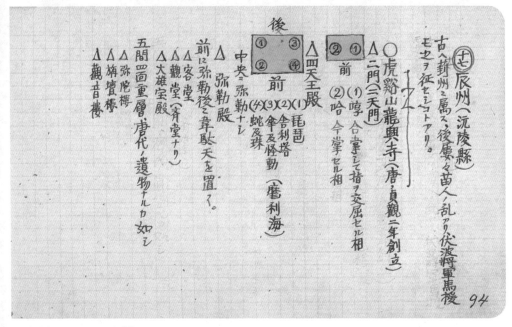

94 辰州府（2）龙兴寺[17]（1）（3月7日）

沅陵是辰州府的中心。辰州以产砂闻名，此地的砂也被称为辰砂。城内建筑中值得一看的有龙兴寺和孔庙。

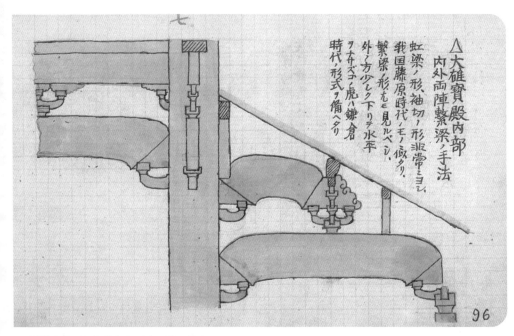

96 辰州府（4）龙兴寺（3）（3月7日）

离开武汉之后，很难得再见到特别古老的建筑，所以伊东对寺内的大雄宝殿兴趣浓厚。文中的"袖切"，中文为"榫头"，指的是虹梁的两端斜着凿细的部分；"繁梁"为误记，应为"系梁"。

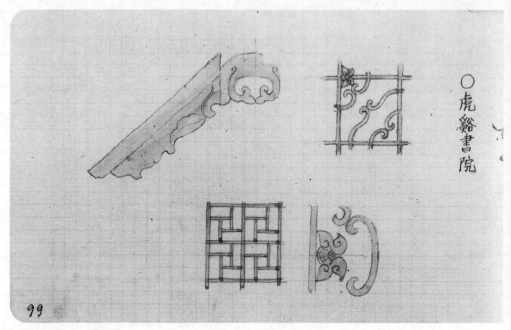

99 辰州府（7）虎溪书院（3月7日）

虎溪书院中可以看到各种各样有趣的花纹。图为其窗格和博风板的设计。

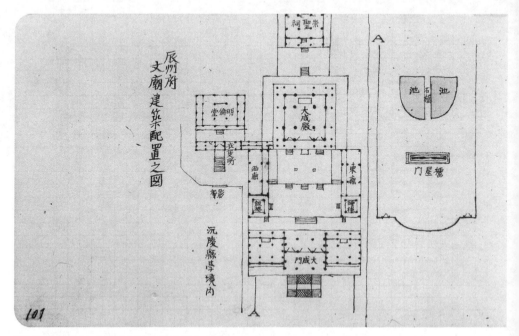

101 辰州府（9）文庙（2）（3月7日）

3月7日，伊东在辰州市内参观。日记中记载道："随行的差人、士兵、向导以及围观看热闹者有数十人之多，其夸张程度让人瞠目结舌。"

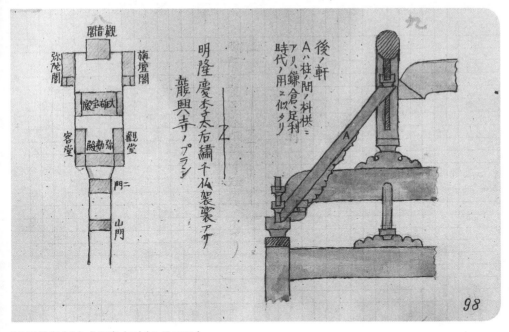

98 辰州府（6）龙兴寺（5）（3月7日）

明隆庆年间是 1567 年至 1573 年，相当于日本的桃山时代 [18]。

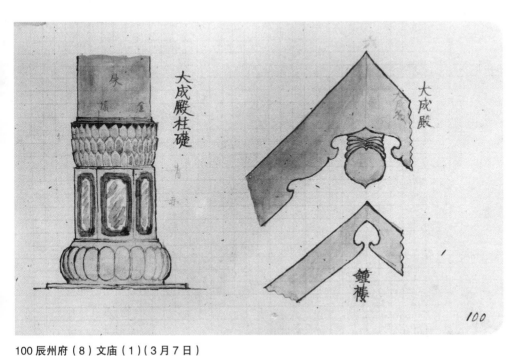

100 辰州府（8）文庙（1）（3月7日）

这是湖南省规模最大的孔庙，建筑巧妙地利用了土地的斜坡，工艺手法也是不拘一格。

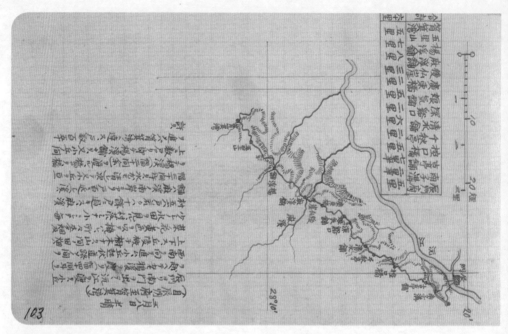

103 地图（辰州—簸箕湾）

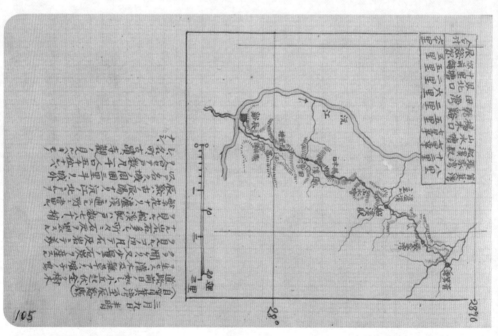

105 地图（簸箕湾—辰溪）

辰溪历史悠久，最早可以追溯到汉代。西汉时曾在此设辰阳县，隋代改为辰溪县。

102 沅江上的竹筏（3月）

竹筏用竹子或者木材制成，长约七八间 [19]，宽约四五间 [20]，上面还建有小屋，可供一家人的生活起居以及在江上营生。官家的竹筏非常气派华丽，上面甚至立有旗杆，杆顶旗帜飘扬。

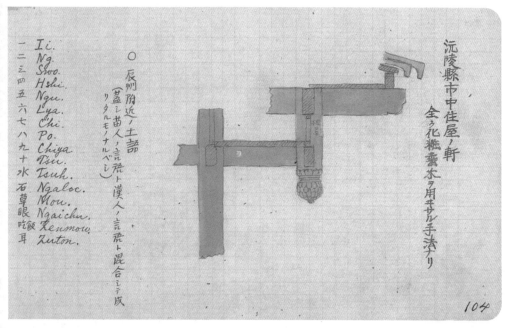

104 辰州府（10）（3月7日）

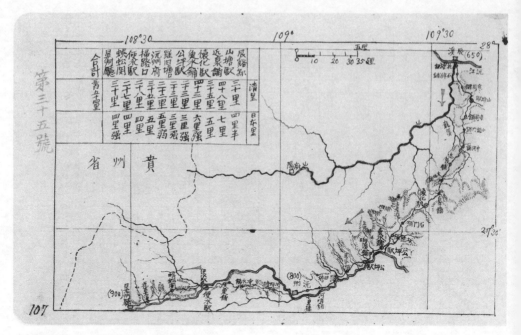

107 地图第三十五号（辰溪—晃州厅）

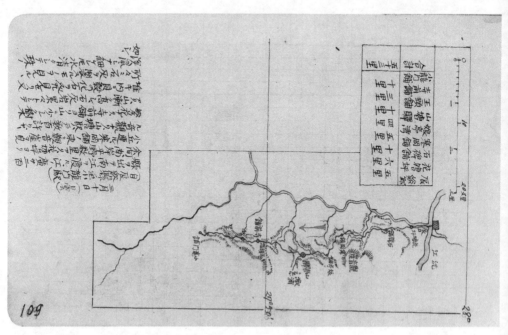

109 地图（辰溪—小龙门铺）（3月10日）

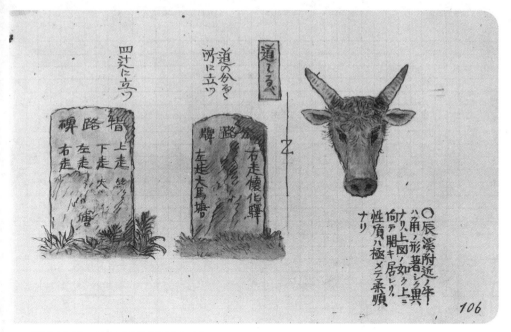

106 辰溪（1）（3月9日）（下接图112）

图左中的道标用"上下左右"来表示方向，甚是有趣。"上走"意为由此往前，"下走"则表示返回的方向。

108 家畜与喜鹊（3月）

此处丘陵起伏，随处可见水牛、猪等家畜。喜鹊或停在牛背上，在牛毛中寻找食物，或在食槽中啄食。

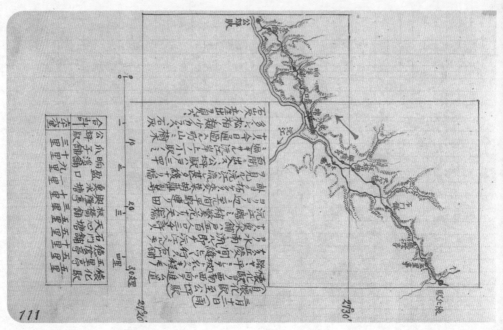

111 地图（怀化驿—公坪驿）

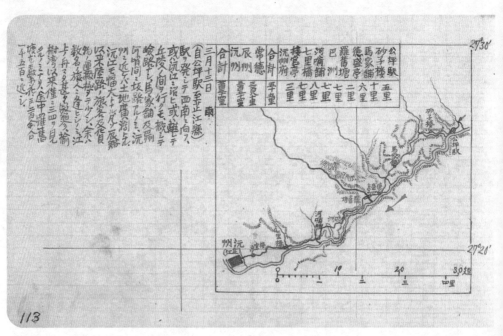

113 地图（公坪驿—沅州）（3月13日）

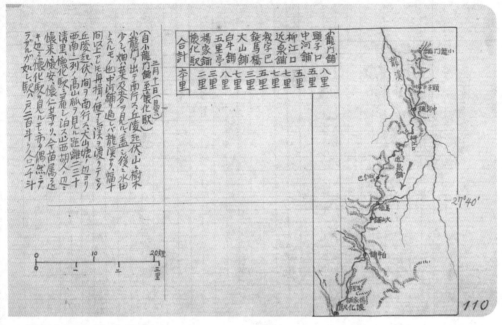

110 地图（小龙门铺—怀化驿）

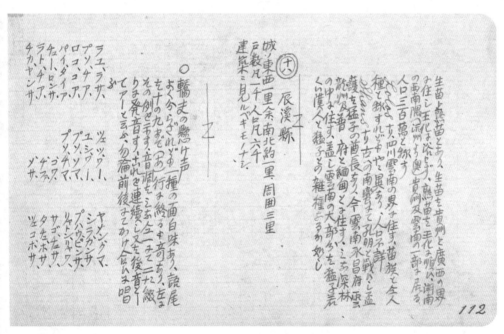

112 辰溪（2）（3月9日）（上承图106）

从湖南到贵州南部一带如今是中国著名的少数民族聚集区之一。

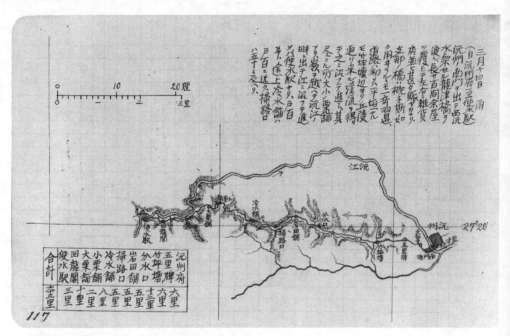

湖南省各縣緯度表

長沙府
縣	緯度
長沙	28°13′—
善化	28 13 —
湘陰	28 40 50
瀏陽	28 9 30
醴陵	27 41 —
湘潭	27 58 30
寧鄉	28 17 —
益陽	28 32 40
湘郷	27 46 —
攸縣	27 4 —
安化	28 13 —
茶陵	26 54 40

衡州府
衡陽	26 56 —
清泉	26 56 —
衡山	27 15 —
安仁	26 45 —
耒陽	26 30 30
常寧	26 25 30
酃縣	26 33 —

永州府
零陵	26 9′—
祁陽	26 30 30
東安	26 14 10
道州	25 44 —
寧遠	25 34 40
永明	25 19 —
江華	25 18 —
新田	25 44 40

寶慶府
邵陽	27 43 0
新化	27 32 —
武岡	26 39 —
新寧	26 24 —
城步	26 19 —

岳州府
巴陵	29 23 40
平江	28 43 20
臨湘	29 34 30
華容	29 32 —

壹陵府
本州	25 47 50

常德府
武陵	29 —′—″
桃源	28 51 30
龍陽	28 51 —
沅江	28 45 40

辰州府
沅陵	28 23 —
瀘溪	28 12 40
辰谿	27 58 —
漵浦	27 54 20

永順府
永順	28 57 —
保靖	28 44 —
龍山	28 — —
桑植	29 28 —

沅州府
正江	27 23 40
黔陽	27 8 40
麻陽	27 38 30

郴州
本州	25 47 50

縣	緯度
永興	26 55 0
宜章	25 28 —
興寧	25 55 40
桂陽	25 34 50
桂東	26 4 30

靖州
本州	26 34 50
綏寧	26 26 —
會同	26 50 —
通道	26 17 40

澧州
本州	29 37 —
安鄉	29 20 —
石門	29 30 50
慈利	29 20 —
安福	29 7 —
永定	29 7 —

桂陽州
縣	緯度
本州	25 49 30
臨武	25 20 —

115

115 湖南省各县的纬度

湖南省位于长江中游、洞庭湖以西。在第四卷纪行中，伊东则是以湖南西部为中心进行调查活动的，这里也是少数民族聚集的地区。

117

117 地图（沅州府—便水驿）（3月14日）

这一日的日记中记载了关于屋盖桥的描述。所谓屋盖桥，指上面建有屋顶的桥梁，如今在此地还可以看到很多这样的建筑（参见图92）。

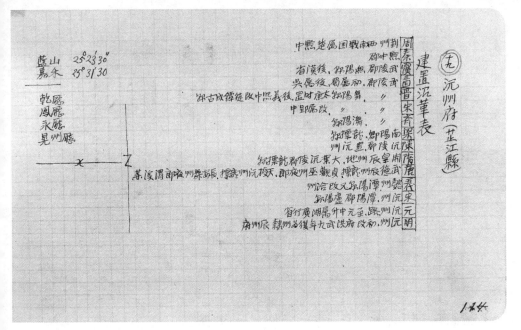

114 沅州府（1）建置沿革表

左图是沅州府的沿革一览表。如今的沅州称为芷江县，以产白蜡而闻名。

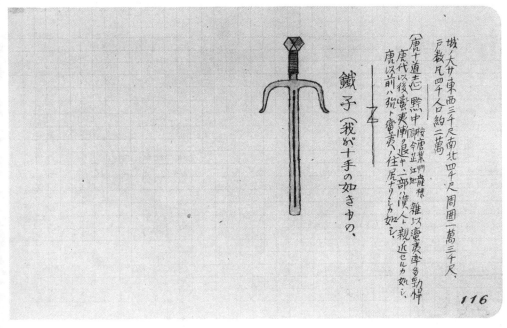

116 沅州府（2）（3月13日）

从辰溪县去往沅州的途中，旅客和货运都非常罕见。伊东在路上走了四日，所遇到的旅客不过数人，这应该是沅江地区交通主要以船运为主的原因。

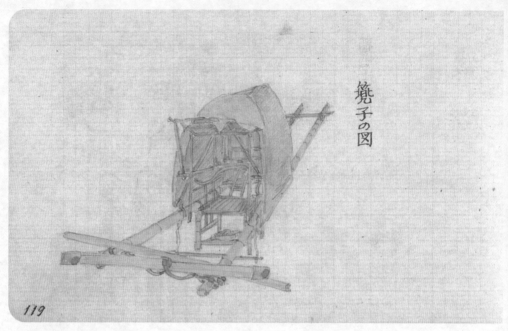

119 筼子图（2）（3月14日）

筼子的座席上设有竹架再盖以宽布。抬轿的轿夫分为前面两人和后面一人。（参见第三卷图 40、图 142，第五卷图 15）。

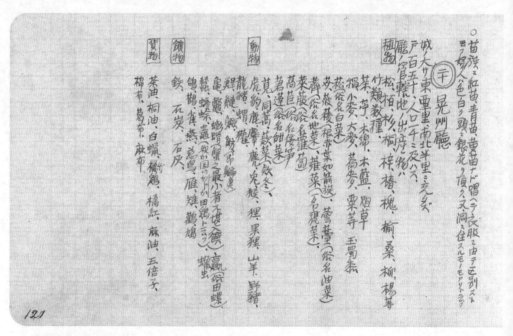

121 晃州厅（3月15日）

日记中记载，晃州的衙门似乎曾经非常气派，现如今破败荒废，而此处的知州却身着盛装。这种强烈的对比也是非常有趣，就好像亲身体验了小说中毁坏的宫殿废墟中突然出现了一位绝色美人的桥段。

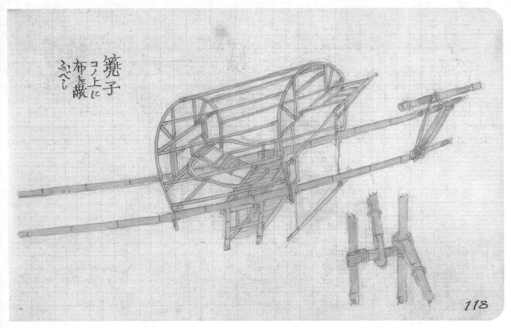

118 筭子图（1）（3 月 14 日）

伊东从沅州出发时所乘的轿子称为"筭子"。所谓"筭子"，如图所示，是将竹椅安装在两根长竹竿上而制成的轿子。

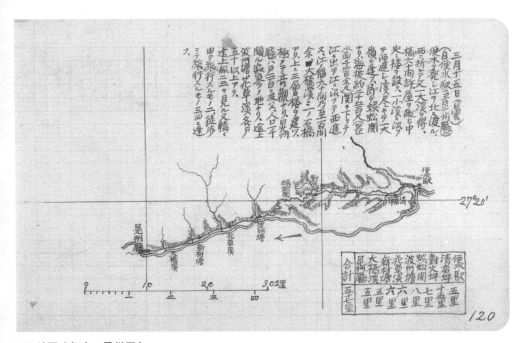

120 地图（便水—晃州厅）

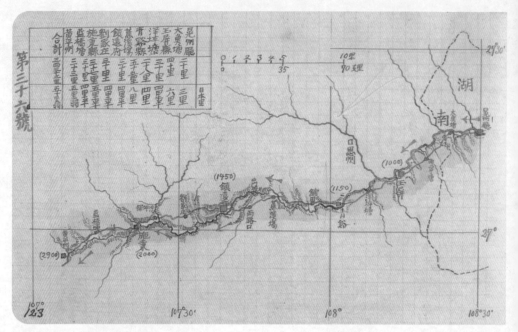

123 地图第三十六号（晃州厅—黄平州）

传说侗族人善于培种糯米和茶，以及栽植杉树。此处雨水较多，所以桥都盖以瓦制的屋顶，如今称作"风雨桥"。

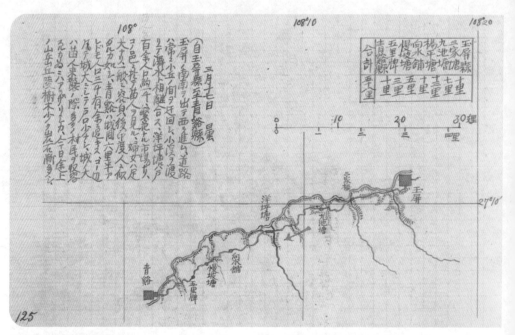

125 地图（玉屏—青溪）

文中的"南南ヲ出テ"为误记，应为"南关ヲ出テ"，意为"从南关而出"。

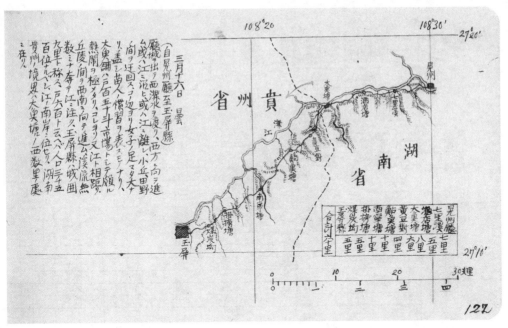

122 地图（晃州厅—玉屏）

这片地区如今是新晃侗族自治县，晃州厅位于其中心地区。

124 晃州厅和㵲江

日记中记载，一行人从晃州出发，渡过㵲江在位于右岸的大鱼塘村，稍作休整，被闻讯而来的村民围住轿子，引起骚乱，其中有人骂"东洋鬼"。湖南一向人才辈出，人很有气节。大鱼塘村位于湖南省和贵州省的省界处。

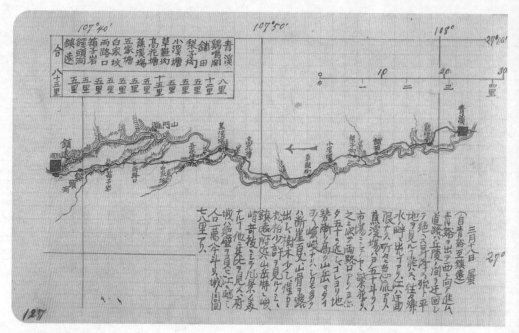

127 地图（青溪—镇远）

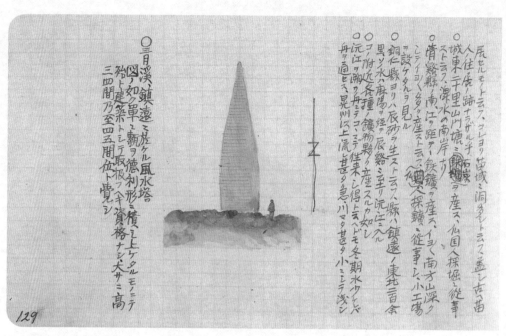

129 镇远府（2）风水塔（3 月 18 日）

在镇远停留时，一位在矿上工作的法国人来拜访伊东，强烈推荐他访问山门塘，盛情难却，伊东与之同行。沿江而下，周遭美景一览无余，上岸之后，法国人在家中招待了伊东。这位法国人非常富裕，但他所在的矿上所产的石炭在质量和产量上都比较一般。文中的"三月溪"为误记，应为"青溪"。

126 青溪县城

青溪县城方圆约六里半，人口三千有余。县城四周被高大的城墙包围，足够容纳三万人以上。

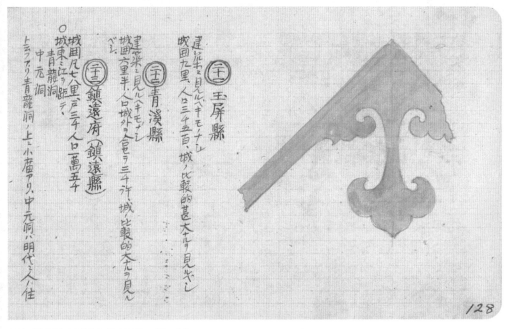

128 镇远府（1）（3 月 16 日—18 日）

此图是在某处悬鱼的写生，但是具体地点已不可知晓。

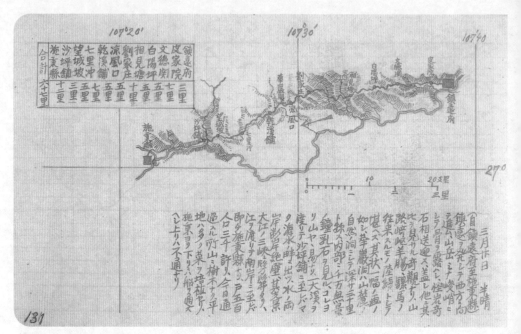

131 地图（镇远—施秉）

镇远位于贵州与湖南的交界处，是此地的中心。这里石灰岩山脉众多，所以也是以钟乳洞而闻名的风景胜地。

133 镇远府（5）华严洞（3月20日）

根据日记记载，在无数的钟乳石中，伊东注意到其中有一块造型酷似花蕾，于是唤来道士，给了他一两银子，将这块奇石取了下来，并雇人运往贵阳府，之后再经由重庆送往日本。

130 镇远府（3）风景（3月18日）

镇远府位于沅江北岸。眼前江水横陈，民居成群，稍远处绿树成林，中间矗立着一幢朱红墙壁的殿宇。殿宇之后有一座怪石林立的山峰，山顶上建有贵州独有的德利式风水塔。伊东评价道，此番景象天下无双，俨然是一幅绝妙的山水画。

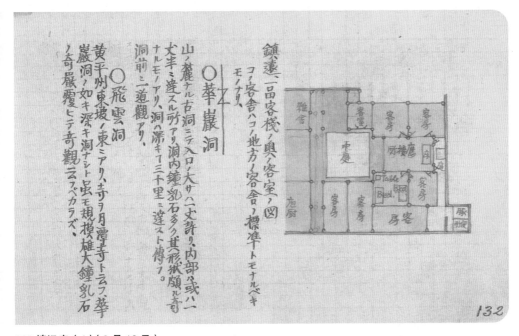

132 镇远府（4）（3月18日）

从镇远往西，沿着丘陵之间的溪流前行，周边的石灰岩山丘呈现出各种让人惊心动魄的奇形怪状，在此间行走的众人不由得大呼快哉。路边有一处称为“华严洞”的扁圆形大洞窟。

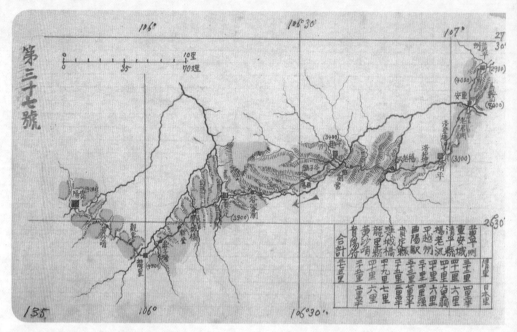

第三十七號

135 地图第三十七号（黄平州—贵阳）

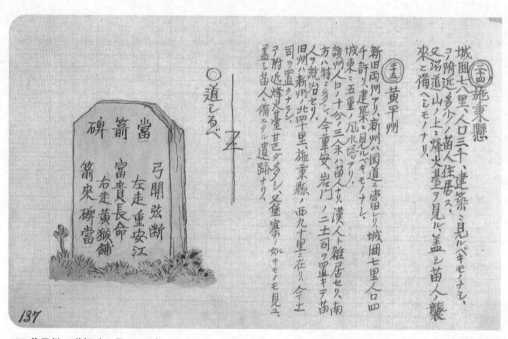

○道しるべ

工

137 黄平州　道标（3 月 21 日）
黄平州附近的道标形式非常奇妙，除了标记着道路的方向，还刻着祈福的咒文。

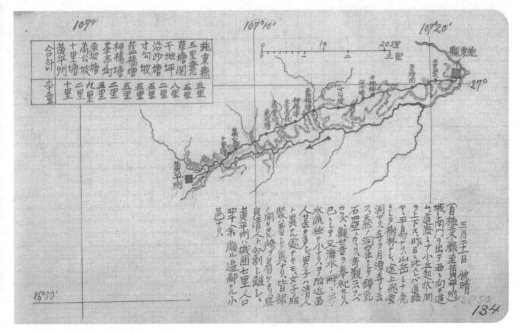

134 地图（施秉—黄平州）

136 飞云洞（1）（3月21日）（下接图138）

出得施秉县不远，路边有一处名为飞云洞的洞窟。洞内建有一座佛寺，名为月潭寺。寺庙顶上盖着一块钟乳石巨岩，如融化的砂糖从岩石上垂下，仿佛将要流淌到地上，实在是一处绝妙的景观。

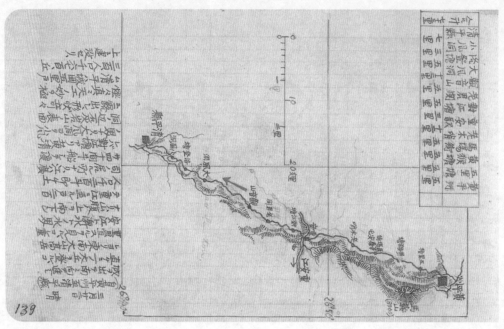

139 地图（黄平州—清平）

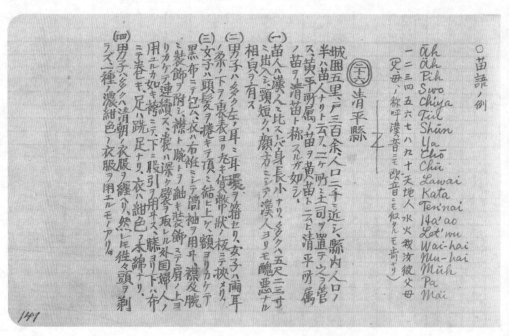

141 清平（3月22日）

日记中记载，伊东在黄平州遇到了蛮横无礼的知州，甚是气恼。清平的知县不在府中，其弟弟和儿子代为接待。伊东受到了他们热情周到的招待，还品尝到了鱼翅，咂嘴舔唇，赞不绝口。

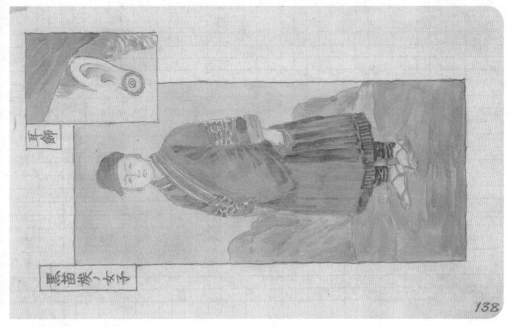

138 飞云洞（2）月潭寺的苗族女子（3月21日）（上承图136）

伊东游览完飞云洞月潭寺，在附近一间房屋前见到了三四名苗族女子，感到十分新奇，于是给她们拍照并画了素描。

140 马鞍山（3月22日）

一出黄平州，眼前是一处巨大的山崖，往东延展的山脉是马鞍山。山脉中高达八千余尺的大山层峦叠嶂，这是伊东离开峨眉山之后再一次见到如此壮观的景象。

143 田关营（3 月 23 日）

从杨老驿往西南方向是通往贵定的道路，而往西北则可到达平越。这里既有迂绕的大路，也有小径。从田关营出发，行得十二里，则抵达平越州。

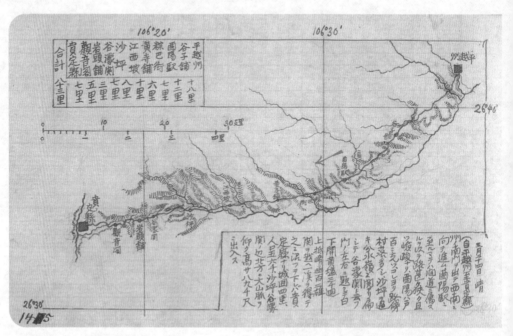

145 地图（平越州—贵定）

平越如今称福泉，位于贵州省黔东南部布依族苗族自治州的北部。这里居住有汉、苗以及布依等民族。

404

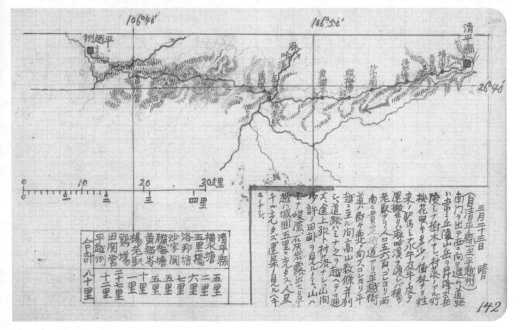

142 地图（清平—平越州）

清平县位于如今凯里市的城山。1914 年改名炉山县，1958 年又改为凯里县，1983 年撤县立市。如今此处位于
贵州省黔东南苗族侗族自治州的西部，居住有汉、苗以及侗等民族。

144 杨老／平越州　山中庙宇（3 月 23 日）

断崖之下有一条小溪静静流淌。日记中记载道："两岸峭壁如刀削斧劈一般，山腰有一处庙宇，庙前建有一座
高约十丈的石桥。碧水、桃花、绿树相映成趣，此等美景真是无法用语言描述。"

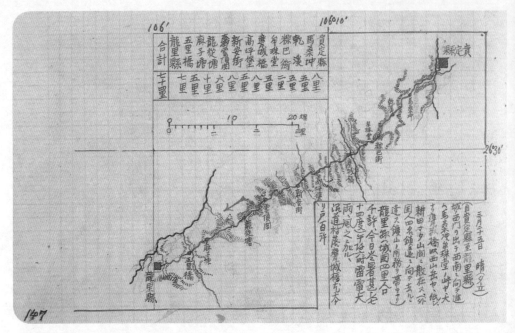

147 地图（贵定—龙里）

24日的日记记载了伊东傍晚时分遭遇的一场雷阵雨："行至麻子塘边时满天怪云密布，闷热难耐。突然天空一道霹雳划破苍穹，随即伴随着电闪雷鸣，豆大的雨滴倾盆而下……"

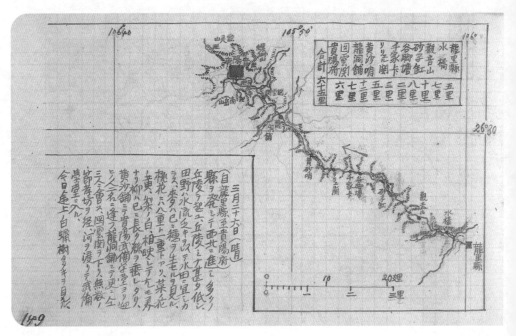

149 地图（龙里—贵阳府）

龙里县，元代时称为龙里州，清代改为龙里县。如今此处通有黔桂铁路。白蜡树是一种木犀科落叶乔木，树上可以采集到白蜡[22]。

146 平越州／贵定　谷子铺的儿童（3月24日）

从平越州去往贵定县的途中日落西山，于是众人点燃松明继续前行。松明是用茅草制成的直径三寸、长约二间的束捆。这附近的山中树木很少，遍地都是茅草，就连房屋也都是用茅草制成的。

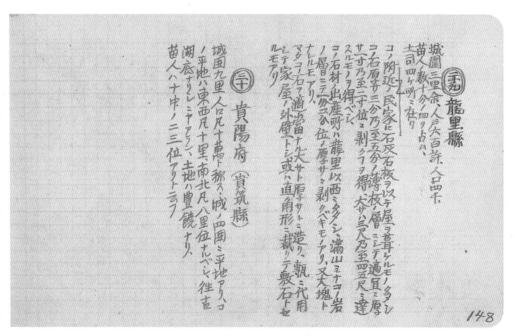

148 龙里／贵阳府（1）（3月25日）

伊东一行在黄沙哨休憩时，突然有两人骑马而来，居然是两名日本人。他们都来自贵阳府（贵筑县）武备学堂，特地前来迎接。到达龙洞铺时，金子中尉 [21] 和其他两名日本人也出来迎接。到达贵阳城外时，高山少佐则亲自出城迎接，一行人喜出望外，携手前往学堂。

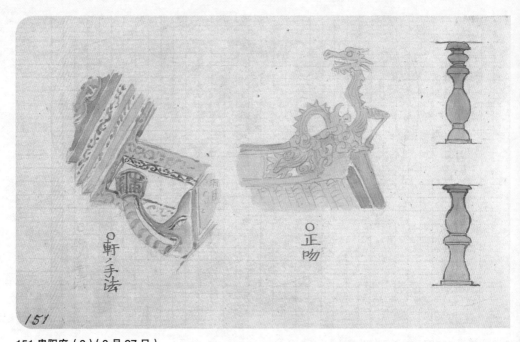

151 贵阳府（3）（3月27日）

（贵阳）武备学堂是日本人担任教官的警察学校。伊东听说鸟居龙藏前一年也曾在此借宿了十天。

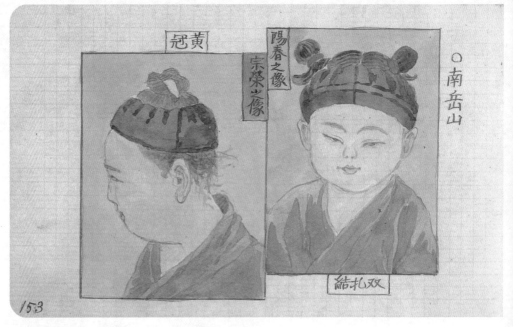

153 贵阳府（5）（3月27日）

高山先生做向导，带伊东一行人游览了南岳山。这是一处郊外的小山丘，众人在此畅快游玩，乐不思蜀。山顶上有一处道观，与高山先生熟识的道士热情地招待了众人。此图应该为当时伊东为见习道士所作的素描。

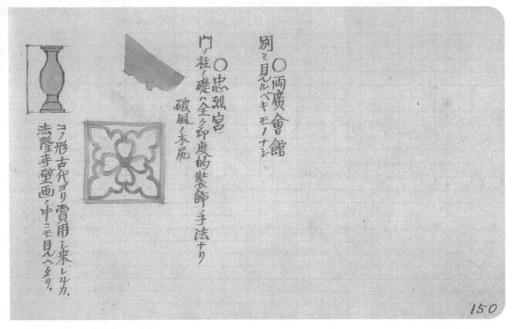

150 贵阳府（2）（3月27日）

忠烈宫使用了各种有趣的建筑手法，是贵阳城内最值得一看的建筑。如图151所示的栏杆的风格、鸱吻突飞跃起的设计、屋檐下梁托的奇特造型等。伊东评价（这些设计）在别处从未见过。

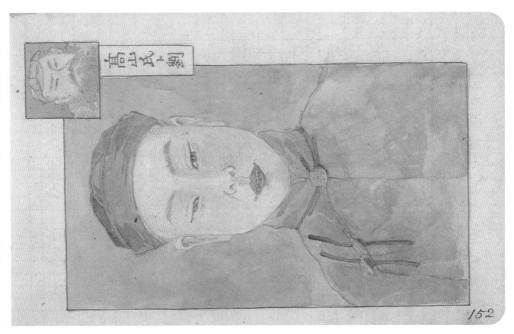

152 贵阳府（4）高山少佐和小刘

高山先生是武备学堂的总教习高山公通。小刘应该是一名仆从，但是在当天的日记中并没有记录。

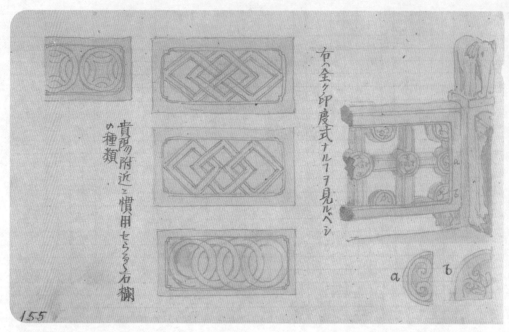

155 贵阳府（7）（3 月 31 日）

螺蛳山扶风寺是一座位于省城东部的名刹。相传明代大儒王阳明被贬至贵州龙场县时曾来此游历，所以寺中供奉着王阳明像。大雄宝殿前的石栏还保留着印度的样式，实在是弥足珍贵。

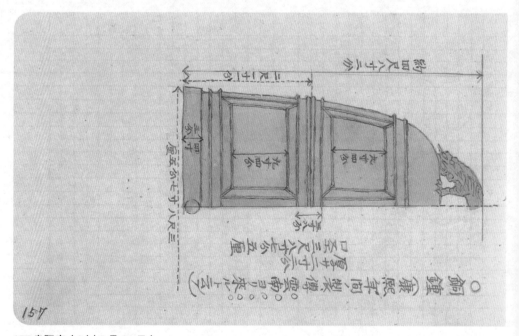

157 贵阳府（9）（3 月 31 日）

图为黔阳山上的铜钟。钟的底部并没有切割成八角形，这种设计与日本相同，但在中国比较少见。伊东评价道，中国西南部的工艺居然与日本如此类似，实在是有趣。

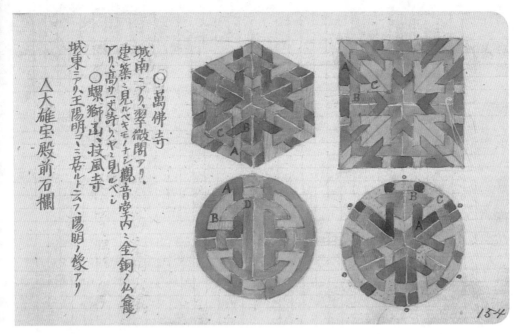

△大雄宝殿前石欄

城東ニアリ、王陽明ノ三岳ト云フ、陽明ノ像アリ

○螺獅山、技風寺

建築ヲ見ルベキモノナシ、観音堂天ニ金銅ノ仏龕アリ、高サ一丈斗リ、ヤヽ見ルベシ

城南ニアリ、翠微閣アリ、

○萬佛寺

154 贵阳府（6）（3月31日）

贵阳府中仍然保留了自古流传至今的建筑装饰花纹。图中给出了其中的四种样例。这是将木头或者纸张切成各种形状然后再重新组合而成的图案。伊东在当地的清真寺中见到这种花纹，也就是所谓阿拉伯式花纹。

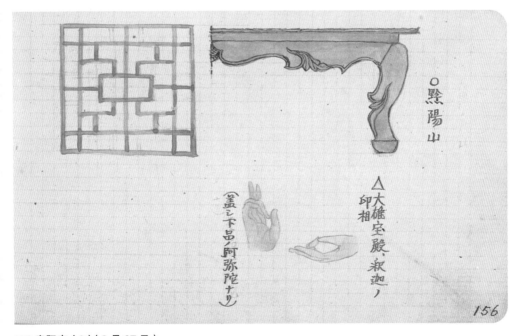

○黔陽山

△大碓室殿、釈迦ノ卬相

（蓋シ下品ノ阿弥陀ナリ）

156 贵阳府（8）（3月27日）

城外有一座著名的黔阳山。山上的寺庙规模宏大，建筑优美，绿树成荫，更是添加了几分情趣。黔阳山的"黔"字是贵州的古称，直到今天仍作为贵州省的简称在使用。

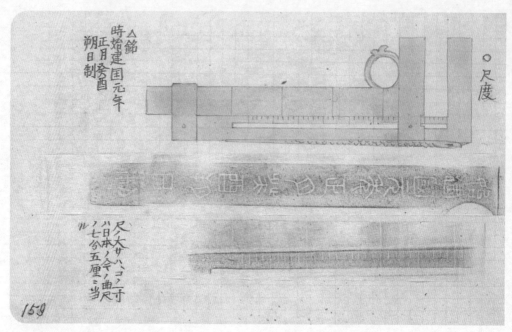

159 贵阳府（11）（3月31日）

3月10日、31日，伊东拜访了数位艺术收藏家，欣赏了他们的各种藏品。其中有北宋徽宗的白鹰、董其昌的书法等。

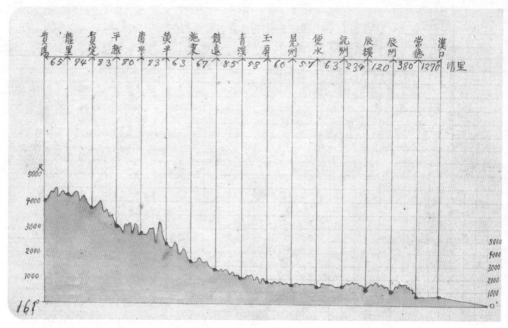

161 海拔图（贵阳—汉口）

2月10日从汉口出发，五十天后抵达贵阳，相当于攀登了四千尺的高度。

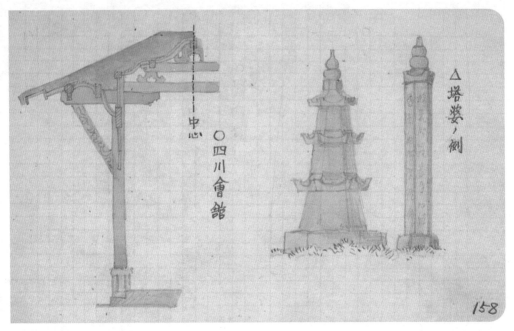

158 贵阳府（10）（3月31日）

贵州府中有两广会馆和四川会馆。四川会馆十分富丽堂皇，内有如图所示的一种造型奇巧的建筑。据伊东考察，中国各地的四川会馆都非常气派，这是因为四川富人较多，分布于其他各省的人也相对较多。

160 贵阳抵达图

抵达贵阳之时，正值春暖花开的季节。这里的纬度虽然属于亚热带湿润地区，但是因为这里海拔高度超过了一千米，所以正是百花争艳之时。

163 贵阳府（13）笔谈

此图是与贵阳城中名士会面笔谈记录。当时日本已经振兴了工业，实现了近代化，他们向伊东这位日本博士请教了中国应该从何处着手的问题。

译注

[1] 鸟居龙藏，日本人类学家、考古学家，长期在中国进行人类学研究，曾在伊东赴华前一年来到贵州进行少数民族研究。

[2] 高山指的是高山公通，出生于鹿儿岛，日本军人，1900年被派驻中国贵州，1904年参加了日俄战争。

[3] 白帝城托孤。

[4] 三峡是瞿塘峡、巫峡、西陵峡。

[5] 约72米。

[6] 今应为重庆市与湖北省的分界，书成时重庆仍属于四川省。

[7] 巫山神女，又称瑶姬，炎帝之女。战国宋玉在《高唐赋》与《神女赋》中都描述了楚襄王夜梦巫山神女的故事，后巫山神女常以比喻绝伦美女。

[8] 约9000米。

[9] 寺后的洪山宝塔，灵济塔。

[10] 就是上图中所提到的塔，现名宝通塔。

[11] 端方，满洲正白旗人，清末政治家、收藏家，曾任湖北巡抚、湖广总督、两江总督等。维新派官员代表，支持戊戌变法。他醉心于收藏，还曾在出洋考察时收藏了古埃及文物，是中国收藏外国文物的第一人，最后死于辛亥革命中。

[12] 严格意义上，中间圆孔的直径为整体三分之一大小称为璧，但是很少能做到这么精确。

[13] 即龟山。

[14] 正月十一。

[15] 沅南县。

162 贵阳府（12）武备学堂的人们（3 月 27 日）

武备学堂位于省城的南郊，一共有以高山少佐为首的六名日本教官。伊东在此停留的一周中，得到了他们的热情协助，使得各项调研活动能够顺利完成。

[16] 锅物是日本类似火锅的料理，将食物和作料一同放入锅中边煮边吃。

[17] 今龙兴讲寺。

[18] 桃山时代，又称安土桃山时代，是 1568—1603 年，也就是日本著名的战国中期至末期，以织田信长上洛扶植傀儡将军足利义昭起，到德川家康建立江户幕府为止。

[19] 13 米至 14 米。

[20] 7 米至 9 米。

[21] 金子新太郎，日本军人，参加过甲午战争，后担任贵阳武备学堂教官。日俄战争中也有参战。中国爆发辛亥革命时，加入中国革命军并于 1911 年 11 月 26 日于汉阳战死。

[22] 白蜡为白蜡虫的分泌物，一般放养在白蜡树上。

第五卷

伊东从贵州出发，经由云南前往缅甸的新街。贵州到云南的途中都是山丘地带。云南府即今天的昆明市，因为位处南方高地，一年四季气候温暖，以"春城"为人所知。从云南府通往大理的道路都在平缓的高原。

伊东于4月3日离开贵州，一路上海拔逐渐下降，4月22日抵达云南府。他所走的路线和鸟居龙藏半年前所走的完全相同，根据日记记载，伊东对于鸟居的事迹也有耳闻。贵州省内几乎都是少数民族居住区，可供调研的建筑物相对较少，但是他画下了很多当地石灰岩山脉的奇特景观。

云南府是一片物产丰富的土地，明末清初时曾是吴三桂的据点。伊东调研了城中的东西双塔和元通寺。列强势力在此地十分活跃，日记中也记录了他和法国人、英国人交流与同游的经历。

大理石的名称由大理而来。从云南府向西行大约两周便可到达大理。这里的佛寺和塔的样式都带有浓郁的南方特色。

伊东在前往缅甸的途中，对掸族（如今的傣族）等少数民族的生活方式、风俗做了细致入微的观察记录，还在露天温泉观察了当地妇人的缠足，可见其好奇心极其旺盛。他用彩绘记录下了当地少数民族的服饰、祭祀风俗以及坟墓样式，当时彩照尚未发明，所以这些图画鲜活完整地记录下当时所见的原样，是非常珍贵的研究资料。

伊东于6月4日到达缅甸新街，距离1902年3月29日从东京新桥出发之日，已过去一年两个多月。

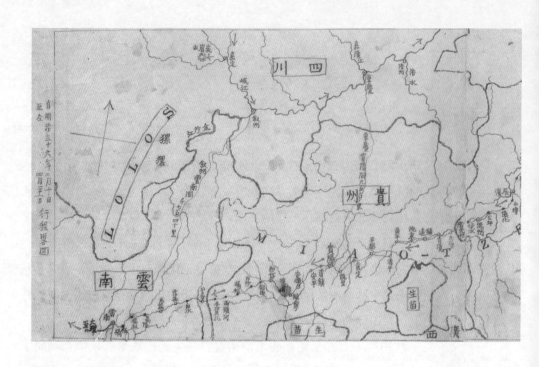

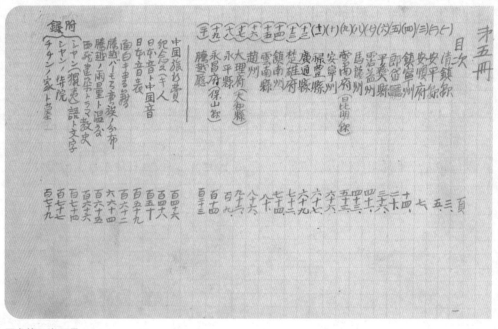

原书第五卷目录

"附录"部分原书中并没有附以序号，本书对此进行修改并附上了序号，导致和原书有些差异，还请读者注意。

结尾处的"チチン"为误记，应为"カチン"，意为"景颇族"。

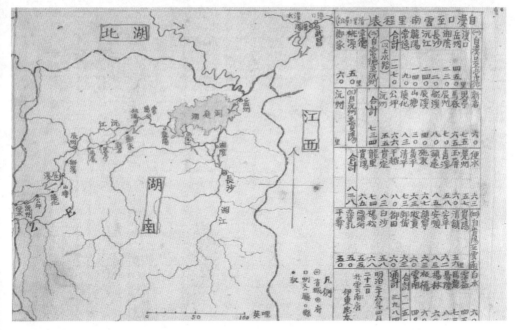

1 地图第三十八号（贵阳府—郎岱厅）

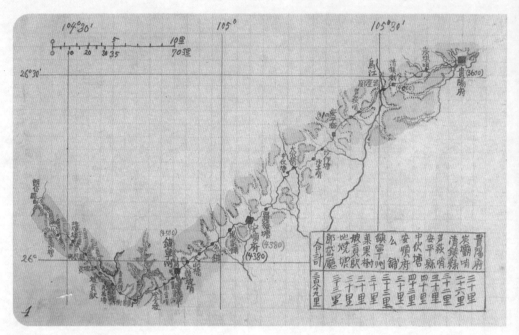

地图（贵阳府—郎岱厅）

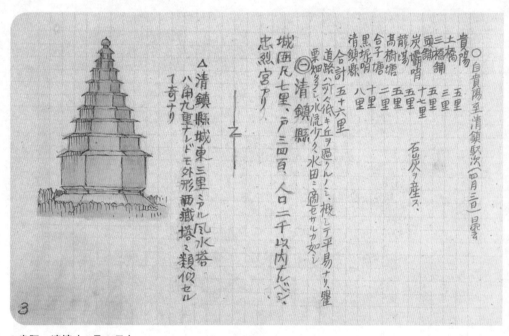

3 贵阳—清镇（4月3日）

离开贵阳时所乘的轿子，正是前一年人类学家鸟居龙藏在此游历时使用过的。当时他以一两半的价格将轿子
卖给了武备学堂，伊东又以相同的价格买下，修补之后为己所用。图中的"瞿栗"为误记，应为"罂粟"。

附图目录

2 从贵阳府出发（4月3日）

日记中记载，这一天，伊东与武备学堂的日本人结伴从贵阳城出发，来到城外约三里处的石桥游玩饮酒，直到日落西山，连对方的面孔都看不清了，才依依不舍地挥帽告别。

5 安平（4月4日）

图为在安平附近看到的苗族人，称作"凤头苗"。女子巧妙地编起前额的头发，头上裹着头巾，戴着大大的耳环。

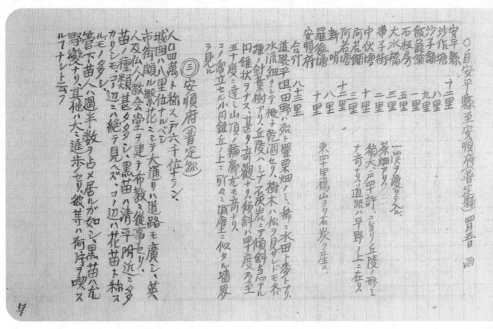

7 安平—安顺府（4月5日）

安顺府又名普定（今安顺市）是贵州的第三大城市，市区非常繁华，道路宽阔，建筑优美。这一天，有两位英国牧师前来拜访，他们都在中国住了十几年，和他们的谈话让伊东受益匪浅。

袖長クシテ指頭ヨリ延ビタル丁五寸、如何ニ(ヘ)ンチクリンナルカヲ見ヨ又如何ニグラヌ(ニ)ナキカヲ見ヨ

男馬首蛋罐秋家花花塘哨橋咱澄関邻
安平縣合計路槻平易ニシテ低キ丘陵ヲ越エニシ、田野ハ多ク窪栗ヲ殖ヘタリ、河流甚タ少ナク水田ニ適セザルナリ。又円錐形ノ丘ヲモ商ニシ、多ク独立シテ傾斜甚タシク名立ナシ。

〇自清鎮欵至安平縣凡次(四月四)日曇

清鎮邻橋哨塘哨塘哨塘哨一茶花塘青苎秋鴨首蛋罐男馬五安平縣合計六十一里

八里七里五里五里五里七里五里二里十里八里

関ヲ下ベニ渓アリ、稍大ナリ。

4 清镇—安平（4月4日）

图左画的是清朝人普遍的装束，并不是南方特有。伊东在图边写下的感想，某种程度上代表了甲午战争之后日本知识分子对中国的看法。

中伙塘附近

6 中火塘附近（4月5日）

离开安平县路上，伊东看到了造型有趣的石灰岩丘陵。

9 新哨附近（2）（4月5日）

此处的奇山怪石连日本的妙义山都无法与之媲美，山顶的轮廓非常怪异。

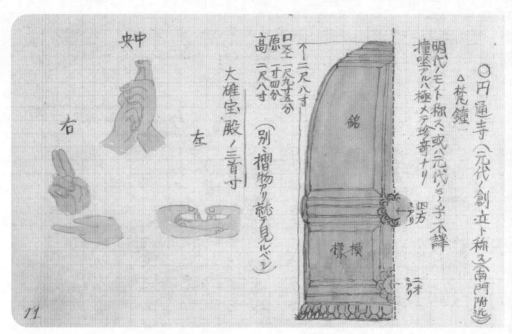

11 安顺府（1）圆通寺（1）（4月6日）

安顺城中的圆通寺值得一看。圆通寺创建于元代，寺中的梵钟与日本钟样式相同，口径大约一尺九寸五分。
钟月（撞座）的位置形状都与日本无二，甚是罕见。文中的"三首寸"为误记，应为"三尊"。

新哨附近，石灰山，其二

8 新哨附近（1）（4月5日）

途中奇景层出不穷。山丘呈细长圆锥形，零星地散落在眼前，真是不可思议。

其三

10 新哨附近（3）（4月5日）

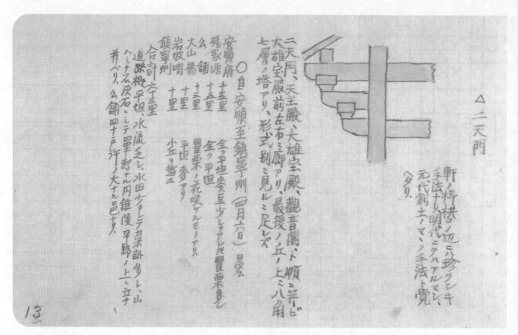

13 安顺府（3）圆通寺（3）（4月6日）

二天门的斗拱采用了比较罕见的建造手法，应该是保留了元代的样式，与镰仓初期传入日本的"天竺样"的建筑手法颇有渊源。文字的"创土"为误记，应为"创立"。

15 大山桥附近（1）（4月6日）

图为从安顺前往镇宁途中，伊东坐在轿子里看到外面颇有情趣的景色而作的写生。圆锥形的小山丘一个接一个地耸立在地面上。

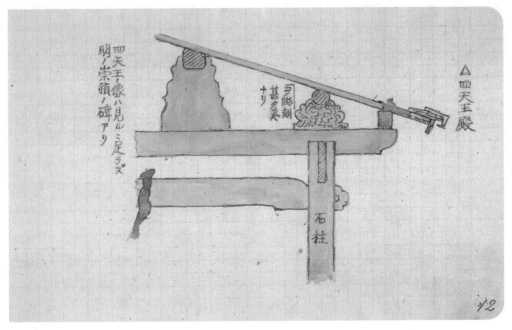

12 安顺府（2）圆通寺（2）（4月6日）

四天王殿中的月梁和驼峰风格独特，据伊东考证为元代制作。

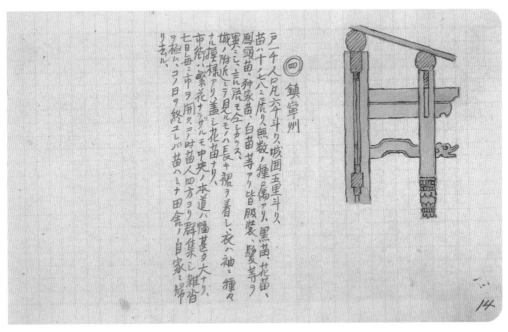

14 镇宁州（1）（4月6日）

据镇宁知州所说，这天为市日，并称如果伊东有需要，他可以下令召集当地的苗族人，不过伊东谢绝了他的好意。于是知州给他讲述了很多关于苗族的事情。

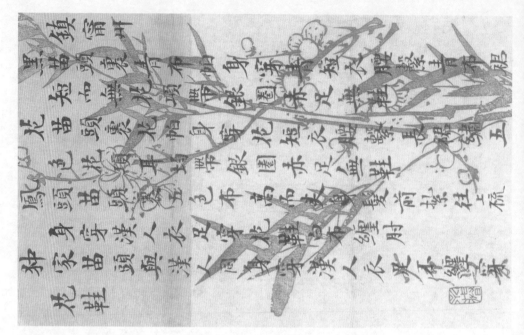

17 镇宁州（2）与知州笔谈（4月6日）

图为伊东与镇宁知州关于苗族的笔谈内容的一部分。知州为他说明了"黑苗""花苗""凤头苗""独家苗"等在服装上的区别特征。

19 黄果树的双瀑布

前往黄果树村需要跨过一座建在宽阔溪流上的石桥。溪水蜿蜒在村口附近流出，形成了高约百尺、宽达十尺的两条瀑布，并注入一处壮阔的绿渊，名为"石牛潭"。

16 大山桥附近（2）（4月6日）

日记中记载，这附近降雨稀少，所以少见河流溪水。伊东一行来到安顺府时，正值知县前往城隍庙祈雨，而未能会面。得知在这里祈雨居然是一种官方行为，伊东甚是吃惊。

18 镇宁州—坡贡驿（4月7日）

此处苗族人甚多，图为其中花苗族女子的上半身素描图。

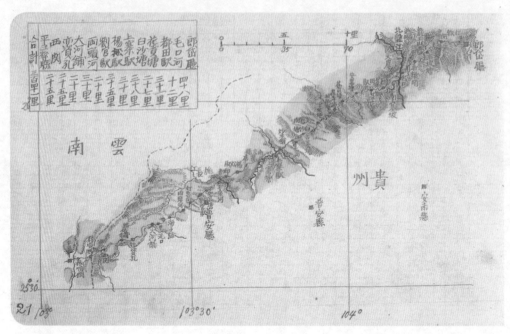

21 地图（郎岱厅—平彝）

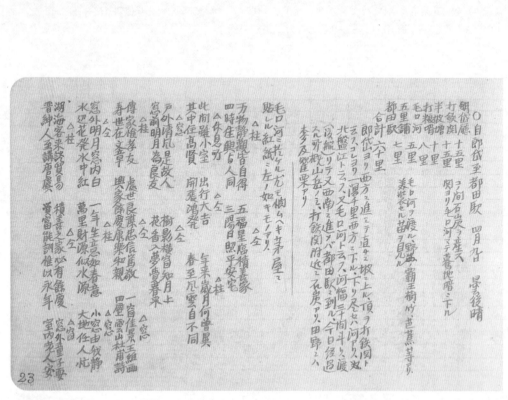

23 郎岱厅—都田驿（1）对联（1）（4月9日）

对联是指写在红纸上，贴在门框两侧的自古流传的佳对。文中引用的对联都是良言美句。

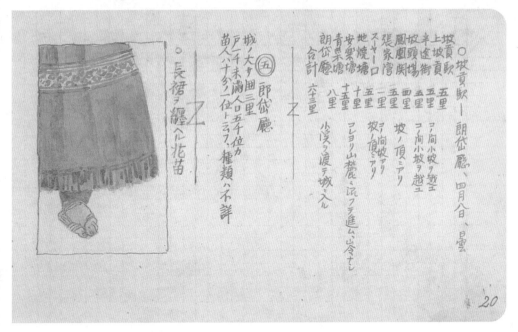

○坡貢驛ヨリ朗岱廳、四月八、晴

上坡貢街　　五里
坡貢街　　　五里　コノ間小坂ヲ越エ
坡頭場　　　五里　コノ間小坂ヲ越エ
張家灣　　　四里　坡ノ頂ニアリ
鳳凰關　　　五里　コノ間小坡アリ
地燒塘　　　五里　坡ノ頂ニアリ
安樂塘　　　十五里　コレヨリ山麓ニ沿フテ進ム山峯ナシ
青菜塘　　　十五里
朗岱廳　　　八里　小溪ヲ渡テ城ニ入ル
合計　　　　六十三里

（五）郎岱廳
城ノ大サ圍三里
戸二千未滿合五千位力
苗人八十多ノ一位ト云フ、種類ハ不詳

。長裙ヲ纏ヘル花苗

20 坡贡驿—郎岱厅（4月8日）

图左为图18素描中女子的下半身的衣着。她身穿长裙，裸足穿着草鞋。

龍王山高八千尺　打鐵關西

22 打铁关　龙王山（4月9日）

从郎岱出发往西行，一路上都是险峻的山路。向上攀行约十五里到达山顶，此处有一处关门，名为打铁关。出关下行就到了毛口河。龙王山是毛口河附近的第一高山。河西边的远处还耸立着一座名为图天崖的悬崖。

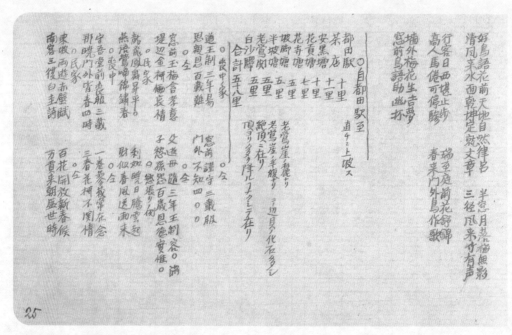

25 都田驿—白沙驿（1）（4月10日）

在都田驿前，伊东听说此处出产化石，于是拜托岩原大三前去寻找。可是不得要领的岩原只是在河边四处搜寻，最终一无所获。

27 都田驿—白沙驿（3）老莺岩（4月10日）

从都田驿出发，前方出现了一座巨大的山峰。从山麓往上，坡度甚为陡峭，行约九里方才抵达山顶，此处为老莺岩。高度大约界于龙王山与河对岸的图天崖之间。

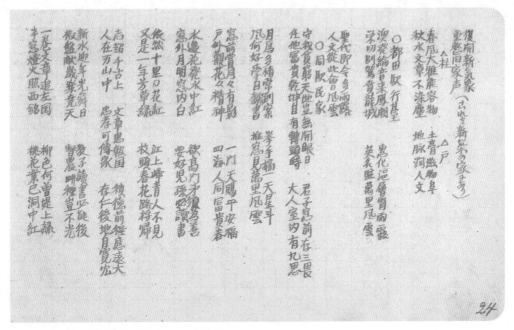

24 郎岱厅—都田驿（2）对联（2）（4月9日）

农历正月里贴的对联被称为"春联"，但是这里大部分人都是文盲，所以并不认识对联上的字。当家里有红白事时，大家都会请村里的读书人来帮忙写对联，村里的夫子会从参考书中选取出适合的句子。

26 都田驿—白沙驿（2）（4月10日）

图中为"禁止野火"的布告以及对百姓的训诫，其行文非常严肃郑重。图左为对联。

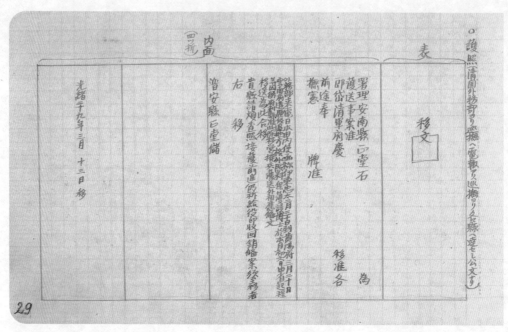

29 护照（4 月 10 日）

在都田驿站准备出发时，驿站的官员给伊东看了他从北京收到的相当于护照的训令。这是内田公使请清廷外务部开具，并在伊东所经之处传递，也是伊东一行人一路上受到各地热情款待的原因。

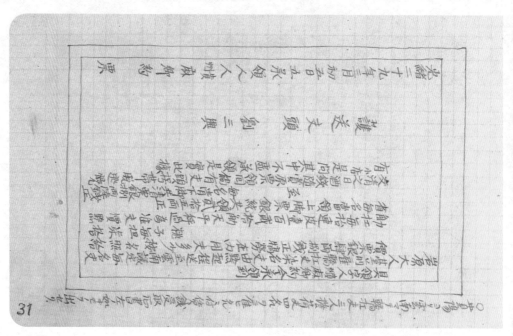

31 收据

这是雇用从贵阳到云南的挑夫时所开具的收据。图为实物的复写，原物由担任翻译的岩原保管。

28 都田驿—白沙驿（4）从老莺岩眺望龙王山（4 月 10 日）
龙王山和图天崖附近的山都是由石灰岩构成。龙王山是此地第一高山，伊东推测其高度在八千尺以上。

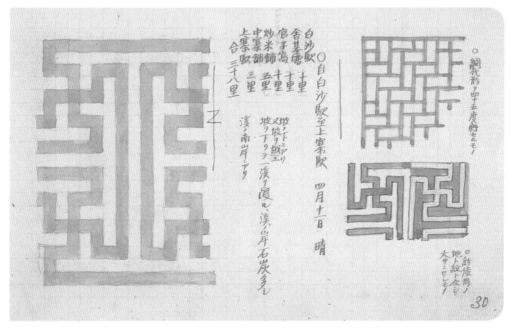

30 白沙驿—上塞驿（4 月 11 日）
白沙驿行台的柱子没有一根是垂直的，全都有二十度左右的倾角。但与柱相连的横木都是水平的，所以一眼就能看出窗框有些变形。

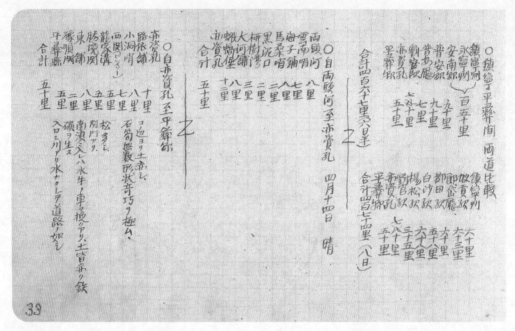

33 两头河—亦资孔（4 月 14 日）

通过关口，映入眼帘的是一片红土原野，道路上遍布车辙的痕迹。之前在贵州很少看见车辆，而在此处得以一见。车由水牛牵引，非常原始，车轮由厚厚的木板制成，车轴上盖着一块木板。

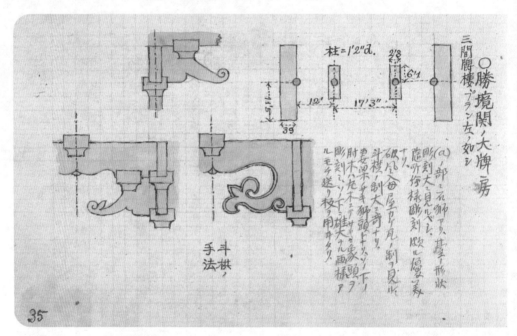

35 胜境关　大牌楼（4 月 15 日）

胜境关位于贵州和云南的省界处。大牌楼的中柱两侧分别立着一只石狮子。牌楼的云南一侧保存良好，贵州一侧却损毁严重。当地人说这是因为云南多风而贵州多雨。

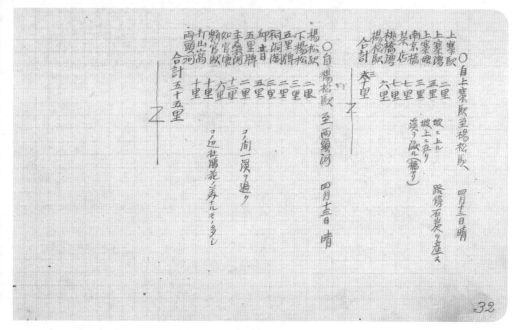

32 上塞驿—杨松驿（4 月 12 日）／杨松驿—两头河（4 月 13 日）

在杨松驿的行台休息时遇到了途经此处的两位日本青年，他们为了参加大谷探险队准备前往印度，但是在缅甸与大谷法主[1]会面之后，又因为有紧急的事情奉命回国。伊东在日记中写道，青年的宏伟计划真是让人羡慕。

34 西关附近（4 月 14 日）

一行人在此休息时顺便登山游玩，并想寻找石笋之类的东西。遗憾的是所带的锤子太小，没能采集到大的石笋。可是偶然间发现了铁矿石。

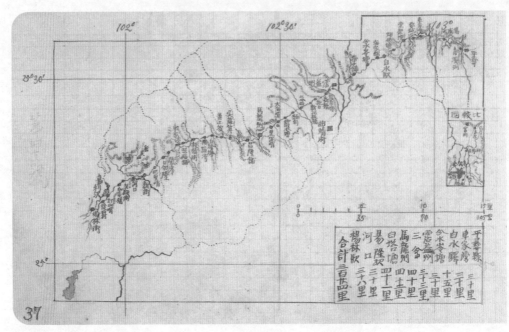

37 地图（平彝—杨林驿）

39 腰站（4 月 16 日）

腰站位于平彝县外三十五里处，沿路稀稀拉拉地散落着一些村庄。村民都破衣烂衫，衣不遮体。狗也瘦骨嶙峋，但是在一行人路过时居然还有力气对他们狂吠。

438

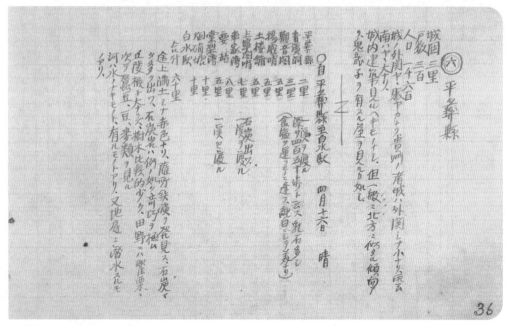

36 平彝—白水驿（4 月 16 日）

平彝县没有行台，所以一行人只能投宿在客栈中。酷暑难耐，大家开始感觉到些许旅行的疲惫。

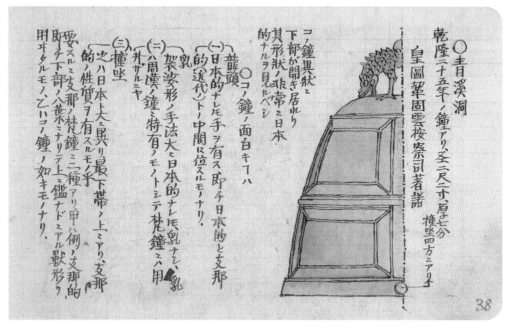

38 清溪洞（4 月 16 日）

清溪洞是一处非常有名的钟乳洞，深约四百五十步 [2]，宽约数十尺。洞内从顶端垂下一根巨大的钟乳石。日记中记载，这里还有道士，一见到访客便拿出捐献账本请求布施。

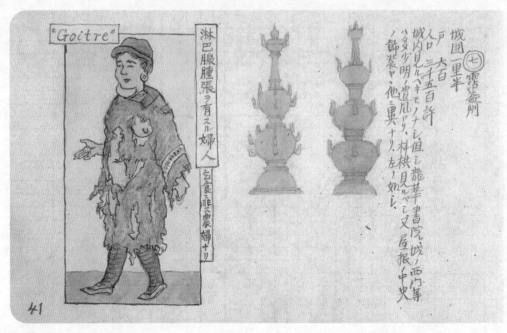

41 霑益州（1）（4月17日）

在这附近可以看到一些淋巴腺异常肿胀的人，其中以妇女居多。据说这是一种地方性流行疾病，对人体健康并无大碍。伊东在四川时也曾多次见过。图中的"Goitre"是法语，意为"甲状腺肥大"。

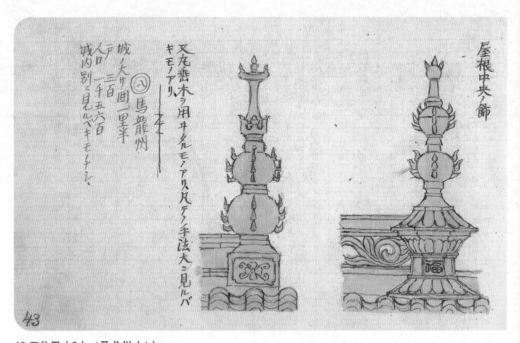

43 三岔堡（2）／马龙州（1）

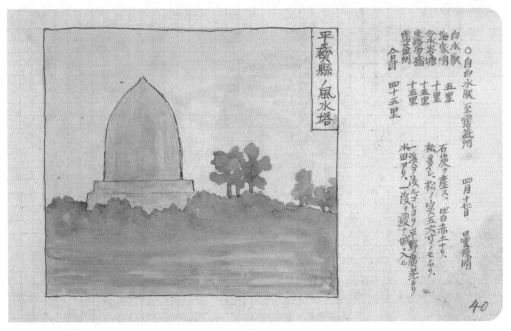

40 白水驿—霑益州　风水塔（4 月 17 日）

平彝县的风水塔如图所示，形状有点儿像栗子，比起细长德利形的贵州式风水塔，有着别样的趣味。

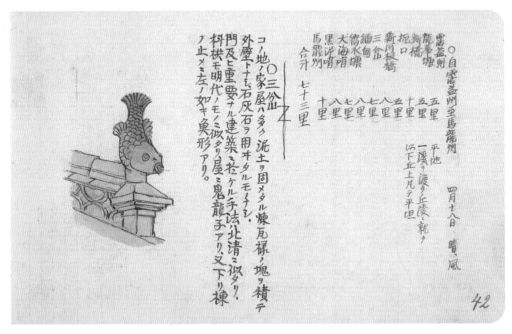

42 霑益州（2）／三岔堡（1）（4 月 18 日）

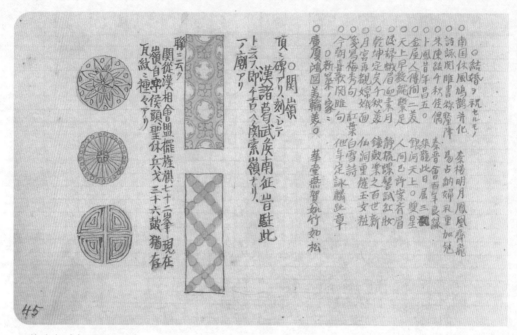

45 关岭（1）（4月19日）

关岭位于一座小山的顶部，又名关索岭。此处立有一座石碑，记载了诸葛亮南征之后，率军返回时曾在此驻扎，但是并不知真伪，毕竟关索岭这个地名比较常见。[4] 图右部分为对联。

47 岳灵山（4月20日）

岳灵山不仅形状和日本比叡山 [5] 极其相似，其连绵的山脉也像极了以大文字山 [6] 为首的东山 [7]，伊东在这里感觉就宛如置身于京都的东郊一般，不禁感叹大自然的鬼斧神工和造化无穷。

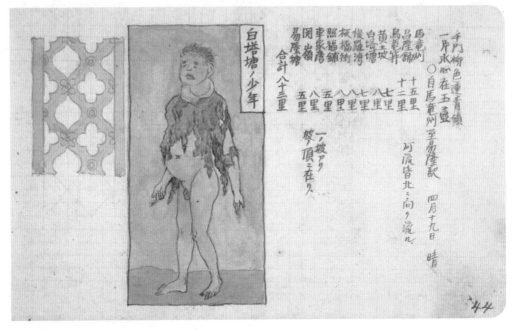

44 马龙州（2）—易隆堡（4 月 19 日）

"一片冰心在玉壶"，这是唐代诗人王昌龄某首绝句 [3] 的最后一句，应该是伊东从某副对联上摘抄来的。

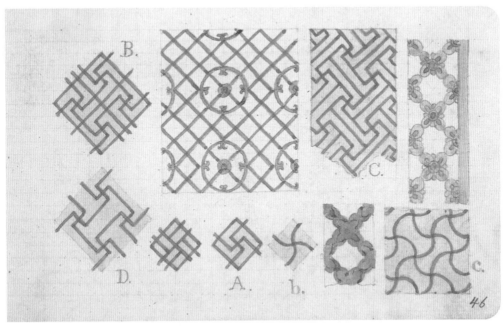

46 关岭（2）（4 月 19 日）

关岭上有一处寺庙，已经非常荒废，但其窗格花纹非常有意思。

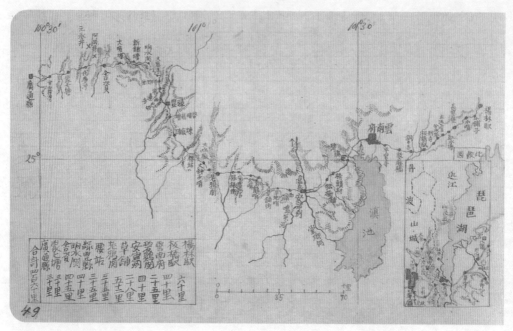

49 地图（杨林驿—广通）

根据地图中的比较，云南的滇池和日本的琵琶湖大小相似。

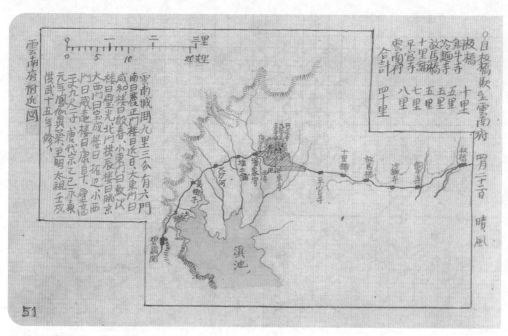

51 地图（板桥驿—云南府）

444

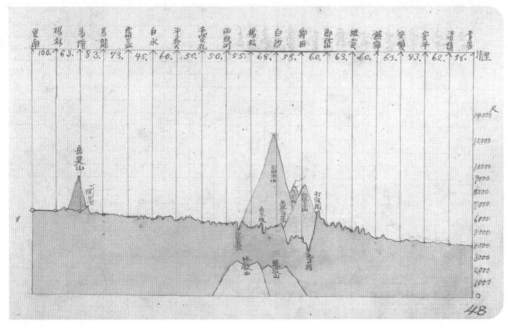

48 海拔图（贵阳—云南）

从贵州到云南，一路都属于高原地区，也就是说，伊东每天都行走在海拔超过五千尺的高原上。

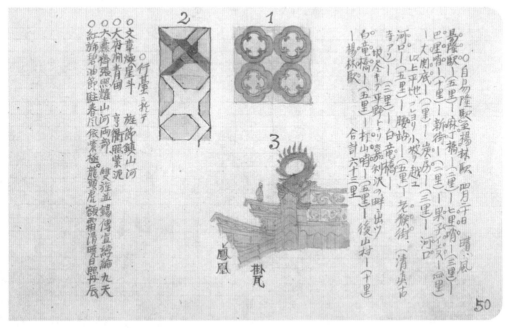

50 易隆堡—杨林驿（4月20日）

嘉利泽的沼泽宽度约为日本的一里 [8]，如今的规模没有伊东在地图上标示的那么大，也许以前更大一些。来到宽阔的水面上，一行人心情也畅快起来，眺望美景，不知不觉来到了杨林驿。图为伊东在杨林驿的采风。

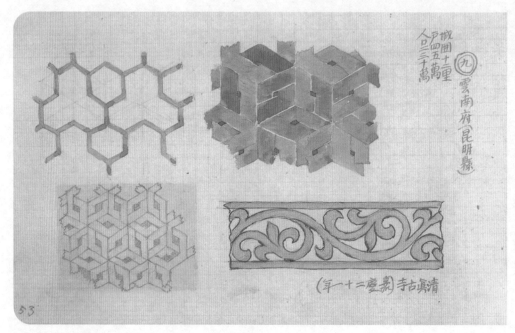

53 云南府（1）（4月22日）

云南府是伊东自北京以来所见规模最大的城市。城墙高达三丈九尺二寸，非常雄伟壮观。市区的感觉与北京相似，应该是明末清初时吴三桂在此长期经营的结果吧！

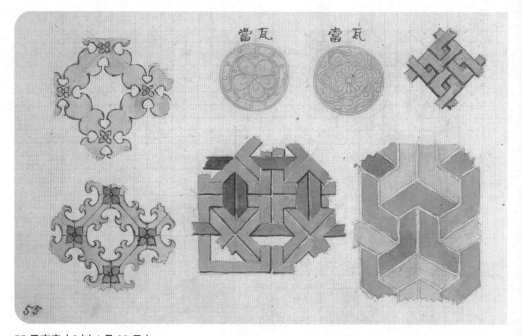

55 云南府（3）（4月22日）

云南的建筑多使用非常有趣的装饰花纹，伊东认为这是受到伊斯兰教艺术风格影响的结果，前后几页中所收录的花纹图案均是他在云南府城内外采集的样例。

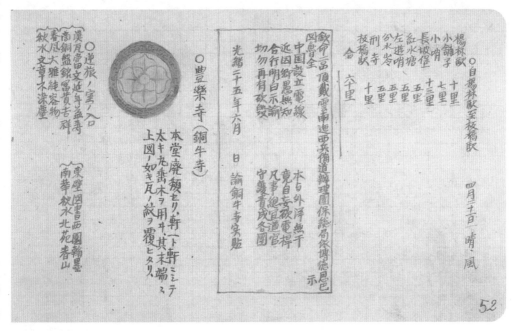

52 杨林驿—板桥驿（4月21日）

图为云南府前铜牛寺村张贴的布告。因为清廷架设的电线被当成外国人所有而被人推倒切断，于是张贴布告示谕百姓不可再为。

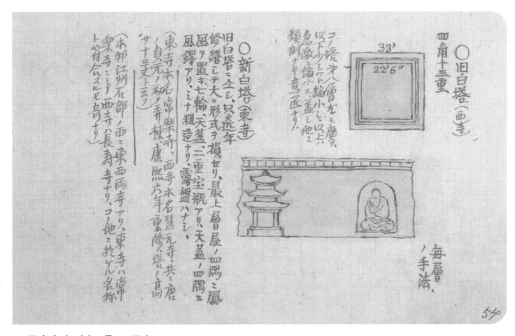

54 云南府（2）（4月22日）

东西两塔造型结构相同，每层各个侧面的中间都安有佛像，其左右有小塔形状的浮雕。伊东评价道，塔的第八层还比较宽阔，往上则骤然缩小，这种设计应该是此处特有的风格，称作南诏式，也叫云南式。

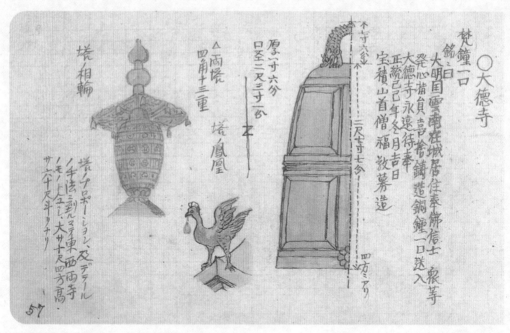

57 云南府（5）大德寺（1）（4月24日）

探访完五华寺之后，伊东一行又前往大德寺。这座寺庙创建于元代，依然保留了初建时的样子。钟铸造于明朝正统年间，与日本钟相似。

59 云南府（7）大德寺（3）（4月24日）

大德寺是建于元代的名刹。图为在大德寺中所采集的花纹图样，用多彩的颜色描绘，表现出几何学的美感。

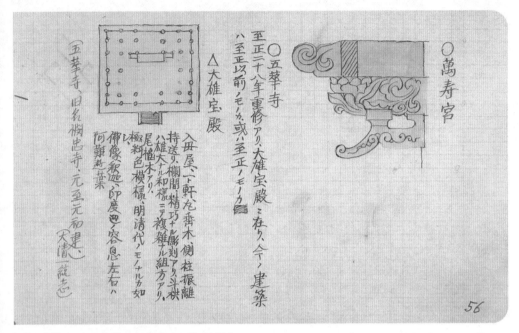

56 云南府（4）万寿谷／五华寺（4月24日）

图右部分为万寿宫的斗拱，采用了由丁头拱支撑着枋，枋再支撑着梁的设计。伊东尝试考证关于"五华寺为日本僧人所建"的传说，但是并没有找到什么线索。

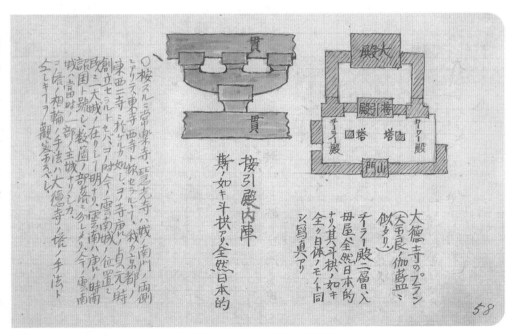

58 云南府（6）大德寺（2）（4月24日）

大德寺的塔与东西白塔的建筑形式完全一致。令人吃惊的是，两者的斗拱样式都与日本的斗拱相同。

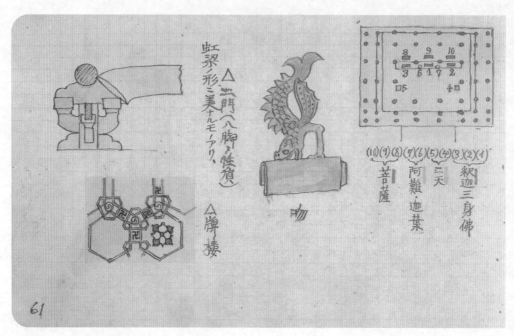

61 云南府（9）圆通寺（2）（4月25日）

伊东在报国寺门前和当地人一样买了路边摊的小吃，填饱肚子之后继续调研。（报国寺中的）回廊里摆放着很多造型奇特的罗汉像和佛像。

63 云南府（11）滇池（4月24日）

一望无垠的沃野尽头盘踞着连绵的山脉，山下正是广阔浩瀚的滇池，从地图上看与琵琶湖一般大小。湖水周围树木、村庄、田地环绕，一幅富饶的景象。

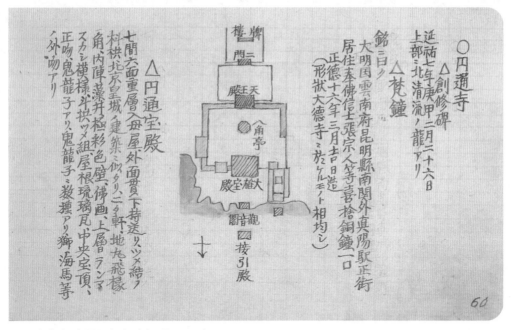

60 云南府（8）圆通寺（1）（4月25日）
圆通寺始建于唐朝的南诏时代 [9]，元延祐七年（1322）重建。牌楼和八角殿据说建于清康熙年间。文中的"庚甲"为误记，应为"庚申"；"ツメ結"为误记，应为"ツメ組"，意为"一组斗拱"。

62 云南府（10）报国寺（4月25日）
图为在城内集市里所作的写生，是一名出售装在竹筐中的水果的苗族妇人。

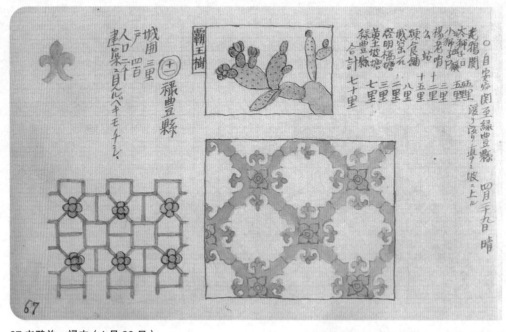

67 老鸦关—禄丰（4月29日）

"霸王树"即"仙人掌"。附近的田地中除了水稻，还种植着罂粟，应该是为了生产鸦片。

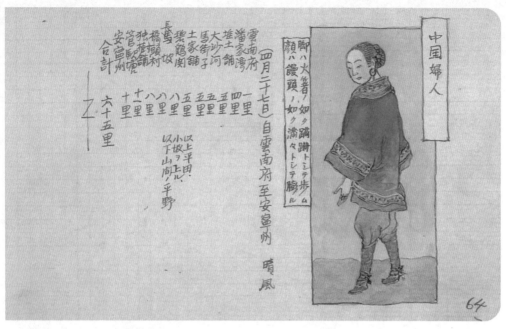

64 云南府—安宁州（4 月 27 日）

图为典型的缠足妇女的姿态。"蹒跚"指走路踉踉跄跄的样子。

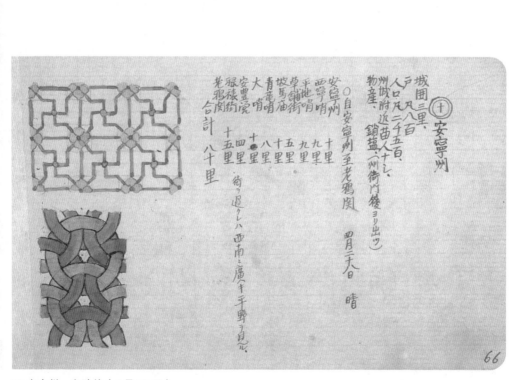

66 安宁州—老鸦关（4 月 28 日）

安宁州特产"销盐"也称"硝盐"[10]。如今的安宁位于成都到昆明的成昆铁路沿线，以产盐而闻名。

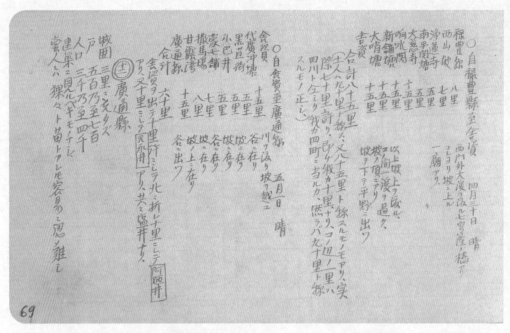

69 禄丰—舍资（4月30日）／舍资—广通（5月1日）

伊东在日记中记载，在大慈寺遇到了三位法国人，他们正从大理赶往云南府。其中有一个人会说英语，但是口音非常奇怪，而伊东自己的法语水平也很一般，所以并没能好好地交谈沟通，甚是遗憾。

71 楚雄府　东边的奇桥（5月3日）

楚雄县外二里处，有一座非常高的拱桥。伊东评价道，完全不知道为什么要建造成这个样子，甚至让人感觉到此物有点儿愚蠢。

68 身着清朝服饰的岩原大三

为了尽可能地节约旅费，岩原在云南府购买了中国服装，从头上的帽子到脚上的靴子，一共花了六两半。穿着这一身装束出门，在城中四处行动，既不会引起人们的注意，也能避免商家对外国人刻意抬价的行为。

70 广通—楚雄府（5月2日）

塔[11]为云南式，顶上的没有九轮，取而代之的是一座安放着佛像的佛龛。顶层屋檐的四角分别立着鸟的雕像。从佛龛顶上伸下四根锁链，拴在了鸟头上。

73 大石铺（5月3日）

从楚雄府出发往西北的道路平坦易行，时而有些不足以称作小山的矮坡。一行人在大石铺吃了早饭。

75 高峰哨（5月4日）

高峰哨位于吕河街外十几里处。图中高大的建筑应该是谷仓。

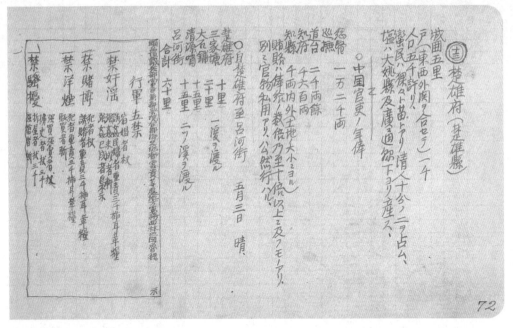

72 楚雄府—吕河街（5月3日）

图中部是关于清朝地方官员俸禄的记录，是伊东从临时同行的一位李先生处听说而来。但这只是参考标准，根据地方的大小不同，实际俸禄也相差较多，同时公物私用在很多地方也都被默许。图左是行军五禁的布告，严禁云贵地区的士兵嫖娼、赌博、吸食鸦片等行为。

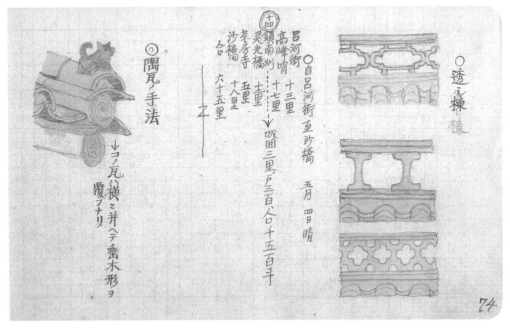

74 吕河街—沙桥（5月4日）

伊东在吕河街投宿时遇到了早先来此的一位英国人。这是一位在中国待了三十五年的牧师，他的两个儿子都从事传教活动。他听说伊东一行要前往大理和新街等地，特地写了一封介绍信让他带给这些地方的朋友。次日早晨，这位英国牧师穿着朴素、简陋的衣服，戴着竹斗笠，离去了。

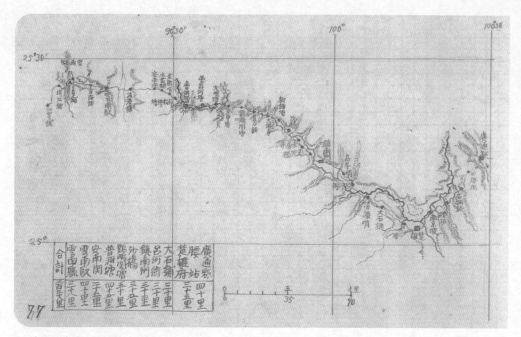

77 地图（广通—云南）

79 普溯塘的泥屋（5 月 5 日）

天气恶劣，一行人饥肠辘辘地抵达了普溯塘。此处是一座荒芜落魄的小寒村，没有猪肉和鸡肉，就连卖蜡烛的店铺都没有。一行人只好在豆点大小的灯火下昏昏睡去。

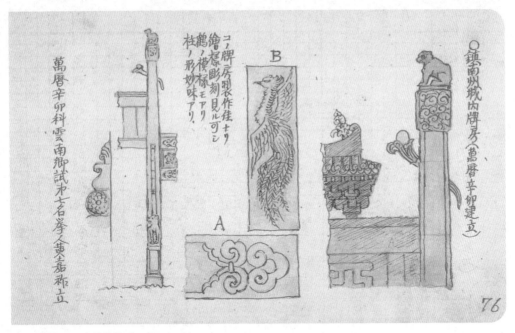

76 镇南州　城中的牌坊（5月4日）

图中的牌坊据说是明万历年间，由在云南地方参加乡试并及第的举人黄嘉祚所建。

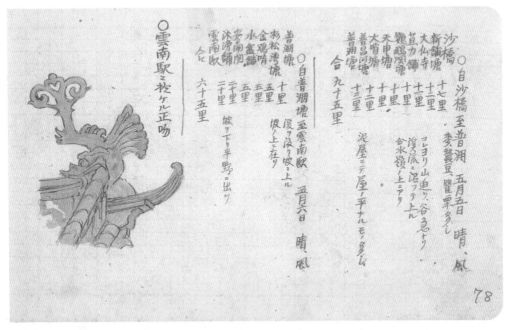

78 沙桥—普淜塘（5月5日）／普淜塘—云南驿（5月6日）

伊东在日记中记载，在沙桥投宿时，他给旅店老板看了自己的写生簿，结果被要求送老板一幅画。虽然伊东遇到过很多次这样的要求，大多都拒绝了，但是老板把作画的扇子都拿了过来，只好勉为其难地满足了他的要求。

81 青海（1）（5 月 7 日）

青海湖东西宽度约为日本的一里 [12]，南北也不过长达二十里。数日以来，伊东都在干燥的荒野上跋涉，突然出现在眼前的青海湖让人感觉仿佛看到了碧蓝如玉的大海一般。[13]

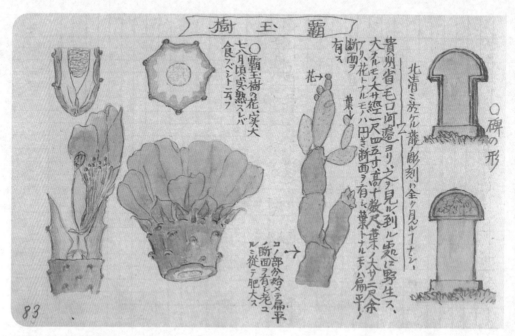

83 霸王树（5 月 7 日）

红崖铺周边有很多仙人掌，各家各户都把它当作绿篱，此时正是开花的时节，红花绿叶相衬之下形成浓烈的色彩对比。伊东在日记中写道，如果将叶子切下来，埋入土中，它很快就会长成茎干生叶开花，生命力顽强。

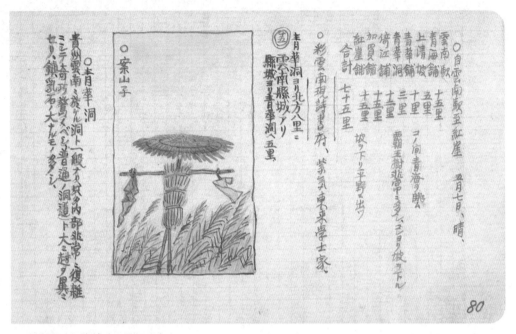

80 云南驿—红崖铺（5月7日）

经过青海铺，右手边则是青海湖（此处的青海湖指的是云南祥云县青海湖）。伊东一行沿着道路直行赶往青华铺，再往前三里有一处青华洞，这是一处在别处都未曾见过的独特的钟乳洞。

82 青海（2）（5月7日）

青海湖周围的山丘和树林给人一种平静安详的感觉，一行人也停下脚步，沉浸在这片美景之中，但是因为并不顺路，没有前往，只是从云南县城远眺而已。

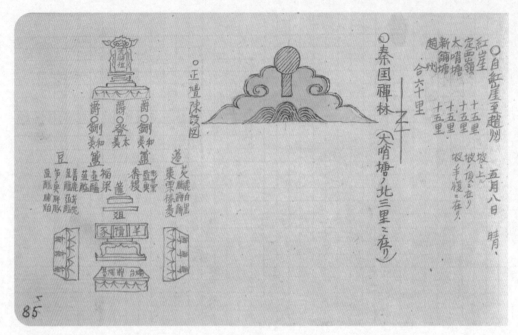

85 红崖—赵州（5月8日）

图右部分是向知州借来的州志的摘抄。图左是儒教的祭坛。

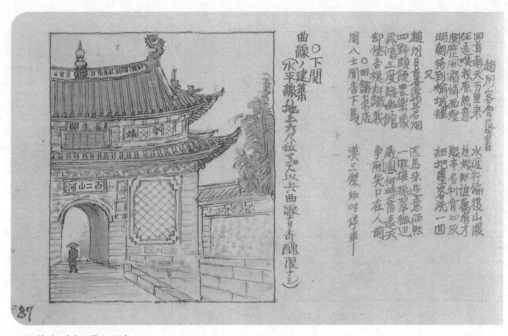

87 下关（1）（5月9日）

有一条大河从洱海的西南角流出，下关就横跨其上，相当于日本坐落在琵琶湖上的濑田的位置。此处人口众多，很多民族都混居于此，货物交易也很繁荣。

84 红崖附近（5 月 7 日）

伊东一行在茂密的仙人掌群中穿行，来到了一处陡峭的山岭，往上攀登约十五里，则到达了顶峰。途中奇观美景不断，顶上还可以望见远处的大理的天苍山。

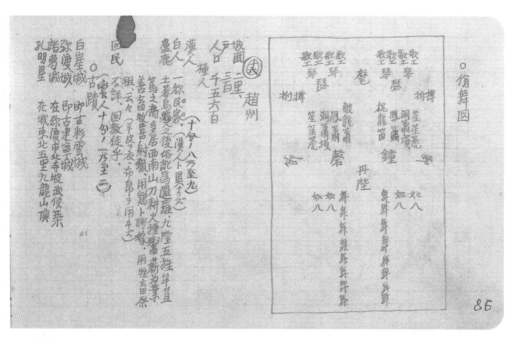

86 赵州（5 月 8 日）

图左依然是州志的摘抄。图右是儒教祭典时的舞蹈队形图。白崖城也就是古时的彩云城。传说诸葛亮南征时曾屯兵于此，并留下了一根铁柱。

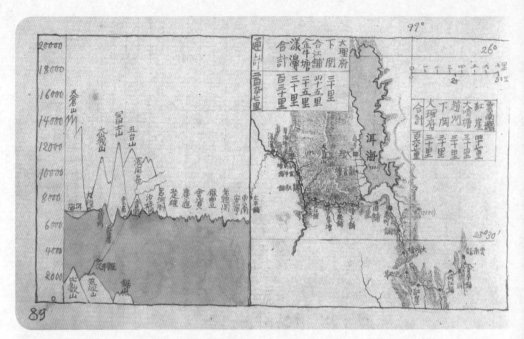

89 地图（云南—大理）／海拔图（云南—洱海）

大理府位于海拔七千尺的高原上，天苍山东麓，洱海西岸。天苍山出产优质的石材，因地得名"大理石"，此
名渐渐成为这种石材的通称。

91 大理府之图（2）

自伊东从日本出发至今，已经过去一年两个月。在这段时间中，他穿越了中国的广大土地，即将到达佛国缅甸。

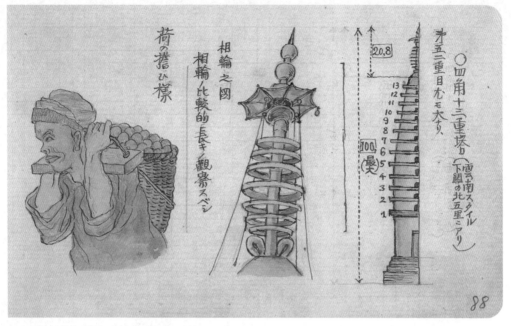

88 下关（2）（5 月 9 日）（下接图 100）

据说图中塔的附近有古南诏国首都大和城的遗迹。

93 大理府南郊风景（5 月 9 日）

从下关出发经过观音塘时，可以看见遥远的树林中耸立着一座高塔，随即城门也映入了眼帘，这里就是大理府。

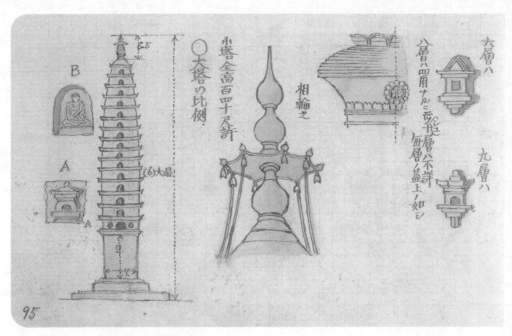

95 大理府（2）崇圣寺（2）（5 月 9 日）

中央大塔名为千寻塔，其第六层和第七层最宽，是云南式建筑的代表。两座小塔南北相对地坐落在大塔西边。

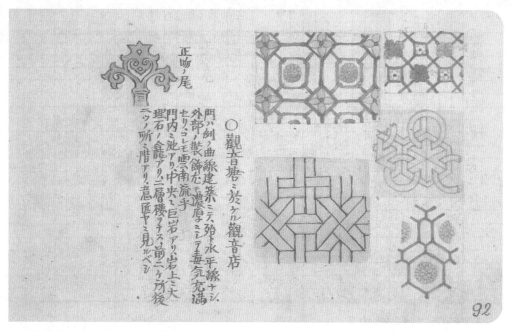

正吻ノ尾

○觀音塘ニ於ケル觀音店

門ハ例ノ曲線建築ニテ、殆ト水平線ナシ。
外部ノ装飾ニモ濃厚ミニテ毒気充満
セリ。コレモ雲南流ナ子
門内ニ池アリ。中央ニ巨岩アリ。岩上ニ大
理石ノ龕龍アリ。二層樓ヲナス。前ニ二ヶ所後
ニ四ヶ所ニ階アリ。意匠ヤニ見ルベシ

92 观音塘（1）（5月9日）（下接图98）

观音塘会堂的建筑颇为有趣，全都采用了藏传佛教的风格，实在是绝妙。图为在其中记录下的花纹图案。

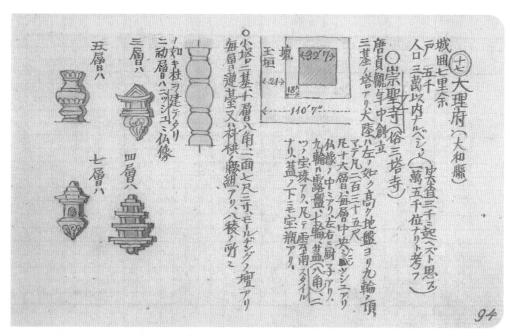

城圍七里余
戸五千
人口三萬以内ナルベシ、（萬五千位ナリト考フ）

○崇聖寺（俗三塔寺）

（十七）大理府（大和縣）
中央直三千ニ起（ヘズ）ト思フ

唐貞觀年中創立
三基ノ塔アリ。犬陸ハ左ノ如ク高ク地盤ヨリ九輪頂
マテ凡二百三十五尺

小塔二基十層八角二面ト尺三寸、モールヂングノ壇アリ
毎層ニ蓮臺又ハ枓栱、腰組アリ、八稜ノ所ニ

五層八　三層八
七層八　四層八

94 大理府（1）崇圣寺（1）（5月9日）

崇圣寺俗称三塔寺，建于唐朝贞观年间，寺内也有南诏以及大理时期的建筑。目前虽然只有一座大塔和两座小塔残存，但是伊东走遍这片遗迹时，依然为它的宏大规模所震惊。文中的"起へズ"为误记，应为"超へズ"，意为"超过"；"大陆"为误记，应为"大塔"。

97 天苍山和三塔寺（5 月 11 日）

出得大理城北门，眼前就是天苍山下一望无垠的平原。这片平原正连着洱海。天苍山麓屹立着三座塔，这片景色真是无与伦比。

99 中国妇人骑马旅行图（5 月）

这里的交通工具主要是马、驴或者骡子，因此这里的妇女和孩子都能非常熟练地骑马。

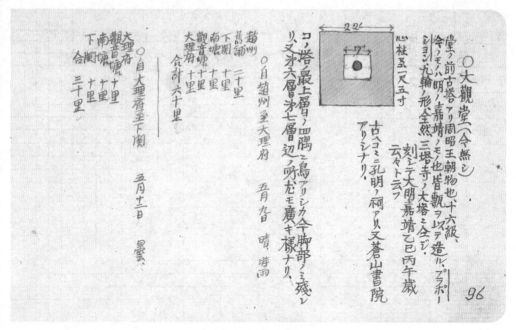

96 大理府（3）大观堂／赵州—大理—下关（5月9日，12日）

南门外的塔曾是一座名为大观堂的佛堂的附属建筑。伊东评价道，塔的内部有一根直径一尺五寸的中心柱，这是一种非常罕见的建筑手法。

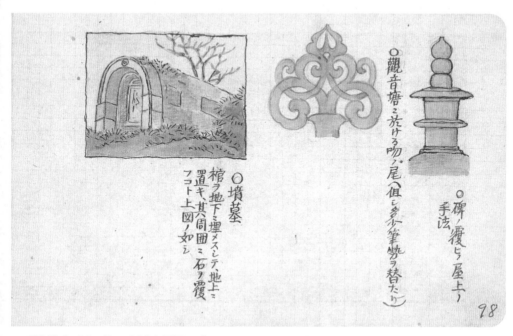

98 观音塘（2）（5月9日）（上承图92）

大理府中伊斯兰教活动非常昌盛，所以伊东推测在这里可以看到有价值的伊斯兰教建筑，但这些建筑被悉数破坏，甚是可惜。图中的花纹带有伊斯兰风格。

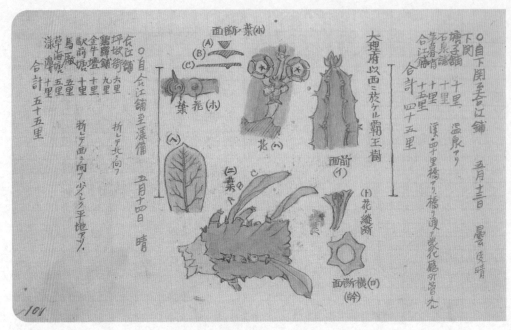

101 下关—合江铺（5 月 11 日）／合江铺—漾濞

西蕃也叫吐蕃，是唐代对西藏等地区的称呼，在此图中只是作为当地少数民族的通称。

103 从坪坡街望天苍山（5 月 13 日）

从塘子铺温泉出发往西前行，一行人在坪坡街住了一宿。这里可以望见天苍山的后山，伊东在日记中写道，"这里的风景非常雄伟壮丽"。

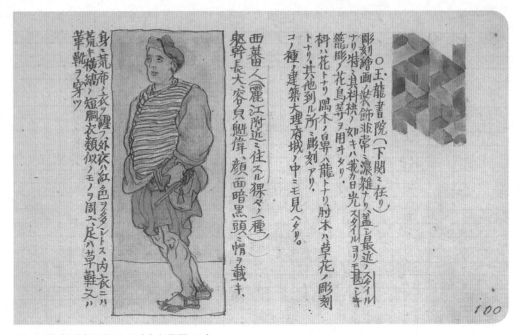

100 下关（3）（5月12日）（上承图88）

日记中记载，伊东前往位于下关入口处的玉龙书院摄影调研时，被附近的无业游民和小孩儿团团围住，并遭受了他们的辱骂。伊东对这种遭遇已经习惯了，只是默不作声，视而不见。

102 塘子铺温泉（5月13日）

一行人听说塘子铺中有温泉，于是翻山越岭前往。走过了数个村庄之后，发现了一股热气弥漫的溪流。温度适宜，流水如矢，一行人在这里洗掉了多日的污垢，甚是畅快。

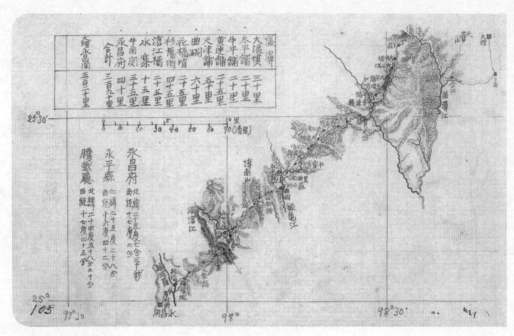

105 地图（漾濞—永昌）

107 伊东忠太和当地人（5月）

右边为伊东本人，左边应该是当地人，但是姓名不明。

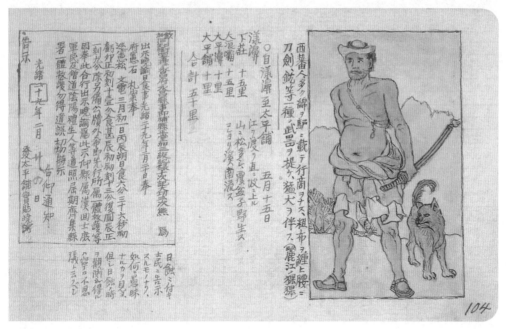

104 漾濞—太平铺（5月15日）

图左为关于日食的布告。伊东日记中强调，虽然中国是汉字之国 [14]，但是文盲也非常多，所以布告对于普通人并没有什么意义。

106 从漾濞望天苍山（5月）

漾濞不同于偏僻的山村，是一处非常大的村落。伊东从这里看到天苍山脉时，不由得联想起曾在日本富山县所看到的群山景观。图中序号"116"为误记，应为"106"。

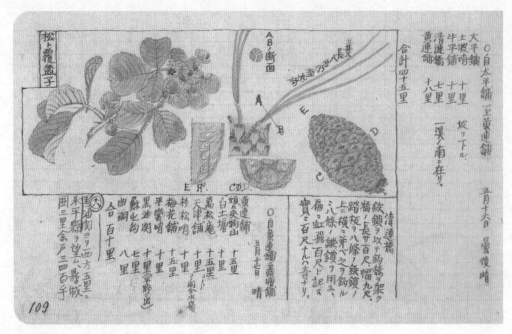

109 太平铺—黄连铺—曲硐（5 月 16 日，17 日）

出得漾濞便遇到一座吊桥，渡桥之后是陡峭的山坡。沿着山路攀行约十五里则到达了顶峰。山上是红土，所以长有很多松树，除此之外，还有很多野生覆盆子，果实非常美味。

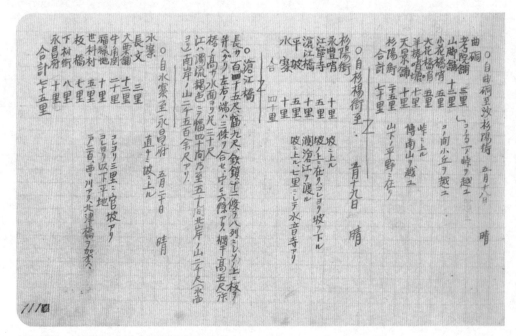

111 曲硐—杉杨街—永昌（5 月 18 日—20 日）

从太平铺前行五十里，途中见到不过二十户人家，行人也非常稀少，不过倒是经常遇到运货的骡马。马夫一般露宿在野外，所以位于国道上的驿站太平铺显得十分冷清。

108 太平铺附近的民家（5 月 15 日）

在太平铺附近山路旁所见的民家，墙壁由圆木垒砌而成，并在墙角处交叉。这种建筑方法类似于日本的"校仓造"。

110 太平铺—漾濞间的脚夫

图为官家脚夫搬运行李时的样子。驴子装扮得如同京剧中一样，脚夫敲打着锣鼓，在街道中前行。图左人物身份不明。

115 永昌府　府志摘抄（2）（5月20日）

到达永昌府时，马夫、脚夫、轿夫等都要求休息一日，所以一行人在此停留了一日，借此机会，伊东借来了府志进行研究。

112 澜沧江（5月19日）

澜沧江上所悬的吊桥用十二根铁链拴在巨石之上，左右两边的三根被系成一条，所以看上去像是由八根铁链组成，上面再铺以木板。吊桥全长一百六十五尺，高出水面三十尺。对岸就是悬崖，渡桥之后即刻需要往上攀爬。

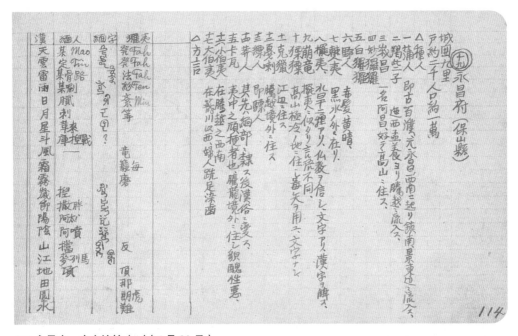

114 永昌府　府志摘抄（1）（5月20日）

永昌府（保山县）的民家多建县城中心的十字路口处，其余的地方都是田地。永昌府治下少数民族很多，根据图中的府志记载，有十七种之多。图左的表中列出了少数民族语言的简单对照表。

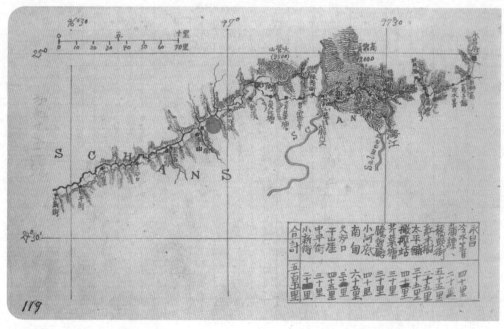

119 地图（永昌府—小新街）

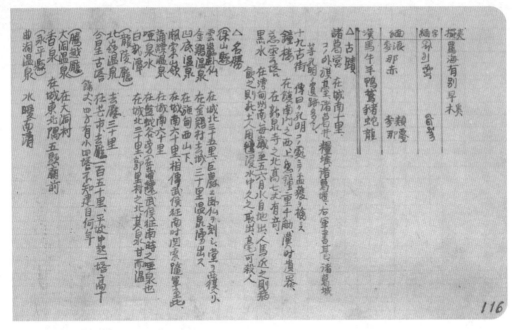

116 永昌府　府志摘抄（3）（5 月 20 日）

伊东在日记中记载，永昌府中古迹众多，特别是和诸葛亮南征相关的地点非常有趣。黑水传说有毒，饮者丧命，而《三国志》中也有类似"黑泉"的描述。此处多温泉。

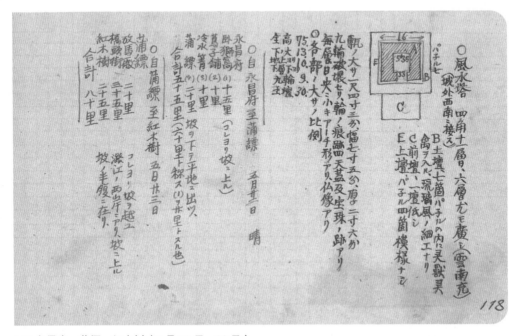

118 永昌府—蒲缥—红木树（5 月 22 日，23 日）

此处风水塔是云南式风格，建立年代和重修年代均不明。

121 潞江（2）（5月23日）（上承图113）

虽然没有在蒲缥泡到温泉，但是有机会看到当地妇女的缠足。伊东在日记中记载，缠足者膝盖以下的肌肉萎缩，脚部更是变形扭曲。

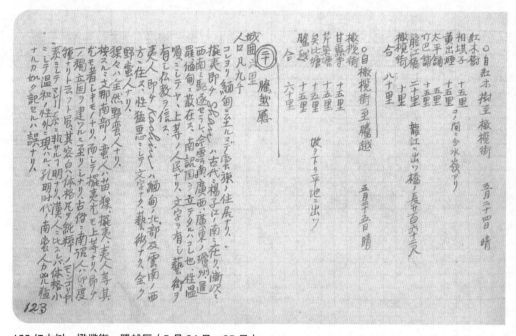

123 红木树—橄榄街—腾越厅（5月24日，25日）

伊东一行人进入了相当于现在中国和缅甸交界处的少数民族地区。这里生活着很多傣族人。腾越厅即如今的腾冲。

120 蒲缥（5 月 23 日）

蒲缥的温泉位于一处小山丘的山麓，虽然有区分男女浴室，但都是露天温泉。热水的流量很小，浴客却很多，泉水污秽不堪，一行人最终打消了入浴的念头。

122 潞江（3）（5 月 23 日）

潞江，又称怒江（萨尔温江），比起与之并行的澜沧江，江面更为宽阔，水流更为湍急，但是两岸并非绝壁。吊桥的构造与澜沧江上的相同，分为两段，东段长约三十八间[15]，幅宽约九尺。

125 腾越和大营山（5月25日）

这附近是大清帝国西南门的要冲，海拔约五千八百尺，气候温和宜人，是很好的养生之地，物产丰富，贸易
兴盛，只是没能找到特别值得一看的古迹或者古建筑。

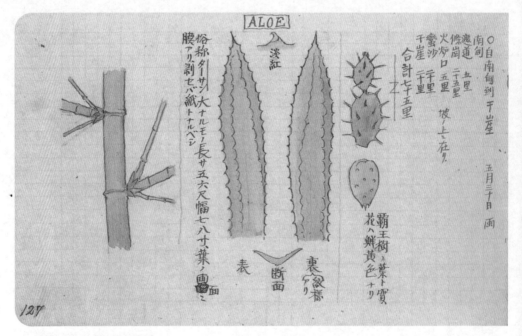

127 南甸—干崖（5月30日）

南甸附近的道路上可以看到成熟的仙人掌果实、半熟的芭蕉果实、硕大的黄果树以及被称作"雅郎"[17]的植
物等，由此可知，已经来到了热带地区。伊东记载道，这里掸族人很多，有一种来到了异国的感觉。

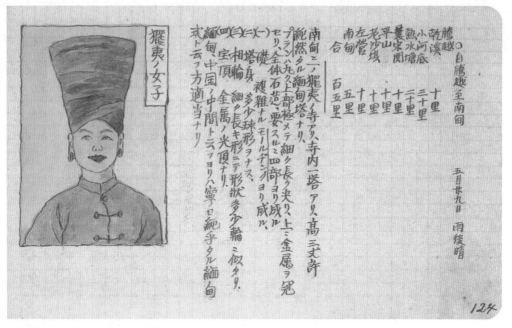

124 腾越厅—南甸（5 月 29 日）

渡过潞江，见到了一名女子，衣着装扮前所未见。这名女子身材矮小，肤色雪白，头上顶着黑布卷成的圆筒
状帽子，戴着大环垂耳，手腕上还戴着手镯。伊东看见这名女子时，她正从一间小茶馆出来。

126 摆夷的原乡地（5 月 25 日）

摆夷也称掸族[16]，是曾经建国于南诏大理的民族。由此前往缅甸的路上，都是掸族的原乡地，他们与汉族人
杂居于此。

129 景颇族女子（5 月 30 日）

女子披散着头发，耳垂上穿着直径五分、长约五寸的银棒，两端垂挂着很多饰物。脖子上套有多个银环或者念珠。手腕、衣襟、裙摆处都有装饰的红布，腰上则缠着有刺绣的长布。

131 小新街附近的黄果树（6 月 1 日）

从干崖前往小新街的途中，雨断断续续地下着，一行人在泥泞中跋涉前行。日记中记载道，路上有一棵巨大的黄果树（细叶榕），树下有一处清泉，并立有一块刻着傣族文字的石碑。

128 景颇族男子（5 月 30 日）

男子头包布巾，上穿短袖上衣，下着露出膝盖以下部分的短裤，赤脚不穿鞋，小腿上缠着多道铜线，肩挂刺绣袋子，并挎着一口刀。

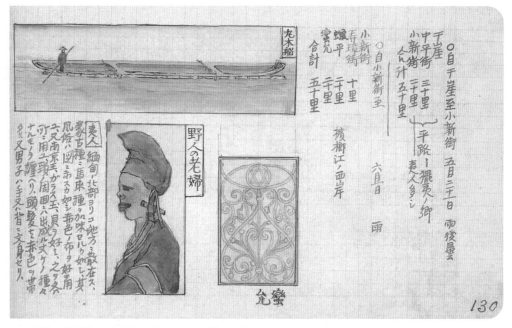

130 干崖—小新街—蛮允（5 月 31 日，6 月 1 日）

伊东从小新街出发往北渡太平河，所乘的小船是用一棵巨大松树凿成的独木舟，为了增加浮力和保持船体的稳定，在左右两边都绑上了竹子。到达小新街时，正逢一群景颇族人开市。他们的装束非常奇特，其中女子的装饰最令人惊奇。

133 新店（6月5日）

新店缅甸人的容貌和体格都与日本人非常相像。妇女有的穿着上衣和纱笼 [18]，有的只穿着一件纱笼。男子也是同样的装扮。

135 新街附近的坟墓

图为克钦族（景颇族）的墓标。

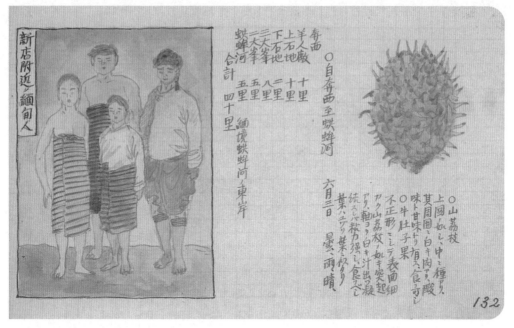

132 奔西—蚌河

蚌河是生活在同名溪流东岸的部落名。这条溪流是清廷与缅甸的国境线，对岸就是英国政府的海关以及印度士兵的兵营，有缅甸的官吏和印度士兵在附近巡逻。

134 蚌河—新店—新街（6月4日，5日）

新街（八莫）是缅甸北部的重要都市，正临着伊洛瓦底江。城中建着一排排欧式建筑和公园，来来往往的行人模样姿态都与之前不同。伊东顿时有了漫长的清国之旅已经结束而来到了别样天地的感觉。

487

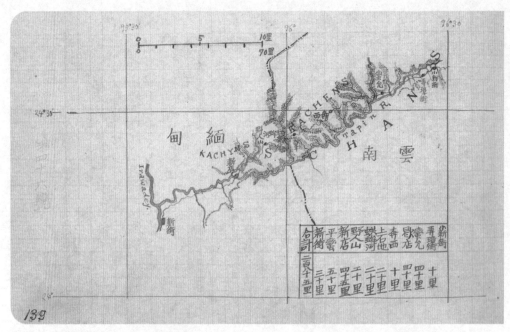

139 中缅国境地图（小新街—新街） [19]

之前所游历的云南省，中法战争后已然沦为法国的势力范围，而当时的缅甸是英国殖民地。从腾越前往新街的路线是沿着伊洛瓦底江的支流太平江 [20] 而行，海拔也渐渐下降。

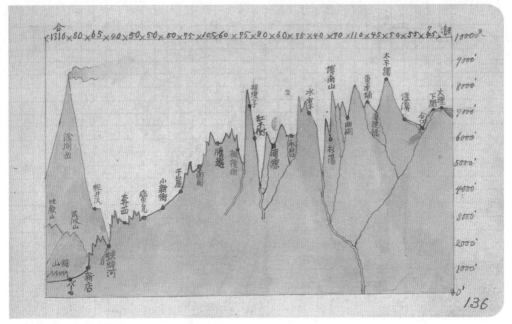

136 海拔图（大理—新街）

这段行程比起贵州到云南的路程（图48），海拔起伏比较大。

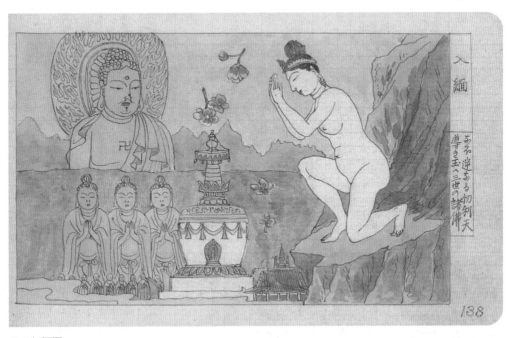

138 入缅图

缅即缅甸的简称。伊东在画中表达了他长途跋涉，终于抵达佛国时，心情变得安定沉静之感。

译注

[1] 大谷光瑞，日本僧人，探险家。多次前往中国新疆探险，晚年曾隐居在大连。因为他是本愿寺当主，所以又尊称为大谷法主。

[2] 日本明治时期计量单位，即间，1 间（步）等于 1.8 米左右。

[3] 《芙蓉楼送辛渐》："寒雨连江夜入吴，平明送客楚山孤。洛阳亲友如相问，一片冰心在玉壶。"

[4] 云南马龙县也有一处关索岭，此处位于贵州省安顺市。

[5] 日本京都东北部的山岳，自古被认为是守护京都的圣山，也是著名的佛教圣地。

[6] 又叫如意岳，位于京都以东，因为每年都会在此举行五山送火仪式，山上会燃起大字形的火焰，故又称大文字山。

[7] 东山并非一座山，指的是京都往东可以看到的山，也称东山三十六峰，比叡山和大文字山都属于东山。

[8] 约 3.9 公里。

[9] 南诏为中国唐朝时云南的少数民族政权。

[10] 此处疑为错误，销盐是指云南产盐，长期都是经销食盐的主要地区。

[11] 楚雄雁塔。

[12] 约 3.9 千米。

[13] 此处青海湖大小可能有错误，青海湖大小不过 4 平方千米。

[14] 日本人对中国的一种称呼，因为中国均适用表意汉字。

[15] 约 68 米。

旅行里程表							岐路及郊外里程		
自	至	陆路	水路	日本里		日数	北京近郊(4)	60	汉口-汉阳-武昌(1) 125
北京	张家口						西山行(4)	200	长沙郊外(1) 6
张家口	云冈						柘榴寺行(3)	130	衡连山(北部)(1) 45
云冈	五台山	380					通州行(1)	80	贵阳郊外(2) 25
五台山	定州	335					汤山明陵迁行	70	云南郊外(1) 2
定州	北京	490					五台山(1)	70	大理郊外(1) 5
北京	开封	1530					衡州郊外(1)	12	合计 1125
开封	西安	1215					开封郊外(1)	10	
西安	汉中	1070					涿州	6	总计 18996
汉中	成都	1286					龙门行(3)	120	
成都	大凉山	540					西安郊外(3)	36	日数
大凉山	叙州	200	360				汉中郊外(1)	3	顺路
叙州	重庆		880				广元郊外(1)	2	岐路 38
重庆	汉口		3270				剑州	8	滞在
汉口	长沙		800				罗江郊外	10	合计
长沙	常德		475				魏城郊外	10	
常德	贵阳	1562					武连郊外	2	
贵阳	云南	1152			18	2	成都郊外(4)	50	
云南	大理	915			13		泸州郊外	2	
大理	腾越	895			12	2	重庆郊外(1)	30	
腾越	八莫	515			8		夔州郊外(1)	6	
合计		12086	5785						
水陆合计		17871							140

140 里程表

图右栏中列举了伊东在旅途中所停留的城市及周边进行的调查活动。

[16] 傣族旧称。
[17] 芦荟的傣语名。
[18] 又叫罗衣，缅甸传统服饰，将一块长布卷在身上。
[19] 此为清代国境线，如今已变。
[20] 中国段称大盈江。

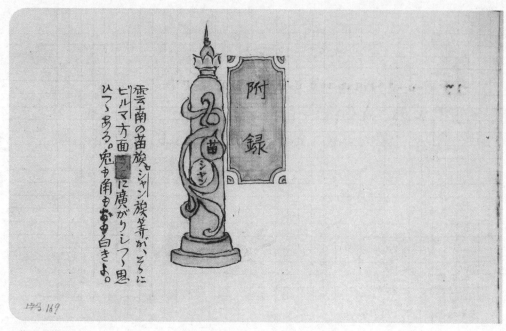

雲南の苗族とシャン族等が、そこに
ビルマ方面に廣がりしと〜思
ひ〜ある。兔も角もお〜白きよ。

附録
苗
シャン

1 苗族，掸族

苗族或掸族是当时对贵州、云南少数民族的统称。如今已经细化成苗、壮、布依、侗、傣、彝等名称。

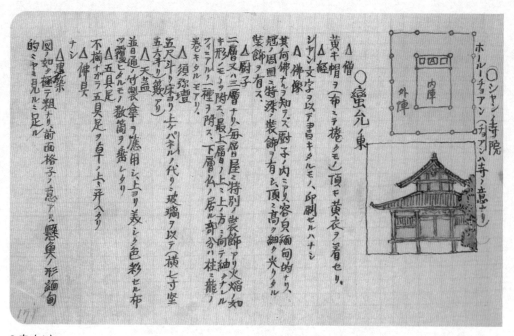

○シャン寺院（チャン八寺ノ意ナリ）
ホールーチョアン
外陣　内陣
○蛋兄車

△僧
黄キ帽ヲ（布ニテ捲クモノ）頂キ黄衣ヲ着セリ。

△經
シャン文字ヲ以テ書キタルモノ、即刷セルハナシ。

△佛像
其何佛ナルヤ知ラス、厨子ノ内ニアリ、容易ニ窺句的ナリ。

△厨子
二層又ハ三層ナリ、毎居ハ屋ノ特別ノ裝飾アリ火焰ノ如キ形ノモノ附ス、最上層ノ上ニハ方ニ向テ細ク火クタル巻キタルモノアリ。

△須弥壇
五尺ニ床ヨリ上ケパネルノ代リニ玻璃ヲ以テ（横七寸堅
五六寸リ）敷ケリ。

△天蓋
並日通ノ竹製傘ヲ應用シ、上ヨリ美シク色彩セル布ニテ覆ヒタルモノ、數筒ヲ釣レタリ。

△五具足
不揃十カラ五具足ヲ早シ并ヘタリ。

△佛具
ナシ。

△建築
図ノ如ク稍々粗ナリ、前面格子ノ意アリ懸奥ノ形緬甸的ミヤ目ルミ足ル。

3 寺（1）

寺庙在傣语中称为"契罕"。图右部的小寺为三间四面的多层建筑。上层建有覆以瓦片的悬山顶。墙壁用立着的木板建成，下层墙上还设有格子窗。寺内铺以高地板，外围一圈为外阵，中间为内阵。

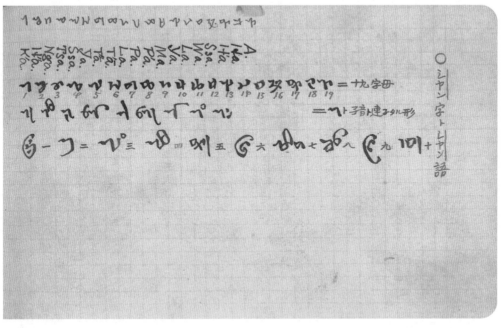

2 文字和语言

5 墓

掸族人的正规墓地中央建有墓屋（停放棺材的带顶小屋），四角立着挂有装饰物的竹竿，附近还设置了标柱。标柱是一根刻有人面牛角装饰的木柱。

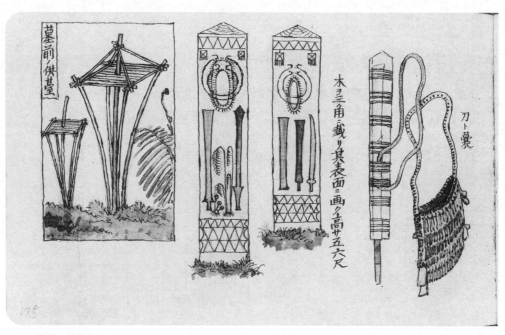

7 刀，墓碑，供品台

图左为掸族墓前设置的供品台。图中间为掸族的墓标，在三角柱上描绘了各种符号，据说这些符号代表了死者的姓名、年龄，以及职业。图右为掸族人常用的刀具和袋子。

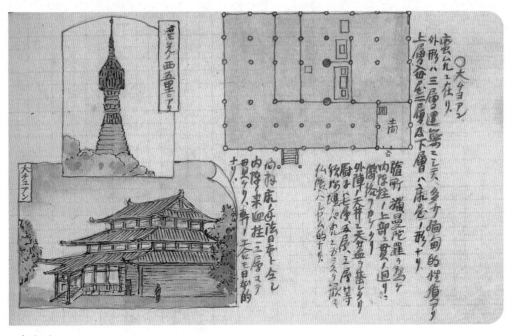

4 寺（2）

大寺正门入口设在中间偏左的位置，内阵也不居中。须弥坛面朝寺庙的侧墙，与中国寺庙端正的样式相异。建筑外观风格比较接近日式。

6 墓屋（1）（下接图 12）

图为掸族人居住的房屋，墙壁用横木板建造。屋脊木用一根大柱支撑，非常有趣。这种手法和日本古时的神社、宫殿等建筑非常相似。图右为墓屋一部分的详图。

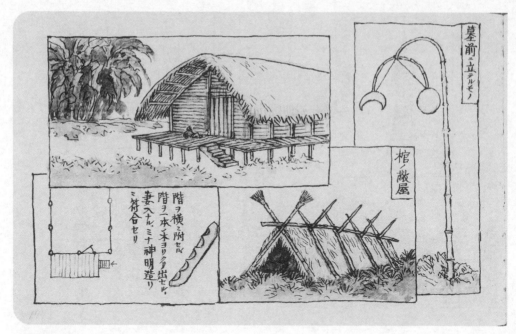

9 草棚，住房

图左为掸族人的住屋，屋顶是悬山顶并铺以茅草。屋檐伸出部分很长，墙壁是用横木板所建，正面设置了宽宽的走廊，并建有台阶。图右下部分是放置棺材的蔽屋，是一个类似日本"天地根元宫造"的原始小屋。图右是墓前的标柱，为一根顶端挂着形如日月的装饰物而弯曲下垂的竹竿。

11 墓前装饰（2）

棺木前立着图左所示的牛头状标柱，有的标柱还在横桩上绑着牛羊头骨。

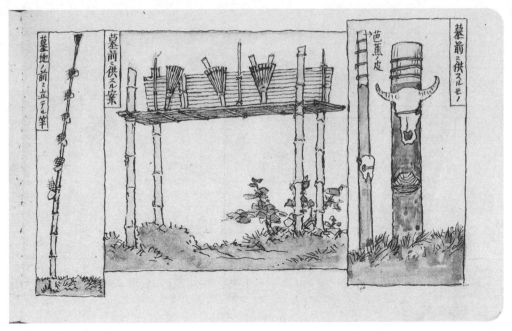

8 供品，供品台

图中部为掸族人设置在墓前的供品台。图右部是供奉在墓前的木柱，上面包裹着芭蕉叶，并挂着牛羊的头骨。图左部是标柱的一种，上面挂着像是竹笼的东西。

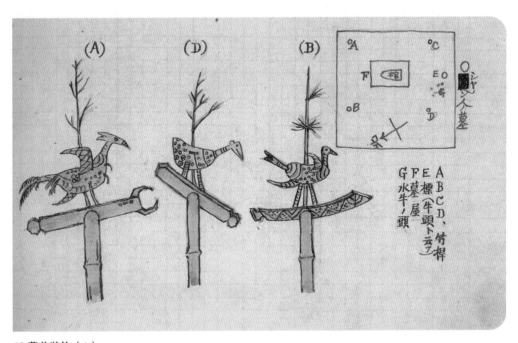

10 墓前装饰（1）

完整的掸族墓地如图中的平面图所示，中间放置棺木，上面建有多层的墓屋。四周立着如图所示的竹竿，其顶端安有木板，上面放置着木鸟。

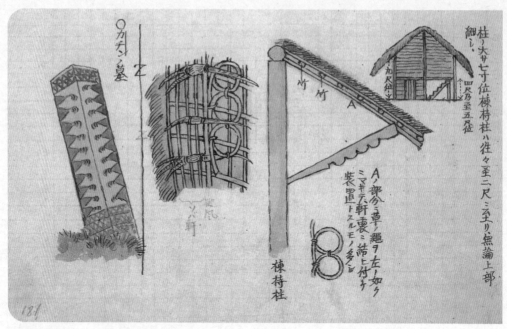

13 居住部分

图右部支撑屋檐的拱是一根雕有圆形花边的木材，屋顶下方用竹子制成。屋檐下部如图中部所示，附有螺旋状的草绳圈作为装饰。图左部为散落着的单个掸族墓标。

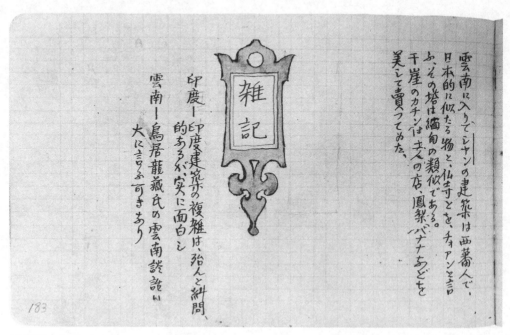

15 杂记

在伊东进行中国旅行前后，鸟居龙藏也受东京大学派遣前往云南地区进行苗族调查。伊东从武汉前往昆明（当时的云南府）的路线，和鸟居在几个月前所走的路线相同。但是之后鸟居从昆明北上，并于几个月后经由伊东走过的三峡路线前往上海。

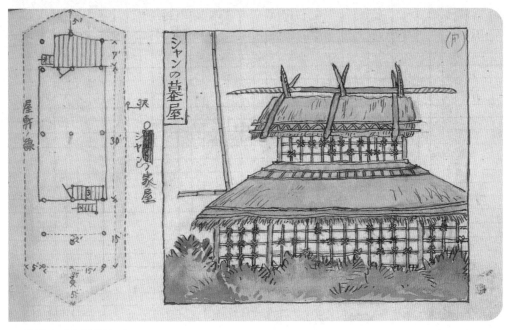

12 墓屋（2）（上承图6）

图右部的墓屋为多层建筑，是最为正式的形式。图左部是住宅的平面图，屋檐部分用点线标注。山墙的屋檐用一根粗大的柱子支撑，屋檐下方就是日常劳作的地方。

14 苗族的照片

日记中记载，伊东在游历贵州、云南、大理的途中，多次遇到了外国探险家或传教士，并与他们交换了各自的照片和资料。图中的照片应该就是在那时所得。（照片因为年代久远而褪色）

附录 1：父亲伊东忠太的背影

伊东祐信

汉学

1867 年 10 月 18 日，父亲出生于山形县米泽市。因为第二年是明治元年（1868），父亲便恰好与"明治"年号同岁。

父亲五岁时进入了藩校兴让馆，从背诵"人之初，性本善，性相近，习相远"的《三字经》开始了他与中国文化的接触。六岁时进京，入学番町小学校，之后又因为祖父（军医）的工作调动而搬到了佐仓。在那里，父亲继续在续敬德老师的汉学塾中学习《文章规范》《十八史略》等。

十四岁时父亲回到了东京，并进入东京外国语学校德语系学习，这是他与西方文明的初次相遇。该校 1882 年 9 月至 1883 年 7 月的《定期考试成绩表》现在依然保存完好，成绩表上记录了德语语法、德语翻译、数学、地理、历史等二十个科目的考试成绩。

在当时有着"皇汉修身两学"的规定。所谓"皇汉"，指的是学习《史记》《文章规范》《日本外史》等；"修身"则是指诵读《论语》《大学》等。从成绩单上看，父亲的兄长熊治（后改名祐彦）比父亲高一年级，成绩却是父亲较为优秀。

明治时代几乎人手一本《故事成语》，并且大家都很熟知《三国演义》《水浒传》《西游记》《红楼梦》《聊斋志异》等书中的人物。我在上小学的时候（1920 年）还学唱过"天莫空勾践，时非无范蠡"之类的歌曲。[1]

父亲虽然没有教过我汉学，但我在耳濡目染中不知不觉地记住了刘备、关羽、张飞、诸葛亮以及《西游记》中的各个角色。父亲还经常在饭后诵读文天祥的《正气歌》："天地有正气，杂然赋流形……在齐太史简（此时父亲用筷子敲碗），在晋董狐笔。在秦张良椎，在汉苏武节……"当时的我也在一旁附和的情景，依然历历在目。

父亲留学的课题是"日本佛教寺院起源考"，所以第一站便是中国。虽然父亲有汉学素养，在感情上也对中国比较亲近，但是近代学术研究中的可用资料乏善可陈。这就意味着摆在面前的是一次前途未知的"探险"。父亲的中国行是"和魂洋才"明治人的一次尝试，也可以说是以野外调查为形式的"新汉学"之旅。

父亲还在与"野外笔记"相同的笔记本上写下了旅行的日记，记录下了旅途中的情形、逸事、投宿地的样子、与知县等人的对话，甚至还有夜晚所做的梦。因为野外笔记中已经记录了建筑调研的内容，所以日记里只留下了所访问寺庙的名称，但有所感时他也会记下自己的想法。

父亲在大同"发现华严寺完好地保留了辽金创建时的样式时，不由得喜出望外，并在这份狂喜中埋头"研究起来。当他来到云冈石窟寺时，分外震惊，"实在是意外中的意外。我居然在这里发现了法源寺的起源，这种惊喜真是任何事情都无法媲美"。在应州看见大木塔时，"我在发现这意外所得之物时真是喜出望外，当时几乎是在半癫狂的状态下拍摄照片进行研究"。

这次旅行中最重要的课题居然在意想不到的情况下得到了最完美的解答，不得不说，父亲是幸运的。虽然父亲并没有说"这些都是佛祖保佑"，但是他的妻子也就是我的母亲，确实是这样想的。

父亲在旅行中访问过的寺庙、参拜的堂塔、瞻仰的佛像数不胜数，所以这也是一次"巡礼之旅"。还沉浸在兴奋之中的父亲前往了夙愿中的五台山。五台山的风景令他想起了日本的高野山，但意外的是，山顶居然十分平坦。父亲在野外笔记中描绘了"想象中的某某某与实际的某某某"的对比图，所以这还是一趟对之前心中所想象进行确认的"修正之旅"。

从北京前往西安，是一趟徜徉在中国古代文明发祥地、古代文化中心的旅行；从西安前往成都，则是沿着当年诸葛亮率军北伐的路线南下，这是《三国演义》中的世界，一路上不断遇到熟悉的地名、人物、故事等，可以说这也是一次"怀古之旅"。

后来父亲曾说过，"总之，我非常想追随三藏法师的足迹，一路走到印度"。他在北京听闻寺本婉雅法师的西藏行计划时，深受触动，甚至想要与之同行。因为顾及自己的人生目标和家人，按照日记中所说，"不得不放弃了"。对于仕途正处于上升期的父亲来说，那种冒险只能是一种梦想。但是，父亲的这趟"汉学行"，从"三国演义"走到"西游记"，最终展翅飞到了亚洲大陆的最西端。

读写

我的祖母名叫花子。父亲在自画传（原注1）中写道："母亲一直对艺术很感兴趣，略懂绘画并十分爱看彩图画册。"据说幼年时的父亲经常靠在祖母的膝盖上，听着她讲山椒太夫、弓张月的故事[2]入睡。

父亲小时候有一次因为顽皮被祖母关进了仓库，不久，祖母猜想父亲一定在里面哭泣，悄悄打开门窥伺时却发现，他正若无其事地读着一本画册，不禁哑然。原来刚被关进仓库时，父亲害怕得边跺脚边哭，发现了一本画册之后就入迷地读了起来。

父亲不但喜爱阅读，也非常喜爱写作。在佐仓读中学时，父亲学习了汉诗的写作，当时他就边查平仄辞典边作过一些小诗，所作的《狐狸说》一文受到了老师的高度赞赏，就连平日里吝啬赞美的祖父祐顺都对此文赞不绝口。可惜这篇佳作没有保存下来。

1886年，父亲创作了《不夜城》《草叶之露》《美人的穿衣镜》《临终之旅》等短篇小说。父亲在中国旅行的途中也不时在笔记中记录下小说的构思，醉心于阅读尾崎红叶[3]等人的小说，遗憾的是并没有最后成书。

父亲对于事物会先聆听再观察，更广泛阅读，亲笔书写，这些经验对父亲之后的人生弥足轻重。祖母对他的影响也很大。父亲一直对祖母敬爱有加，而就在1910年父亲从广东省调研结束经过潮州时，收到了祖母的讣告。我出生在祖母逝世的第二年，所以对于她的事情知之甚少。

怪谈

父亲在佐仓时，每晚都被喜欢画册与故事的弟弟三雄藏（后作为村井家养子）缠着，要他讲故事，于是父亲就编造了一些没来由的故事，这就是所谓"怪谈"。

这些故事大多荒诞无稽。比如，"身体象虎"是一种半象半虎的怪物，是最强的野兽；第二强的野兽是一种会发出"塔拉拉"叫声的怪物"鹿羽姥子"，据说如果有人听到它的叫声三次，就会被它杀死吃掉。

这一"怪谈"的习惯一直到我们这一代还在继续。父亲会给我们讲形形色色的故事。刚开始，父亲自己也觉得非常有趣，但有时候我们感觉他编不下去了。不过这些荒诞故事一直是我不可或缺的"哄睡良药"。

每当父亲开始说"在这之后呢，然后……"，就意味着他开始编故事。我记得他给我们讲过义经[4]一行人前往西伯利亚成为成吉思汗的故事[5]，说到当弁庆看到一片大湖的时候惊呼："此湖大过琵琶湖数倍！"后来才知道这是贝加尔湖。所以那时父亲"说书"的内容会不时改变着故事的走向，又不时掺杂其他内容，最后成为大杂烩。

父亲自己也意识到他有"空想"的癖好，还写下了"如果不加以改正，可能会影响工作"的反省文字。每天晚上的"怪谈"，也许正是一天快要过去时父亲得以释放压抑了一天"空想"的手段呢。

地图

父亲在番町小学读书时，在地理课上学习背诵了《日本国尽》《世界国尽》[6]等七五调[7]。我曾听父亲背诵过，但是如今只记得"这个国家的产物有某某，某某，木碗和盆……"这些部分，大概说的是石川县附近吧！

父亲非常喜欢地理。有一次课上，老师让同学们试着画画但马国[8]的地图。父亲在黑板上出色地画了出来。老师非常满意，并在黑板上写下"精于地理的伊东"加以褒扬。

我的祖父伊东升迪 [9] 曾经购买过世界地图，还留存了一封写着"请稍等，这张图尺寸太小，荷兰就像芝麻粒一样，请给我另一张地图"的信。从文字上看来，他是十三四岁的年纪。升迪在长崎游学期间曾经师从西博尔德 [10]，在他的桌旁挂着一幅绘有荷兰的世界地图。

父亲的野外笔记中地图很多，方便了解行程和观察地形，清国日记中对途中的地形也有不少详细的描绘。旅途中一份好地图是必需的，当时清国所制的地图已经颇为精良，父亲也购得一份，可惜没有留存下来。

父亲在北京的时候想要复印一份日本驻留军的地图，虽然正式提出过许可申请，但因为复印地图需要得到陆军大臣的许可，只好放弃。最终父亲只能通过其他渠道偷偷地得到了地图复印件。

野外笔记中有时候为了进行（中日之间的）比较，往往附上日本的地图。父亲对自己所绘的地图很有自信（原注2）。有一次，在谈论 A 市到 B 市和 A 市到 C 市哪个更远时，父亲"哗啦哗啦"地把地图画了出来，以指为尺测量了一下，说"果然 B 市要更远一点"。我看到之后，惊讶得说不出话来。

我虽然对父亲在工作上的态度以及人际关系了解不多，但是我能感觉到，父亲在自己有自信的领域能够提出其强有力的主张。他在自画传中这样写道："……我非常喜欢辩论，经常和朋友们相谈议论。但是我生性好胜，很多时候都顽固地坚持着自己的主张。"

绘画

父亲颇爱绘画。

据说祖父母常说："只要给忠太一张纸，他就会变得安静温顺。"父亲在佐仓时用心制作了一副双六棋 [11]，还创作过一本画册，更因为手艺好，受人拜托做过一个大大的风筝。那时父亲所用的范本已经不再是小人书了。

父亲在大学时学习了制作石膏像，掌握了基础的雕塑制作技术。但因为没有油画或者水彩画留存下来，所以并不知道父亲有没有在大学继续学习油画。但是父亲留存了几张方形画纸，题材多为"观音""钟馗"

以及彼此纠缠的"魑魅魍魉"等超自然的事物，可见父亲确实非常喜欢描绘怪物。

父亲小时候，有一天夜里起床上厕所时，看见了鸟和蛇，居然跟陪着他的祖母说"把它们抓住"，吓了祖母一大跳。据说，父亲有时也会看见可能是幻觉的"鬼魂"。父亲对于大多数人避之不及的蛇或者蜥蜴似乎有着一种特别的亲近感（原注3）。虽然不知道这种感觉和父亲的空想癖以及怪物画是否有着某种联系，但是据说父亲确实曾在开会时，在资料的空白处画怪物。

1914年6月，第一次世界大战爆发。那时父亲在明信片上画了用相扑来比喻德俄对立关系的漫画，看过的朋友纷纷表示好评。志得意满的父亲就一直延续了他画漫画的习惯，直到第二次世界大战日本战败为止。到1945年8月15日[12]为止，父亲一共画了三千二百七十八幅漫画。最初画在官方发行的明信片上，后来也画在通知、请帖等的背面。漫画的内容多为讨论时政，从另一方面记录了当时的历史。父亲创作漫画，是先用笔描线，再涂以水彩。画中人物的对话、旁白等都写在其中，体裁是类似小人书的风格。父亲的明信片画第一幅到第五百幅都受到各界名士的称赞，并以一百幅为一卷，题以"阿修罗贴"分五卷出版。（1921年9月完结）

父亲的画具箱是一个浅浅的木箱，盖子上有金属制成的调色板。父亲就在这块调色板上将各种颜色混合，调制成各种复杂奇特的色彩。

这本野外笔记中有铅笔画，也有很多水彩风格的彩色风景画，但这些画作是为了真实地记录山的形状与自然环境，可以说和父亲其他的彩色画有所区别。

野外笔记

收录于本书的五卷野外笔记，记载着很多重要的调研区域以及路线，但对于中国来说，除了这些区域和路线，值得调研的地方还有很多。父亲回国之后，同年就再次起程前往中国，之后同样也留下了关于中国调查的野外笔记：

《清国·满洲（上）》《清国·满洲（下）》（1905 年 8 月—9 月）
《清国·苏杭州》《清国·南京、浙江、江西》（1907 年 9 月—12 月）
《清国·广东（上）》《清国·广东（下）》（1910 年 1 月—4 月）
《法属东京（越南）（上）》《法属东京（越南）（下）》（1912 年 1 月—2 月）

伊东忠太（右）与岩原大三
这张照片应该是拍摄于中国调研途中。岩原毕业于外国
语学校，担任翻译工作，有时也被称为"大三郎"。关于
伊东的服装，可以参考野外笔记第一卷图 97。

　　"越南调研"的 1912 年元旦，中华民国宣告成立。当年 2 月，宣统帝
退位，大清帝国就此灭亡。日本也于 7 月 30 日改元大正，此为大正元年。
　　进入大正时代之后的 1920 年，父亲又前往中国山东省的青岛、济南，
对魏晋南北朝时期的遗迹云门山、驼山等进行调查。这次行程记载于《伊

东忠太建筑文献》中的《山东见学旅行记》一文，但是并没有对应的野外笔记。1924 年 7 月至 9 月，父亲又留下了系统性的旅行记录《琉球》，这也是他最后一本野外笔记。

父亲手拿野外笔记，克服难关，进行中国调研，这段先驱时期伴随着清朝的灭亡也渐渐停止了。

父亲在日本国内调研以及构思记录等时都喜欢使用丸善牌 [13] 的笔记本，日本国内神社、寺庙的记录常常不写明日期，有时也会混杂了中国调研的内容。

封面为《法隆寺 大正十二年至大正十五年》的笔记本中除了法隆寺调研（大正十五年，1926 年）的内容，还记录了被选做图书馆计划用地的北京王府遗址调研内容。这一次，父亲是为了构思《今昔小话》[14] 而再次回到了北京。其中记载道，阔别二十三年的北京城和之前听说的一样，从表面上看起来已经非常近代化了，但从骨子里还是保持了旧态，给人以有国民无政府无国家的感觉。1930 年 6 月，父亲再次出差前往北京，并又一次来到了云冈石窟。

父亲于 1938 年前往承德、北京、大同等地，借宿在云冈守备队的军营中。之后，1940 年他再次访问北京、承德。这也是父亲最后一次踏上中国的土地。

不久，被疏散到山形县的父亲迎来了日本战败。

日记

父亲在留学旅行时也经常在与野外笔记同款的笔记本上记录日记。从中国旅行开始记录的日记题为"南船北马"，分为《南船北马·天》（两册）、《同·地》《同·人》以及《第四卷》五卷。本书对应了《同·人》卷中的前 100 页（至"抵达八莫"）。

《第四卷》结束在 1905 年 5 月 26 日的大西洋上。日记在开始时记录较为详细，后半部分多只记录了日期和项目，内容都为空白，这也能从中看出欧洲散漫闲暇的气氛。

父亲的日记中记录了每天的行程、途中的逸事趣闻、投宿地的样子、与知县的会谈，甚至前晚所做之梦。根据这些记录，可以确定野外笔记的日期以及背景。日记中同样也有着极其丰富的图解示例。

然而，《清国·满洲》等父亲环游世界[15]之后的野外笔记并没有对应的日记。日本国内调研的笔记虽然不少，但并没有像日记一样标注日期。父亲大学时代的日记（《浮世之旅》）虽然留存了下来，但内容基本上与学业、学校无关，多为私人琐事。清国调研因为是学术活动，所以内容比较严谨用心。国内调研常记录在携带在身边的笔记中，多为神社寺庙调研、构思、笔记等，家庭琐事等并没有必要记录在其上。

父亲印象：伊东忠太二三事

这是我的哥哥伊东祐基向杂志（《科学知识》，1938年6月）投稿时使用的文章标题。

哥哥一家与父母同住于本乡西片厅，其六岁的儿子作为独孙，是父亲的掌上明珠。"爷爷要给我带礼物哦"，哥哥的投稿就以孩子的这句话作为结尾，这句话的契机是前一年11月父亲和斯普朗格博士作为交换学者前往德国进行了为期大约半年的访问。

在德国，父亲做了《日本艺术的特质》《日本建筑特质与日本文化的三重面》《日中建筑渊源》等演讲，他被认为是将日本精神寓含在艺术中传达出去的最佳人选。

哥哥在文中说，父亲"总是太忙"，写道："……从早晨开始就一直接待因事来访的客人。各种委员会日日来访……"根据笔记记载，一年之内，"昭和十三年的官方委任书"就有八份，民间的委托无法统计，但是慕名而来者之多可想而知；演讲也做了三十三次之多，其中还有《从建筑看日本精神》这样的主题。有一次，哥哥提到，在"尺贯法"问题上，父亲的意见只是"总而言之，对于神社、寺庙建筑，尺贯法是必需的"，这句话因此被人扩大利用，就好像父亲是"国际单位法"的反对者一样。哥哥对这种将学术染上政治色彩的做法表达了很大的不满，希望那些人哪怕能尽

508

到学者的本分，写出一篇基于建筑学的论文来也好。

父亲对日常生活的"漠不关心"也十分引人注目。哥哥生性比较敏感，在文中还叙述了父亲对衣装不甚讲究以及在整洁上也较为粗枝大叶的情况。这是父亲不挑食，加上之前在中国旅行时经历艰苦环境导致的。父亲晚年时有一次在东北奉天（沈阳）调研时，提议在城门前的小吃摊买吃的，这让陪同的政府人员一时惊慌失措。

父亲时不时会去四谷 [16] 的三河屋（牛肉火锅店）吃饭。大学时代他就非常喜爱去汤岛 [17] 附近的火锅店，也嗜好烟酒。

哥哥在文中写道："父亲与我同处一室，但是很少被周围的事情干扰。或提笔写作，或学习研究，似乎完全与近代人的敏感情绪绝缘。"父亲给人一种一旦沉浸在工作的世界之中就完全感觉不到周围的杂音，并且专注地向着既定目标不断前行的感觉。

有一次，亲戚的小孩儿问他的母亲"人为什么而活"，这位母亲一时语塞。而父亲则回答道："啊，人呢，应该为国家而活，忠君爱国是人生的目的。"哥哥说，这种思想时刻铭刻在父亲的心中。

父亲的笔记中记录了一篇杂文《媚外与排外》的构思内容："胃若健壮，在外吃饭有利而无毒。"这就是所谓"和魂洋才"吧，而"健壮的胃"就是诞生于传统的健全国体吧。父亲写过"源自忠、孝、顺等道德的君主国国体更为贤明，是最好的体制"这样的话。这也是当时日本政治氛围的写照，父亲还将自己的心情画成了《时事漫画》。

1947 年，父亲迎来了八十岁，但是战后日本社会风向一百八十度的转弯让父亲在探险界早已不再活跃了。

1949 年 1 月 26 日，法隆寺金堂发生火灾，这让父亲受到了很大的打击。法隆寺是日本寺庙建筑的起点，也是父亲研究的起点，这里一直都与父亲有着深深的牵绊，可以说是父亲研究生涯的伴侣。不久，父亲便完全隐居起来了。（原注 4）

根据哥哥所说，临终前的父亲总是充满怀念地翻阅他以前的野外笔记，或者用钢笔描写已经褪色的铅笔字。野外笔记中的错字、误记也多为钢笔所写，这也是父亲严格按照铅笔的线条描写的结果。

1954 年 4 月 7 日，八十七岁的父亲离开了人世。

原注

（1）《忠太自画传》（和纸对开木板印刷的线装书。长 14 厘米、宽 20 厘米）为开页右为短文、左为手绘的配图的小册子，记录了从忠太出生、进京的番町小学生涯，到搬往佐仓的生活上的种种事迹，共 50 项。封面上写有"上"，但下篇未完成。作成年代不详。

（2）东京大学名誉教授藤岛亥治郎称，在地图绘制上，他完败于伊东。伊东光凭记忆就能画出欧洲的轮廓。父亲先把半岛和海湾的最深处标记以点，再连接而成地图。

（3）据藤岛教授所说，伊东在东大研究室中的桌子上摆放着浸泡在福尔马林中的蛇、蜥蜴、昆虫、鳄鱼等标本，父亲时不时会盯着这些标本看。

（4）在逝世的前一年（昭和二十八年，1953 年），伊东前往东京大学，表情严肃地对着藤岛教授不停说着"不得了啊，不得了啊"，并给了他一卷画纸。纸上画着伊东亲笔描绘的覆盖着淡红色火焰的法隆寺金堂。而法隆寺火灾已经是在此四年以前的事情了。那一次访问东大这座父亲曾无比熟悉的校园，也可以说是他最后的时光了。

译注

[1] 出自《儿岛高德》，是当时日本小学教授的歌曲之一，此句为儿岛高德所作的汉诗。

[2] 均为日本流传的民间故事。

[3] 日本明治时期小说家。

[4] 日本平安时代武士，深受人们爱戴。

[5] 此故事也非全为伊东空想，明治时确实流传这种传说，但是应为讹传杜撰。

[6] 《日本国尽》是介绍日本各地的令制国的书，作于安土桃山时期，《世界国尽》是福泽谕吉所作介绍世界各国的入门书。

[7] 七五调是日本诗歌的一种形式，以前半七音节和后半五音节的句子为单位组成。

[8] 日本古令制国，相当于今兵库县。

[9] 又名祐顺。

[10] 菲利普·弗兰兹·冯·西博尔德，德国内科医生、植物学家、旅行家、日本学家和日本器物收藏家。

[11] 日本的一种桌上游戏，掷色子前进，先到终点者胜。

[12] 日本投降日。

[13] 丸善雄松堂，成立于 1869 年的日本文化公司，主要出售书籍、文具等。

[14] 伊东忠太所著随笔。

[15] 伊东的这次留学旅行从日本出发，经过中国、缅甸、印度到达欧洲，再由欧洲前往美国，最后返回日本，确实是绕了地球一周。

[16] 地名，位于东京都新宿区。

[17] 地名，位于东京都文京区。

附录 2：伊东忠太年表

· 1867 年

出生于米泽市。父亲为伊东祐顺，母亲为花子（内藤氏）。

· 1871 年

四岁。藩学兴让馆入学。

· 1873 年

前往东京。今千代田区立番町小学入学。

· 1879 年

移居千叶县佐仓，升入中学。

· 1881 年

十四岁。返回东京，外国语学校（德语）入学。

· 1885 年

外国语学校废校，编入第一高等学校预备科。

· 1889 年

东京帝国大学工科大学造家学科入学。

· 1892 年

二十五岁。东京帝国大学工科大学毕业，升入研究生院。

· 1893 年

受东京美术学校（今东京艺术大学）委托教授"建筑装饰艺术"。

任帝国博物馆建筑相关物品调查临时委托人。

受托进行平安神宫规划设计监制工作（1895 年，平安神宫于同年完工）。

· 1896 年

　　任古社寺保存会委员。

· 1897 年

　　三十岁。任东京帝国大学工科大学讲师。

· 1898 年

　　于东京帝国大学发表《法隆寺建筑论》纪要第一册第一号。

　　任造神宫技师兼内务技师。

· 1901 年

　　获授工学博士学位。7 月至 8 月前往北京进行故宫调研。

　　12 月，与中牟田鹤子（后改名千代子）结婚。

· 1902 年

　　三十五岁。从 3 月开始前往中国、印度、土耳其、欧美地区的为期三年留学之旅。

　　4 月至 7 月间调研了北京、大同和五台山。发现云冈石窟。

· 1903 年

　　从中国中部经由贵州云南进入缅甸进行调研。

　　从事印度调研直到次年 3 月。

· 1904 年

　　从 3 月开始前往埃及、叙利亚、土耳其等地调研。

· 1905 年

　　6 月经由欧洲、美洲回国。

　　任东京帝国大学教授。

　　8 月前往中国，在东北各地从事调研。

· 1907 年

　　四十岁。前往中国，在江苏、浙江、安徽、江西各地从事调研。

· 1909 年

　　前往中国，从事以广东省内为主的调研。

· 1911 年

　　《纹样集成》（全 60 辑，1916 年完书，伊东忠太、关野贞、塚本靖合著，建筑学会刊）。

- 1912 年

1 月至 2 月前往法属印度支那（今越南）。东京地区调查。

- 1913 年

任日本美术协会第三部副委员长、东大寺大佛殿重建工事顾问。

任古社寺保存计划调查临时委托人。

- 1914 年

任帝室博物馆学艺委员。

- 1915 年

参与明治神宫造营局，任工营科长。

- 1916 年

任法隆寺壁画保存调查委员，造神宫使节厅临时委托人。

- 1917 年

五十岁。任明治神宫赞助会设计及工事委员、日本美术学会第三委员长。

- 1918 年

任朝鲜神宫造营相关事务临时委托人、圣德绘画馆审查委员。

- 1919 年

任临时议院建筑局常务顾问。

- 1920 年

- 前往中国山东省，进行青岛、济南地区调研。明治神宫完工。

- 1921 年

五十四岁。任平和纪念东京博览会顾问。

- 1923 年

任学术研究会议会员、帝国复兴院评议员。

- 1924 年

任外务省对华文化事务局临时委托人。

前往冲绳，进行琉球文化调查（镰仓芳太郎同行）。

- 1925 年

任帝国学士院会员、营缮管财局顾问。

- 1926 年

  任史迹名胜天然纪念物保存协会评议员。

- 1927 年

  六十岁。任帝室博物馆评议员。

- 1928 年

  3 月，因年龄从东京帝国大学退休，任名誉教授。

  任早稻田大学教授。

- 1929 年

  任临时正仓院宝库调查委员会委员，东京工业大学讲师。

  任东方文化学院东京研究所研究员。

  7 月，建筑学会出版《中国建筑》（与关根、塚本合著）。

- 1930 年

  5 月，前往北京、大同调研。

- 1931 年

  开始编撰《伊东忠太建筑文献》。

  任军人会馆顾问。

- 1933 年

  任帝室博物馆造营工事顾问、重要美术品等调查委员会委员。

- 1937 年

  七十岁。任帝国艺术院会员。

  任日本万国博览会会场设计委员，日德文化协会理事。

  2 月，作为学术交流教授前往德国。次年 6 月回国。

- 1938 年

  辞去东方文化学院东京研究所研究员职位，改任评议员。

  任帝室博物馆顾问。

- 1939 年

  任法隆寺壁画保存委员会会长。

- 1940 年

  访问北京、承德。

· 1941 年

任学士院明治以前日本科学史编纂委员（1943 年任委员长）。

· 1943 年

受封文化勋章。

· 1945 年

七十八岁。日本战败。

· 1949 年

法隆寺金堂发生火灾，壁画烧毁。

1954 年

· 八十七岁，在东京都文京区的家中逝世。

*1942 年开始，日本战时体制日益强化扩大。伊东于 1943 年任东京市民动员委员，1944 年任日本工业统制协会委员。不久便疏散到乡下，文化活动也难以进行。战败后，日本社会向美国文化倾斜，伊东被当作学术元老而渐渐停止了活动。